异步图书
www.epubit.com

轻松学PHP

刘声杰　著

U0301500

人民邮电出版社

北京

图书在版编目（CIP）数据

轻松学PHP / 刘声杰著. -- 北京 ：人民邮电出版社，
2019.8
ISBN 978-7-115-50468-5

Ⅰ．①轻… Ⅱ．①刘… Ⅲ．①PHP语言－程序设计
Ⅳ．①TP312.8

中国版本图书馆CIP数据核字（2018）第300068号

内 容 提 要

PHP 是一种创建动态交互性站点的服务器端脚本语言，是建立动态网站的强大工具。PHP 的语法吸收了 C 语言、Java 和 Perl 的特点，主要用于 Web 开发领域。

全书共分 12 章，包括 PHP 的基础知识、MySQL 的相关知识、内置函数、面向对象与数据库的相关知识、记账网站的实现、微信开发以及图片上传的原理等。书中的知识结合生活实例进行讲解，而且涉及的程序代码也给出了详细的注释，可以使读者轻松掌握 PHP 程序开发的相关知识，快速提高专业开发技能。

本书可作为 PHP 的学习指南，或作为 Web 开发技术人员的参考用书，也可作为教材供培训机构或者学校使用。

◆ 著　　　　刘声杰
　　责任编辑　武晓燕
　　责任印制　焦志炜
◆ 人民邮电出版社出版发行　　北京市丰台区成寿寺路 11 号
　　邮编　100164　　电子邮件　315@ptpress.com.cn
　　网址　http://www.ptpress.com.cn
　　固安县铭成印刷有限公司印刷
◆ 开本：800×1000　1/16
　　印张：22.75　　　　　　　　　　2019 年 8 月第 1 版
　　字数：448 千字　　　　　　　　2024 年 7 月河北第 2 次印刷

定价：79.00 元

读者服务热线：(010)81055410　印装质量热线：(010)81055316
反盗版热线：(010)81055315
广告经营许可证：京东市监广登字20170147号

前言

本书是作者将多年以来的自学方法及项目研发经验汇聚在一起而形成的，所以书中的内容会和其他的 PHP 图书有很大的区别，并且本书重在实践，希望你能够喜欢上它，并从中得到帮助。

相见恨晚

告诉你一个秘密，你找到了这样一本 PHP 图书，它：

◆ 简单易懂；

◆ 讲解了很多实例；

◆ 能够带着你做项目；

◆ 引导你思考问题；

◆ 和真实的互联网公司项目开发接轨。

本书内容简介

本书共有 12 章，每一章的存在都是有故事的，下面听我娓娓道来。

第 1 章，预备知识。编程从搭建开发环境开始，而搭建开发环境对于很多初学 PHP 的人来说比较难，很多初学者因为开发环境一直搭建不好，最后放弃了学习。本章将以最简单的方式将 PHP 的开发环境搭建好，并实现第一个 PHP 程序。

第 2 章，基础知识讲解。将 PHP 开发环境搭建好之后，我们需要学习一些基础的 PHP 语法知识，比如变量、选择和循环结构、函数等。有了这些知识，我们就能够进行最基本的编程，这是非常重要的，因为任何复杂的 PHP 代码都是由这些基本的语法知识组成的。

第 3 章，将混乱思维拨乱反正的 3 种方法。虽然经过第 2 章的学习，我们已经有了基本的 PHP 编程能力，但是在面对复杂问题时，由于之前没有处理这些问题的经验，所以往往无从下手。本章将引入一些方法帮助你渡过这个难关。

第 4 章，MySQL 数据库。经过第 2、3 章的学习，我们已经可以开始规划自己的项目了。存储项目的数据是一个迫切需要解决的问题，本章着重讲解 PHP 的经典搭档——MySQL 数据库。本章主要介绍利用命令行的方式操作 MySQL 数据库。可不要小看这种方式，在生产环境中，基本上都是使用这种操作方式。

第 5 章，内置函数应用。PHP 之所以得到很多程序员的青睐，最重要的一个原因是 PHP 提供了很多扩展，而这些扩展携带了很多的内置函数，合理利用好这些内置函数能够极大地提高编程速度，让我们有更多的时间来打游戏。

第 6 章，面向对象与数据库编程。经过前面 5 章的学习，我们具备了利用函数、选择结构、循环结构等知识来完成项目的能力，但是目前市场上的项目的功能都非常多，仅仅利用这些知识来实现项目的话，可维护性非常低，代码可利用率也不高，所以本章引入面向对象编程来化解这个危机。

第 7 章，PHP 与前端合作的 3 种方式。实现各种网站是 PHP 的重要应用方向，而网站页面又是 HTML 格式，所以 PHP 与 HTML 相互合作是必不可少的，本章介绍 3 种常见的合作方式。

第 8 章，实现记账网站应用。经过第 7 章的学习，我们已经具备了实现一个网站的能力，本章就来实现一个简单、小巧的记账网站应用。

第 9 章，APP 接口开发。实现 APP 接口是 PHP 的另一个重要应用方向，本章主要介绍写 APP 接口、测试 APP 接口以写 APP 接口文档。

第 10 章，微信开发那些事。微信二维码分享、支付、扫码登录、小程序等，无处不在的微信应用必然导致 PHP 朝这个方向发展。本章就带着你来了解一下关于微信开发的知识。

第 11 章，图片上传那些事。对于初学 PHP 的朋友来说，上传图片或者文件是一个难点，本章从根本上帮助你厘清上传文件的原理。

第 12 章，LNMP 开发环境搭建。由于大部分互联网公司都会优先将服务器的操作系统选择为 Linux，所以在 Linux 下面搭建 PHP 的运行环境是 PHP 程序员的必备技能，本章就来完成这个任务。

遇到问题怎么办

学习编程肯定会遇到问题，尤其是对于初学 PHP 的人，那么遇到问题应该怎么办？以下是给你的一些建议。

◆　一切从 PHP 参考手册出发，基本上大部分的问题都可以从手册中找到答案。

◆　遇到问题时，大脑应该尽最大可能地保持冷静，拒绝浮躁。应该反复思考问题，这样才能够积累经验。

◆　问别人问题的时候，拒绝直接要整个需求的解决方案，因为没有任何人有时间告诉你整个需求怎么做。切记！切记！这是大忌。

◆　一个复杂的问题往往是由很多简单的问题组成的，它往往只有那么一个或者几个难点。要学会抽丝剥茧，找出其中的难点，逐个攻破。

◆　如果可以的话，看看是否存在该问题的原型，如果有，直接拿来分析。这个原型可以是别人写的源代码，也可以是 UI。

◆　将复杂问题转化为图的形式，也就是将复杂问题由抽象转为具体，这个图可以是思维导图、网络拓扑图等。

理性对待市场上的宣传

经常在贴吧、论坛等地方看到一些培训机构宣传，说学了 PHP 之后某些人月薪高达多少。这里想告诉你的是，的确有这样的人存在，不过大部分是研究生或者毕业于好的大学的本科生。对于一般学历的、基础也不怎么样的人，很难达到所宣传的薪资。所以，希望你面对这个现实，从现实出发，不断勉励自己，笨鸟先飞。

和读者的对话

问：我没有编程基础，可以学习 PHP 吗？

答：没有编程基础可以学习 PHP，但是你还是应该具备一定的网络知识，比如知道浏览器是什么，IP 地址是什么，URL 是什么。

问：**我的学历是大专，可以学习 PHP 吗？**

答：目前社会给企业的压力很大，所以很多企业招人都是优先找有项目经验的，所以对于大专的你，可以准备几个好的项目。

问：**PHP 是自学好还是去培训机构好？**

答：如果你的经济条件比较可观，又没有太强的自我约束力，那么可以考虑去培训机构。反之，建议你自学。虽然自学的路很苦、很枯燥，但是一旦自学成功，这份经历对于你学习其他编程语言（如 Java、Python、Go）都有很大帮助。

问：**我的英语不好，可以自学 PHP 吗？**

答：学习编程语言不要求你过国家四六级，但基本的英文知识还是需要的。平常可以通过一些 APP 来学习一下英语，毕竟很多命名还是要用英文。

问：**遇到问题时，我能够联系你吗？**

答：请及时加 QQ 群（群号 627219017）和我沟通交流。

问：**我学了这个可以得到什么样的待遇？**

答：这个不一定，获得什么待遇的关键取决于你自己，不取决于我。你项目经验多，能力足够，待遇肯定就高。

问：**写这本书的目的是什么？**

答：意在帮助很多想入坑 PHP 的程序员节省不菲的培训费用，并形成一套思维体系。

问：**都说 PHP 已经"死"了，还有必要学吗？**

答：任何语言都会"死"，但是我们的思想没有死，学任何语言都是一样的，重要的是我们的思维，编程语言仅仅是一种实现工具。

问：**有些软件下载不下来，怎么办？**

答：可以到 QQ 群去下载，我会不定期将最新的软件安装包放在上面。

资源与支持

本书由异步社区出品，社区（https://www.epubit.com/）为您提供相关资源和后续服务。

配套资源

本书提供如下资源：

● 本书源代码。

要获得以上配套资源，请在异步社区本书页面中点击 ，跳转到下载界面，按提示进行操作即可。注意：为保证购书读者的权益，该操作会给出相关提示，要求输入提取码进行验证。

如果您是教师，希望获得教学配套资源，请在社区本书页面中直接联系本书的责任编辑。

提交勘误

作者和编辑尽最大努力来确保书中内容的准确性，但难免会存在疏漏。欢迎您将发现的问题反馈给我们，帮助我们提升图书的质量。

当您发现错误时，请登录异步社区，按书名搜索，进入本书页面，点击"提交勘误"，输入勘误信息，点击"提交"按钮即可。本书的作者和编辑会对您提交的勘误进行审核，确认并接受后，您将获赠异步社区的 100 积分。积分可用于在异步社区兑换优惠券、样书或奖品。

扫码关注本书

扫描下方二维码，您将会在异步社区微信服务号中看到本书信息及相关的服务提示。

与我们联系

我们的联系邮箱是 contact@epubit.com.cn。

如果您对本书有任何疑问或建议，请您发邮件给我们，并请在邮件标题中注明本书书名，以便我们更高效地做出反馈。

如果您有兴趣出版图书、录制教学视频，或者参与图书翻译、技术审校等工作，可以发邮件给我们；有意出版图书的作者也可以到异步社区在线提交投稿（直接访问 www.epubit.com/selfpublish/submission 即可）。

如果您是学校、培训机构或企业，想批量购买本书或异步社区出版的其他图书，也可以发邮件给我们。

如果您在网上发现有针对异步社区出品图书的各种形式的盗版行为，包括对图书全部或部分内容的非授权传播，请您将怀疑有侵权行为的链接发邮件给我们。您的这一举动是对作者权益的保护，也是我们持续为您提供有价值的内容的动力之源。

关于异步社区和异步图书

"异步社区"是人民邮电出版社旗下 IT 专业图书社区，致力于出版精品 IT 技术图书和相关学习产品，为作译者提供优质出版服务。异步社区创办于 2015 年 8 月，提供大量精品 IT 技术图书和电子书，以及高品质技术文章和视频课程。更多详情请访问异步社区官网 https://www.epubit.com。

"异步图书"是由异步社区编辑团队策划出版的精品 IT 专业图书的品牌，依托于人民邮电出版社近 30 年的计算机图书出版积累和专业编辑团队，相关图书在封面上印有异步图书的 LOGO。异步图书的出版领域包括软件开发、大数据、AI、测试、前端、网络技术等。

异步社区

微信服务号

目录

第 1 章
预备知识

目前 PHP 的主要应用领域有各种网站开发、APP 接口开发、第三方平台接口开发、微信开发等，而这一系列的应用领域都是用 URL 请求的。本章将介绍关于 URL 的各种知识。

既然是学习 PHP 编程，那么首先肯定要有一个写 PHP 代码的编辑器。写好了 PHP 代码后，还需要一个运行 PHP 代码的环境。而这一切，在本章中我都会为你一一介绍。

1.1 URL 相关知识

在 Web 编程领域中，一切皆"请求"。下面是一些常见的请求场景。

◆ 用户打开百度搜索自己需要的信息。

◆ 电商网站通过顺丰快递物流接口获得商品快递信息，并向用户展示。

◆ 微信通过我们传递过去的支付回调 URL 告知用户支付情况。

◆ 调用运营商短信接口进行发送短信的操作。

◆ 调用天气预报接口获得当地或某地天气信息并展示在网站或者 APP 上。

◆ 调用百度语音 REST API 接口进行文字转语音操作，从而实现 APP 支付结果语音提示。

◆ 调用百度图片审核接口实现对色情、恐怖、不雅等图片的审核。

◆ 调用地图接口进行药店的维护，从而实现向用户展示附近药店的功能。

◆ 调用地图接口进行房源的维护，从而实现向用户展示附近房源的功能。

上面这么多场景，都说明了一个问题，即在 Web 编程领域，一切皆请求，且 URL 在请求中却占着重要的角色。在本书中，如果没有特殊说明，主要讲解的是以 HTTP 协议为主的 URL。

1.1.1　陌生而熟悉的 URL

图 1-1 所示的是在百度里面搜索关键词"怎么自学 PHP"的检索结果，想必正在看本书的你，已经这样操作了无数次。在图中除了检索结果外，我们还看到了一个网址 https://www.baidu.com/s?wd=怎么自学 PHP&rsv_spt=1……，这个网址其实就是一个 URL。

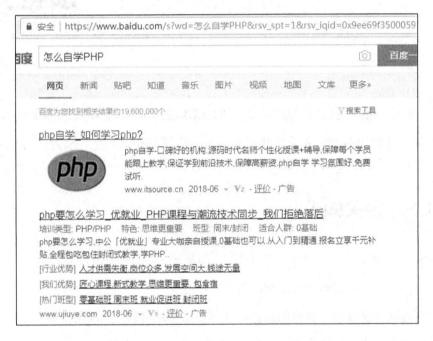

图 1-1　用百度搜索怎么自学 PHP

1.1.2　URL 的组成

图 1-1 中的 URL 是千千万万个 URL 中的一个，它仅是一个特例，那么一个完整的 URL 到底是什么样的呢？下面我们来揭开它的神秘面纱。

http://username:password@hostname:9090/path?arg=value#anchor

图 1-2　一个完整的 URL

图 1-2 所示的是一个完整的 URL 框架，下面我们来对它进行解剖分析。

- http：表示这是一个基于 HTTP 协议的 URL，当然还可以取 https 和 ftp 等。

- username：表示需要使用这个用户名进行权限访问，必须和 password 配合使用。

- password：参见上面的 username。

- hostname：IP 地址或域名，用于表示将这个请求发送到什么地方。

- 9090：端口号，如果没有提供则默认是 80 端口。

- path：路径，表示将请求发送到 hostname 的什么位置进行处理。

- arg=value：查询参数，对应图 1-1 中 URL 的"wd=怎么自学 PHP&rsv_spt=1"。

- anchor：锚点，常用于实现页面内跳转，比如从页面的一个地方跳转到另一个地方。

对比图 1-1 中的 URL 和图 1-2 中的完整 URL 框架，我们发现 username、password、9090（port）和 anchor 不是必需的，但 username、password 在 FTP 类型的 URL 中非常常用。

PHP 提供了一个分析 URL 组成的内置函数 parse_url，我们将在后面的章节中对其进行讲解。

1.1.3　非常优秀的 Chrome 浏览器

目前常用的浏览器有微软的 IE、谷歌的 Chrome 和 Mozilla 的 Firefox，其他国内的浏览器都是基于这些浏览器开发的。对于开发者来说，有一款好用的浏览器是非常重要的，前端程序员常用的是 Firefox，后端程序员常用的是 Chrome，所以请首先在计算机中安装 Chrome 浏览器。

安装好 Chrome 之后，打开它并按键盘上的 F12 或者 Ctrl + Shift + I 快捷键开启浏览器的开发者工具，如图 1-3 所示。

如图 1-3 所示，我们可以看到开发者工具包含了几个部分，下面对其进行介绍。

- Elements：在这里可以看到目前页面的全部 HTML 源代码，我们可以对其进行编辑，同时还可以动态地设置某个 HTML 元素的 CSS 属性。

- Console：在这里可以看到打印的一些信息，它在调试 JavaScript 的时候非常有用。

- Sources：在这里可以看到目前页面都有哪些图片。

- Network：在这里可以看到访问这个页面的时候，浏览器发送了哪些请求。

图 1-3 Chrome 浏览器的开发者工具

◆ Application：在这里可以看到目前页面的 Cookie、Session Cookie 和本地存储、基于 JavaScript 的数据库存储及离线资源等。

作为 PHP 程序员，利用好上面的几个功能就足够了。

> **提示**
>
> 在本书后面的所有章中，如果没有特殊说明，浏览器统一指 Chrome 浏览器，浏览器开发者工具统一指 Chrome 浏览器的开发者工具。首次打开没有内容的话，你按 Ctrl＋F5 刷新页面就可以了。

1.1.4 URL 编码

下面我们在百度搜索关键词"怎么自学 PHP"，然后打开浏览器开发者工具，看看到底浏览器发送的请求是什么，如图 1-4 所示。

如图 1-4 所示，我们发现"怎么自学 PHP"变成了一系列的%字符系列，这就是 URL 编码。

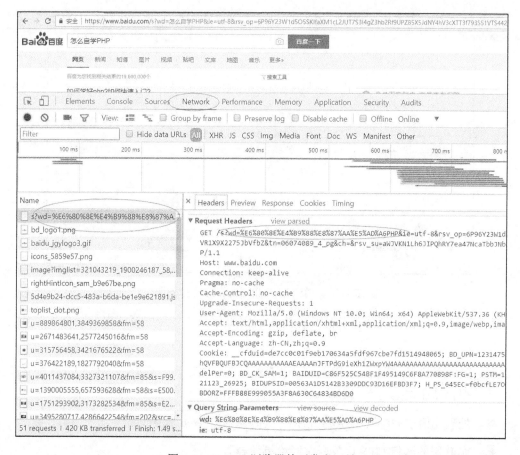

图 1-4 Chrome 浏览器的开发者工具

为什么要进行编码呢？因为 RFC 1738 规定 URL 只可以包括字母数字等很小部分的英文字符。为了传递中文等特殊字符，就必须进行编码，PHP 提供了两个常用的编码解码函数：urlcode 和 urldecode。

1.2　一个经典的小型 PHP 网站运行原理

图 1-5 所示的是一个小型 PHP 网站的运行原理，下面我们对该运行原理进行分步讲解。

◆　用户通过 PC 或者手机浏览器访问 http://www.myself.personsite。

◆　浏览器将访问请求发送到 Web 服务器。

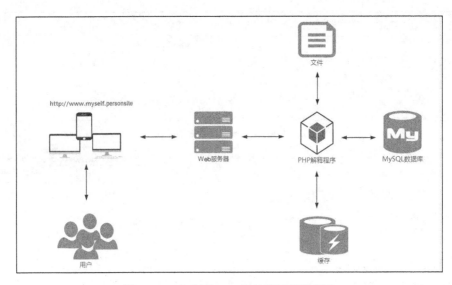

图 1-5   一个小型 PHP 网站的运行原理图

◆　Web 服务器处理请求，发现它是基于 PHP 的请求，然后将请求及一系列参数传递给 PHP 解释器处理。

◆　PHP 解释程序处理请求时，发现请求可能和数据库、缓存及文件相关，那么将数据存储在这些地方或者从这些地方读取数据。

◆　处理完请求并将其组织成 HTML 代码返回给 Web 服务器。

◆　Web 服务器将 HTML 数据返回给浏览器。

◆　浏览器收到返回数据，并且进行 HTML 解析、CSS 渲染、JavaScript 代码解释等操作。

◆　用户看到最终的页面。

1.3　服务端各个角色介绍

在图 1-5 中，相信作为初学者的你，除了浏览器以外，还对很多模块都不太清楚，下面我将逐个讲解。

1．Web 服务器

目前比较常用的是 Apache 和 Nginx。在本书中，我们首先使用 Apache，它的最重要的一个功能是将浏览器发送的请求直接处理或者调用 PHP 解释器处理，并且将处理结果返回给浏览器显示。

所谓直接处理请求指的就是对于一些请求 Web 服务器能够直接找到对应的文件内容，比如显示一张静态图片，因为这张图片本身就已经存在了，所以 Web 服务器能够直接将这张图片返回给浏览器，而不需要经过 PHP 解释器的处理。

2．PHP 解释器

在现实场景中，我们需要的是较为复杂的功能，而这些功能的数据是动态生成的，不是生来就有的，所以仅仅依靠 Web 服务器还无法满足我们，这个时候就可以借助 PHP 解释器来扩展我们的 Web 服务器了。这样当 Web 服务器发现是 PHP 请求的时候，就会将请求丢给 PHP 解释器处理。

3．数据库

随着中国高铁网络的形成，大多数人都注册了 12306 网站并在网站上购买过火车票。为什么我们能够利用注册的账号购买火车票呢？这说明了一个道理，我们注册的数据，12306 网站都对其进行了保存。对于保存数据，数据库是一种很重要的手段。因为 PHP 常与 MySQL 数据库合作，所以本书所讲的数据库以 MySQL 数据库为主。

4．缓存

对于一些特殊的、不经常变化的数据，比如一些统计数据结果，如果每次显示的时候，都去动态计算，这样随着统计数据的增多，程序的响应会越来越慢，具体表现就是在打开一个页面时，页面一直是加载中或者显示为空白。我们可以将这些统计数据结果直接保存到缓存里面去，这样下次请求到来的时候，就可以直接从缓存种获取数据并进行显示了。这是一种重要的提高性能方法，即只计算一次，后面直接取结果。常用的缓存方案有 Redis 和 Memcached。

5．文件

虽然有了数据库保存数据，但是有时候一些数据保存在文件里面或许更方便。比如一些配置文件（如数据库和缓存连接信息、邮件服务器连接信息等），如果采用数据库来保存的话，就多了很多增、删、改、查的麻烦逻辑。所以很多 PHP 框架都包含了一个类似config 的目录，该目录就是用来保存一系列配置文件的。

1.4 4 个环境

目前大部分互联网公司都会部署以下 4 个环境。

1．本地开发环境

所谓本地开发环境，其实就是程序员在自己计算机中安装的开发环境。一般流程都是在本地写好代码并且测试好，然后通过 SVN 或者 GIT 等版本控制软件将代码提交并保存，同时将其代码更新到测试环境中，以便测试人员进行测试。

2．测试环境

当开发人员将功能在本地开发环境完成并进行自我测试之后，就会提交代码到测试环境中。测试环境的服务器可以是内网的服务器，也可以是外网的服务器。但是为了节约成本，一般都是内网服务器。

3．发布环境

经过本地环境的自我测试和测试环境的测试，代码理论上应该没有问题了，但是有时候因为各种历史原因，导致测试代码和生产环境的代码有很大的不同，这个时候需要部署一个和生产环境一模一样的环境，即发布环境，以进行线上测试。由于线上测试是对真实数据进行操作，所以需要很谨慎。

4．生产环境

生产环境就是服务于我们的目标用户环境。在这个环境中，理论上不再允许测试代码，因为所有数据都是用户产生的真实数据，如果因为测试导致数据丢失，后果就非常严重了。

1.5　本地开发环境搭建

在 1.4 节中我介绍了 4 个环境，接下来我将接着讲解如何搭建本地开发环境。有了本地开发环境，我们才能够编程。如图 1-5 所示，要搭建一个本地开发环境，需要做以下事情。

◆　安装 Web 服务器。

◆　安装数据库。

◆　安装 PHP。

◆　拥有一个属于自己的域名 www.myself.personsite。

◆　拥有一个写 PHP 代码的编辑器。

◆　拥有一个修改配置文件的编辑器。

1.5.1 环境说明

本书前期用的是 Windows 系统，并且没有采用源码安装开发环境，而是采用了傻瓜式集成软件 XAMPP 来完成 PHP 的开发环境搭建，为什么要这样做呢？因为一般在真实的项目环境中，都是采用 Linux 的各种发行版操作系统，如 CentOS、Ubuntu。而要操作这些系统，必须有 Shell 的相关知识，对于初学者来说，这门槛不低。

在 Windows 系统开发环境中，入门的 PHP 代码放在 D:\site 下，而项目代码放在 D:\project 下，所有软件安装在 D:\software 下，请尽可能遵守这个约定。如果你的操作系统只有一个系统盘（如 C 盘），那么请自己定义这 3 个目录的存放位置。

在 Linux 系统下搭建 PHP 开发环境是一个高级 PHP 程序员必备的技能，本书后续章节会专门介绍怎样在 Linux 系统下面搭建开发环境以及安装各种开源软件。

1.5.2 安装 Notepad++软件

因为在 PHP 开发中，我们经常需要修改各种配置文件和系统 hosts 文件，虽然可以采用记事本来修改，但是记事本的体验很不好，比如设置编码非常麻烦，所以我们采用 Notepad++来修改。

安装 Notepad++的主要步骤如下。

◆ 在 D:\software 目录下面新建一个名称为 Notepad++的目录。

◆ 打开 Notepad++官网，下载安装包，如图 1-6 所示。

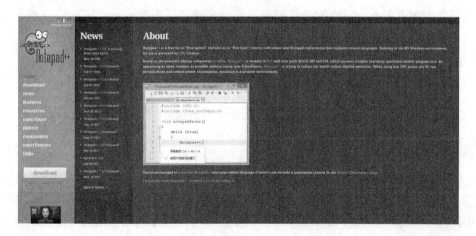

图 1-6 Notepad++官方网站显示界面

◆   将下载的安装包安装在目录 D:\software\Notepad++下，在安装的时候请选择英语
或者简体中文等你熟悉的语言。

◆   安装完成并打开 Notepad++。

1.5.3   一个神奇的现象

找到系统的 hosts 文件（一般在 C:\Windows\System32\drivers\etc 下），用 Notepad++打
开并进行编辑。在该文件里面新增一条记录 127.0.0.1 www.baidu.com，如图 1-7 所示。

```
#
# Additionally, comments (such as these) may
# lines or following the machine name denoted
#
# For example:
#
#      102.54.94.97      rhino.acme.com
#      38.25.63.10       x.acme.com

# localhost name resolution is handled within
127.0.0.1        localhost
::1              localhost
#新增一条记录
127.0.0.1 www.baidu.com
```

图 1-7   hosts 文件内容

保存之后用浏览器访问百度，我们发现了一个神奇的现象——百度网站打不开了。

> **提示**
> 在 hosts 文件中#表示注释，就是不生效的意思。
> ::1 表示一个 IPV6 地址。
> 如果修改后由于权限无法保存 hosts 文件，可以以管理
> 员身份运行 Notepad++软件再进行修改、保存。

1.5.4   hosts 文件的作用

如图 1-7 所示，我们仅仅添加了一行记录，就导致百度网站无法打开了，为什么会这
样呢？

从 1.2 节 PHP 网站运行原理我们已经知道，浏览器的请求首先将被发送到 Web 服务器，而当我们访问百度官网的时候，由于 hosts 文件的作用，它将访问的是 127.0.0.1 这个 IP 地址对应主机上的 Web 服务器，而这个 127.0.0.1 对应的主机其实就是我们自己的计算机。我们计算机上肯定没有百度网站了，所以就导致百度网站无法打开。

从上面的描述我们可以看到，hosts 文件的优先级非常高，现在仅仅在 hosts 文件里面添加记录 127.0.0.1 www.myself.personsite，就可以完成本地域名的创建。

通过添加这个记录后，我们在浏览器中访问 www.myself.personsite 时，实际上是访问自己计算机中的 www.myself.personsite 域名对应的网站。

1.5.5　安装 XAMPP

有了本地域名，接下来我们需要进行 Web 服务器、数据库和 PHP 的安装，这里我们选择集成安装软件包 XAMPP 来一次性安装完这些软件，主要安装步骤如下。

（1）在 D:\software 目录下，新建一个名为 XAMPP 的目录。

（2）打开浏览器在 XAMPP 官网下载安装包，如图 1-8 所示。

图 1-8　XAMPP 官方网站显示界面

（3）将下载的安装包安装在 D:\software\XAMPP 下。在安装的过程中，请参考图 1-9 进行安装组件选择。

（4）安装完成后打开 XAMPP，并启动 Apache 和 MySQL，如图 1-10 所示。

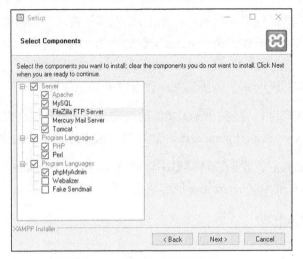

图 1-9　安装组件选择推荐

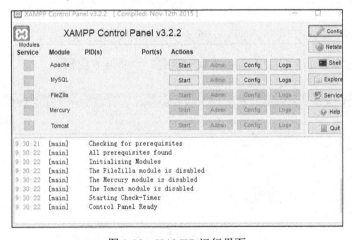

图 1-10　XAMPP 运行界面

注意

在运行 XAMPP 软件后，我们仅仅需要开启 Apache 和 MySQL 就可以了。单击 Start 以开启，如果无法开启 Apache，请检查自己是否安装了 IIS 或其他 Web 服务器。

1.5.6　配置 Web 服务器

在 1.5.4 节中，我们已经有了本地域名 www.myself.personsite，现在需要让 Web 服务器响应该域名的请求，按照以下步骤进行操作。

（1）打开目录 D:\software\XAMPP\apache\conf\extra。

（2）用 Notepad++软件打开并编辑文件 httpd-vhosts.conf，新增代码清单 1-1 中内容后重启 Apache。

代码清单 1-1　www.myself.personsite 域名响应配置

```
1.   #本地 www.myself.personsite 配置
2.   #serverAdmin 表示管理邮箱，你可以任意设置
3.   #DocumentRoot 表示网站代码存储位置
4.   #ServerName 表示站点域名
5.   <VirtualHost *:80>
6.       ServerAdmin 123456789@qq.com
7.       DocumentRoot "D:/site"
8.       ServerName www.myself.personsite
9.       <Directory "D:/site">
10.        Options +FollowSymLinks
11.        AllowOverride All
12.        Require all granted
13.      </Directory>
14.  </VirtualHost>
```

> **注意**
>
> 在增加代码清单 1-1 的内容到 httpd-vhosts.conf 文件时，请一定要注意空格的使用，不要将代码连接起来。#表示注释。
>
> 因为开启 Apache 之后，图 1-10 所示的 Start 会变成 Stop，所以重启 Apache 就是单击 Stop 之后再单击一次 Start。

1.5.7　安装 PhpStorm 软件

经过前面的介绍，我们已经搭建好了大部分的开发环境，现在接着安装写 PHP 代码的编辑器。写 PHP 代码的编辑器很多，本书推荐 PhpStorm。

安装 PhpStorm 并执行第一个 PHP 程序的主要步骤如下。

（1）在 D:\software 目录下，新建一个名为 PhpStorm 的目录。

（2）打开浏览器从 PhpStorm 官网上下载安装包，如图 1-11 所示。

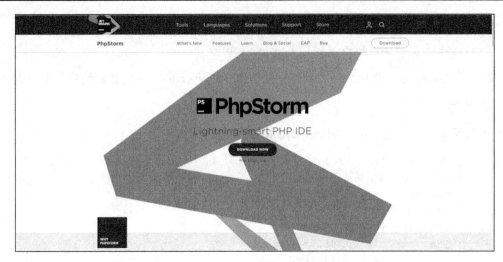

图 1-11 PhpStorm 官方网站显示界面

（3）将下载的安装包安装在 D:\software\PhpStorm 下。

（4）安装完成后运行 PhpStorm 软件，从该软件中打开 D 盘下面的 site 目录，如图 1-12 所示。

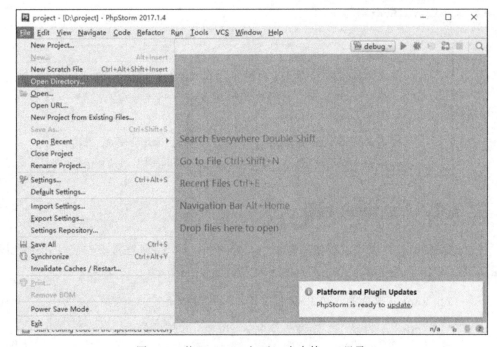

图 1-12 从 PhpStorm 打开 D 盘中的 site 目录

（5）打开 D:\software\XAMPP\php 目录，然后用 Notepad++打开 php.ini 文件，修改时区为中国所在的东八区，如图 1-13 所示。分号表示注释。

```
[Date]
; Defines the default timezone used by
; http://php.net/date.timezone
date.timezone = Asia/Shanghai

; http://php.net/date.default-latitude
;date.default_latitude = 31.7667

; http://php.net/date.default-longitude
;date.default_longitude = 35.2333

; http://php.net/date.sunrise-zenith
;date.sunrise_zenith = 90.583333
```

图 1-13　修改默认时区为上海

（6）重启 Apache，用 PhpStorm 在 site 目录下新建一个 index.php 文件，内容如代码清单 1-2 所示。

代码清单 1-2　index.php

```
1.  <?php
2.  phpinfo();
```

打开浏览器访问 http://www.myself.personsite，如果可以看到 PHP 配置页面（如图 1-14 所示），说明整个开发环境就搭建好了。

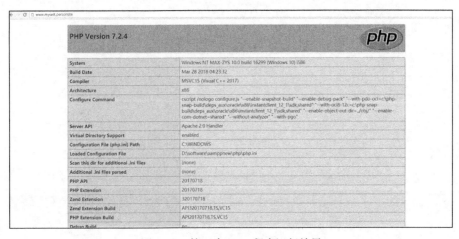

图 1-14　第一个 PHP 程序运行结果

1.6　习题

作业 1：PhpStorm 是一个相对复杂的软件，所以你需要多操作该软件，下面是一些操作任务。

◆ 学会用该软件打开和创建项目。

◆ 学会该软件的很多快捷键操作，比如 Ctrl + G 快捷键用于迅速跳转到某行。

◆ 学会用该软件创建各种文件，比如 PHP、JavaScript、CSS、HTML 等文件。

作业 2：虽然采用 XAMPP 搭建 PHP 环境是傻瓜式的操作，但是还是希望你能够多操作几次，直到非常熟悉，以为之后的 LNMP 环境搭建做好知识储备。

作业 3：在图 1-10 所示的 XAMPP 运行界面上单击每个按钮，看看都是什么功能，为之后修改各种配置文件做准备。

作业 4：认真思考为什么本地域名 www.myself.personsite 会生效？

作业 5：Chrome 浏览器对我们来说是非常重要的浏览器，请多看看 Network 部分，熟悉 HTTP 的请求头和响应头。

第 2 章
基础知识讲解

为什么要学习 PHP？一个最根本的原因就是想将 PHP 应用于生活以解决生活中遇到的一些问题。

表 2-1 是一个记账表格。在生活中，我们很多人都有记账的习惯，回过头来看记账，是不是其实就是对各种消费收入数据进行加减乘除等操作呢？所以，为了用 PHP 实现这个记账功能，我们需要做两件事，一件事就是将这些数据用 PHP 表现出来，即数据类型；另一件事就是用 PHP 将表现出来的数据进行加减乘除等运算，即操作运算符。

表 2-1   记账表格

日期	金额（元）	备注
2018-06-01	−32.5	吃饭消费
2018-06-02	+80	兼职发传单
2018-06-10	−25	购买考研书籍
2018-06-11	−115.5	给女朋友买礼物
2018-06-12	+10	悟空问题答题红包
2018-06-13	−25	购买零食
2018-06-14	−32.5	购买无线网卡
2018-06-15	+80	投稿赚钱
2018-07-02	−25	生活消费
2018-07-05	−200	朋友生日红包
2018-08-02	+80	发传单
2018-08-06	−25	网吧打游戏

请认真对待表 2-1，因为在本书中它会陪伴你很长时间，记账网站应用开发、APP 接口开发和微信开发等应用都是围绕它进行的。

> **注意**
>
> 如表 2-1 所示，我们将日期、金额、备注所在行称为表头，
> 表头下面的行叫作数据行。在本书中如果没有特殊声明，
> 之后的计算都是指数据行，也就是不包括表头。
> 本章所有代码都是入门级代码，都在 D:\site 目录下。

2.1 数据类型与变量

为了将 PHP 的常用数据类型说清楚，现在我们结合表 2-1 完成以下需求。

◆ 用 PHP 表示日期中的数据。

◆ 用 PHP 表示金额中的小数和整数。

◆ 用 PHP 表示备注中的数据。

◆ 用 PHP 表示第一行的日期、金额和备注数据。

◆ 用 PHP 表示第 1～3 行的日期、金额和备注数据。

2.1.1 字符串

如果所要表示的数据中有字母、数字和字母、中文字符、-或_等符号，我们可以用字符串来对其进行表示。例如，表 2-1 中的日期和备注我们就能够用字符串来表示。

如代码清单 2-1 所示，PHP 提供了 4 种方式来表示字符串类型的数据。第 1 种是用单引号围起来，第 2 种是用双引号围起来，第 3 种和第 4 种方式主要用于字符串内容非常多的情况。同时，代码中除了有字符串的表示外，还有 $date 和 //，它们分别是 PHP 中的变量和注释。

代码清单 2-1　string_test.php

```php
1.  <?php
2.  //第 1 种表示
3.  $date = '2018-06-01';
4.  echo $date . PHP_EOL;
5.
6.  //第 2 种表示
7.  $date = "2018-06-01";
```

```
8.   echo $date . PHP_EOL;
9.
10.  //第 3 种表示
11.  $date = <<<DATE
12.  2018-06-01
13.  DATE;
14.  echo $date . PHP_EOL;
15.
16.  //第 4 种表示
17.  $date = <<<'DATE'
18.  2018-06-01
19.  DATE;
20.  echo $date;
```

打开浏览器访问 http://www.myself.personsite/string_test.php，代码清单 2-1 的运行结果如图 2-1 所示。

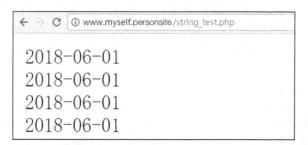

图 2-1　代码清单 2-1 的运行结果

2.1.2　为什么需要注释

当你进入互联网公司工作后，一般情况下，都不是你一个人在完成项目，而是有很多个同事和你一起完成，甚至同一个功能的代码也是有多个同事和你一起完成。这个时候，如果你对自己的代码不进行注释，那么其他同事是很难看懂你的代码的。

有了注释，其他同事一眼就能够知道这个代码片段、方法或函数是做什么的。

养成良好注释的习惯是一个程序员最基本的素质，从注释就能够看出一个程序员是否有责任心、是否是一个专业的程序员。

在 PHP 里面我们常用两种注释——单行注释和多行注释（用于注释内容非常多的情况），如代码清单 2-2 所示。

代码清单 2-2   comment_test.php

```php
1.  <?php
2.  //单行注释
3.  $comment = '吃饭消费';
4.  echo $comment . PHP_EOL;
5.
6.  /*
7.   * 多行注释
8.   */
9.  $comment = '吃饭消费';
10. echo $comment;
```

2.1.3   变量

为了让读者彻底明白引入变量的意义，我们来做 3 个代码实验，如代码清单 2-3、代码清单 2-4 和代码清单 2-5 所示。

代码清单 2-3   variable_one.php

```php
1.  <?php
2.  //输出数据到浏览器
3.  echo '兼职发传单';
4.  echo '兼职发传单';
5.  echo '兼职发传单';
6.  echo '兼职发传单';
7.  echo '兼职发传单';
8.  echo '兼职发传单';
9.  echo '兼职发传单';
10. echo '兼职发传单';
```

现在我们需要将输出的字符串“兼职发传单”变成“购买考研书籍”，于是代码变成了下面这样：

代码清单 2-4   variable_two.php

```php
1.  <?php
2.  //输出数据到浏览器
3.  echo '购买考研书籍';
4.  echo '购买考研书籍';
5.  echo '购买考研书籍';
6.  echo '购买考研书籍';
7.  echo '购买考研书籍';
```

```
8.  echo '购买考研书籍';
9.  echo '购买考研书籍';
10. echo '购买考研书籍';
```

看看，仅仅变换一个字符串，我们就要修改这么多行代码，如果有几千行，岂不是非常麻烦？为了解决这个问题，我们引入变量，有了变量，我们就能够随心所欲地修改输出了。

如代码清单 2-5 所示，我们现在仅仅只需要修改变量的值就可以了。在今后的编程中，我们经常会将从数据库、缓存等地方取到的数据存储进变量中，方便之后的操作。

代码清单 2-5　variable_three.php

```
1.  <?php
2.  //输出数据到浏览器
3.  $echoStr = '购买考研书籍';
4.  echo $echoStr;
5.  echo $echoStr;
6.  echo $echoStr;
7.  echo $echoStr;
8.  echo $echoStr;
9.  echo $echoStr;
10. echo $echoStr;
11. echo $echoStr;
```

2.1.4　如何取变量名

在生活中我们或许会听到这样的故事，某某父亲为了给儿子或者女儿娶一个好听的名字，翻遍新华字典、历史图书等。同样，变量也存在怎么取名的问题。

对比代码清单 2-6 中的两种形式，我们发现第 2 种的可读性非常好，其他同事一看就知道这个变量是什么意思。比如$date 一看就知道它表示的是日期。

代码清单 2-6　variable_intitle.php

```
1.  <?php
2.  //第 1 种变量表示
3.  $one = '2018-06-01';
4.  $two = '吃饭消费';
5.
6.  //第 2 种变量表示
7.  $date = '2018-06-01';
8.  $comment = '吃饭消费';
```

从这个例子我们可以看出，取变量名的规则是：语义化，用英文单词来表示。这样做，和你一起协同开发的程序员就可以很容易地明白变量的含义了。可不要小看这个命名规则，它对于数据库和数据表命名、之后的函数命名和类命名、CSS 属性命名及 JavaScript 里面的相关变量和函数等的命名都适用，我为它取名为"命名语义化原则"。

2.1.5   整数

如果需要表示的数据是数值，并且是非小数，那么可以使用整数来表示。学生年龄、一个班级的人数等就可以用整数表示，如代码清单 2-7 所示。

代码清单 2-7   integer.php

```
1.   <?php
2.   //班级人数
3.   $classPeopleCount = 56;
4.   echo $classPeopleCount;
```

2.1.6   浮点数

如果需要表示的数据是数值，那么可以使用浮点数（小数）来表示。商品价格、订单的金额等就可以用浮点数表示，表 2-1 中的金额既有小数也有整数，所以可以用浮点数来表示，如代码清单 2-8 所示。

代码清单 2-8   float.php

```
1.   <?php
2.   //商品价格
3.   $goodsPrice = 56.5;
4.   echo $goodsPrice;
```

2.1.7   数组

经过前面的学习，我们已经可以用 PHP 将表 2-1 里面的日期、备注和金额等数据都表示出来了，但是还有一个问题，就是这些数据非常零散，这是什么意思呢？现在我要将表 2-1 中的第一行数据表示出来该怎么办？将第 1～3 行的数据表示出来又该怎么办？一行数据里面既有字符串也有浮点数，比较零散。为了完成这两个需求，我们不得不引入数组。

如代码清单 2-9 所示，我们发现 PHP 提供了两种表示数组的方法，第 1 种表示方法是从 PHP 5.4 版本之后开始支持的。

代码清单 2-9　first_data.php

```php
1.  <?php
2.  //第 1 种表示
3.  $billData = [
4.      'date' => '2018-06-01',
5.      'money' => -32.5,
6.      'comment' => '吃饭消费'
7.  ];
8.  //输出数据到浏览器
9.  print_r($billData);
10.
11. //第 2 种表示
12. $billData = array(
13.     'date' => '2018-06-01',
14.     'money' => -32.5,
15.     'comment' => '吃饭消费'
16. );
17. //输出数据到浏览器
18. print_r($billData);
```

打开浏览器访问 http://www.myself.personsite/first_data.php，代码清单 2-9 的运行结果如图 2-2 所示。

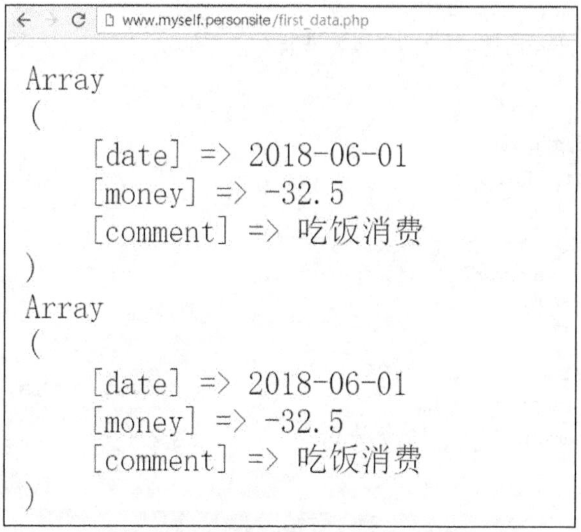

图 2-2　代码清单 2-9 的运行结果

如代码清单 2-9 所示，我们已经用 PHP 成功地将一行数据表示出来了。那么如果要表示多行数据该怎么办呢？下面我来为你揭晓答案。

如代码清单 2-10 所示，我们顺利地用数组将第 1～3 行的数据表示出来了，并且在代码的最后一行还输出了第二行数据下面的 comment 值。

代码清单 2-10　muli_data.php

```php
1.  <?php
2.  //第 1 种表示
3.  $billData = [
4.      //第 1 行数据
5.      [
6.          'date' => '2018-06-01',
7.          'money' => -32.5,
8.          'comment' => '吃饭消费'
9.      ],
10.     //第 2 行数据
11.     [
12.         'date' => '2018-06-02',
13.         'money' => 80,
14.         'comment' => '兼职发传单'
15.     ],
16.     //第 3 行数据
17.     [
18.         'date' => '2018-06-10',
19.         'money' => -25,
20.         'comment' => '购买考研书籍'
21.     ]
22. ];
23. //输出数据到浏览器
24. print_r($billData);
25.
26. //第 2 种表示
27. $billData = array(
28.     //第 1 行数据
29.     array(
30.         'date' => '2018-06-01',
31.         'money' => -32.5,
32.         'comment' => '吃饭消费'
33.     ),
34.     //第 2 行数据
35.     array(
36.         'date' => '2018-06-02',
37.         'money' => 80,
38.         'comment' => '兼职发传单'
```

```
39.        ),
40.        //第 3 行数据
41.        array(
42.             'date' => '2018-06-10',
43.             'money' => -25,
44.             'comment' => '购买考研书籍'
45.        )
46.    );
47.    //输出数据到浏览器
48.    print_r($billData);
49.
50.    //访问第 2 行记录下面的 comment 值
51.    echo $billData[1]['comment'];
```

打开浏览器访问 http://www.myself.personsite/muli_data.php，代码清单 2-10 的运行结果如图 2-3 所示。

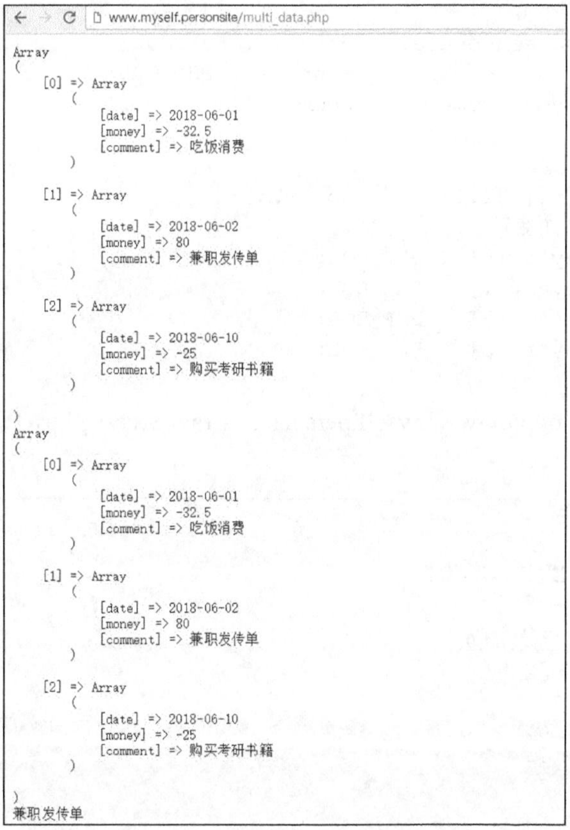

图 2-3　代码清单 2-10 的运行结果

2.1.8 访问数组元素

在 PHP 中，数组是一个非常重要的数据类型，下面我们继续讲解数组相关知识。

如代码清单 2-11 所示，我们发现数组其实就是一个 key => value 的键值对，只不过如果忽略 key 的话，默认 key 就是从整数 0 开始的。

代码清单 2-11　array_access.php

```
1.  <?php
2.  //第 1 种表示
3.  $consumeIncomeData = [
4.      'date' => '2018-06-01',
5.      'money' => -32.5,
6.      'comment' => '吃饭消费'
7.  ];
8.
9.  //依次输出各个值
10. echo $consumeIncomeData['date'] . PHP_EOL;
11. echo $consumeIncomeData['money'] . PHP_EOL;
12. echo $consumeIncomeData['comment'] . PHP_EOL;
13.
14. //各个金额数组
15. $moneyArr = [-32.5, 80, -25, -15];
16. //依次输出各个金额
17. echo $moneyArr[0] . PHP_EOL;
18. echo $moneyArr[1] . PHP_EOL;
19. echo $moneyArr[2] . PHP_EOL;
20. echo $moneyArr[3] . PHP_EOL;
```

打开浏览器访问 http://www.myself.personsite/array_access.php，代码清单 2-11 的运行结果如图 2-4 所示。

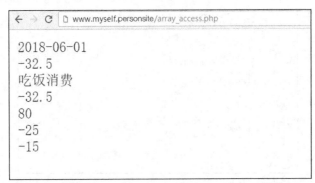

图 2-4　代码清单 2-11 的运行结果

2.2 数据运算

经过第 2.1 节的学习,我们已经用合理的数据类型将表 2-1 这个记账表格中的各种数据表示出来了。现在我们来进行第二件事,即对这些数据进行各种运算。

2.2.1 基本的算术运算符

还记得数学的加、减、乘、除、乘方、取余等运算吗？ PHP 支持这些运算,如代码清单 2-12 所示。

代码清单 2-12　arithmetic_test.php

```php
1.  <?php
2.  //定义 3 个变量
3.  $a = 2;
4.  $b = 5;
5.  $c = 4;
6.
7.  //输出加减乘除等运算结果
8.  echo $a + $b . PHP_EOL;
9.  echo $b - $a . PHP_EOL;
10. echo $a * $c . PHP_EOL;
11. echo $c / $a . PHP_EOL;
12.
13. //输出取余结果
14. echo $b % $a . PHP_EOL;
15.
16. //输出乘方结果
17. echo $a ** $c;
```

打开浏览器访问 http://www.myself.personsite/arithmetic_test.php,代码清单 2-12 的运行结果如图 2-5 所示。

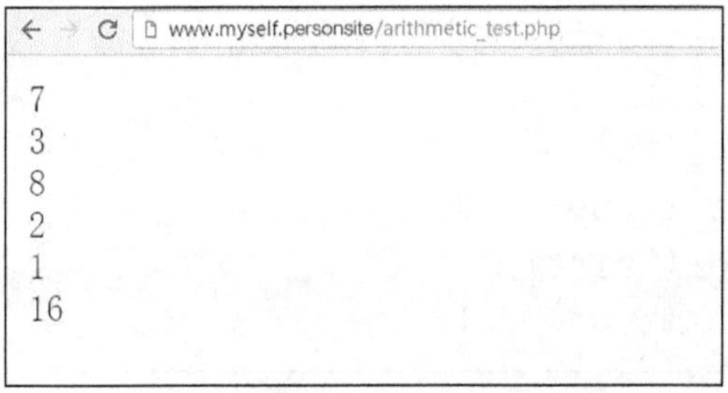

图 2-5　代码清单 2-12 的运行结果

2.2.2 常用的比较运算符

除了算术运算外，我们还经常做比较运算，比如大于、小于、不大于、不小于、等于等，PHP 也提供了这些运算，如代码清单 2-13 所示。

代码清单 2-13 compare_test.php

```php
1.  <?php
2.  //定义 3 个变量
3.  $a = 2;
4.  $b = '2';
5.  $c = 4;
6.
7.  //比较运算只有两个结果，true 和 false
8.  //等于比较，不比较数据类型
9.  var_dump($a == $b);
10. //等于比较，同时比较数据类型
11. var_dump($a === $b);
12. //不等于比较，不比较数据类型
13. var_dump($a != $b);
14. //不等于比较，同时比较数据类型
15. var_dump($a !== $b);
16. var_dump($a > $c);
17. var_dump($a < $c);
18. var_dump($a >= $c);
19. var_dump($a <= $c);
```

打开浏览器访问 http://www.myself.personsite/compare_test.php，代码清单 2-13 的运行结果如图 2-6 所示。

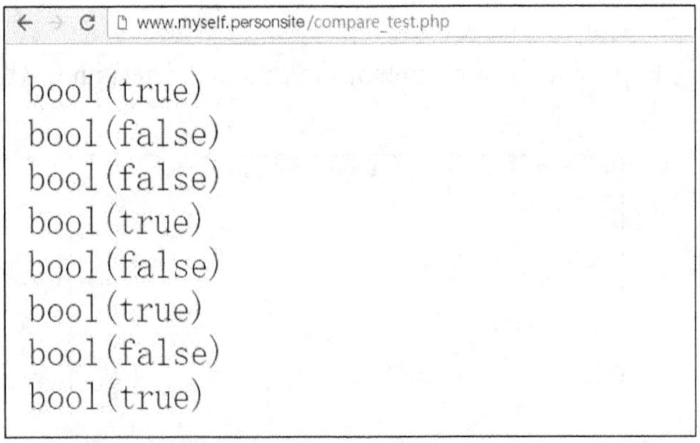

```
← → C  🗋 www.myself.personsite/compare_test.php

bool(true)
bool(false)
bool(false)
bool(true)
bool(false)
bool(true)
bool(false)
bool(true)
```

图 2-6 代码清单 2-13 的运行结果

2.2.3　布尔值

在 2.2.2 节中，我们介绍了常用的比较运算符，这些比较运算符的结果都是 true 和 false，也就是取值只有两个，要么等于要么不等于，要么大于要么不大于。在生活中我们也会面对这种情况，比如我们要用 PHP 来表示学生的性别，因为学生的性别要么男要么女，所以可以用布尔值来进行表示。

如代码清单 2-14 所示，我们用布尔值成功地将一个学生的性别表示出来了。

代码清单 2-14　bool_test.php

```php
1.  <?php
2.  //true 表示男，false 表示女
3.  $studentSex = true;
4.  $studentSex = false;
5.
6.  //一个学生的数据表示
7.  $studentData = [
8.    'name' => '小明',
9.    'sex' => true,
10.    'age' => 15,
11.    'birthday' => '2003-06-17'
12. ];
13.
14. var_dump($studentData);
```

2.2.4　PHP7 新增的比较运算符

在 2.2.2 节中，我们介绍了常用的比较运算符，这些比较运算符的结果都是 true 和 false。对于两个数的比较有 3 种结果：等于、大于、小于。某些特殊情景的比较结果是有 3 个。PHP7 引入了一个新的比较运算符来满足这个生活需求。

打开浏览器访问 http://www.myself.personsite/third_compare_test.php，代码清单 2-15 的运行结果如图 2-7 所示。

代码清单 2-15　third_compare_test.php

```php
1.  <?php
2.  //定义 4 个变量
3.  $a = 5;
4.  $b = 5;
5.  $c = 6;
6.  $d = 2;
```

```
7.
8.   //如果相等输出 0
9.   var_dump($a <=> $b);
10.  //如果左边小于右边，就返回-1
11.  var_dump($a <=> $c) ;
12.  //如果左边大于右边就返回 1
13.  var_dump($a <=> $d);
```

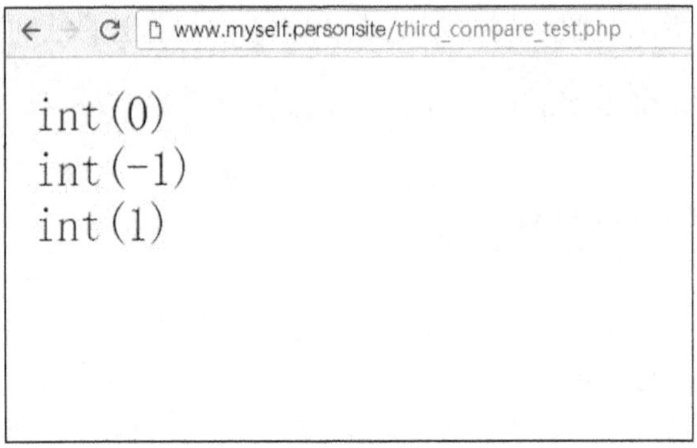

图 2-7　代码清单 2-15 的运行结果

2.2.5　赋值运算符与字符串连接符

对于刚入门的人来说，理解 PHP 中的等于（==）和赋值运算符（=）相对比较困难，总是认为赋值运算符就是等于运算符。其实赋值运算符的作用就是将某个数据赋予变量，这样变量里面存储的就是这个新的赋值数据了。

所谓字符串连接符，就是将多个字符串连接起来形成一个字符串，它用.表示。

如代码清单 2-16 所示，我们能够多次将数据赋予变量，但它存储的是最后一个赋予给它的数据。

代码清单 2-16　assign_concat_test.php

```
1.   <?php
2.   //定义一个变量并将字符串赋予变量
3.   $studentName = '小明';
4.   echo $studentName . PHP_EOL;
5.
6.   //此刻为小红
7.   $studentName = '小红';
8.   echo $studentName . PHP_EOL;
9.
```

```
10. //定义一个金额变量
11. $money = 25.5;
12. echo '支付宝到账' . $money . '元';
```

2.2.6 逻辑运算符

在生活中，我们或许会听到这样的对话。

◆ 如果 A 和 B 同时成立，则执行什么。

◆ A 或者 B 只要有一个成立，则执行什么。

◆ 如果 A 不成立，则执行什么。

为了解决这些生活中的对话场景，PHP 引入了逻辑操作符，&&表示并且，||表示或，!
表示取反。单独讲解逻辑操作符不太好理解，所以在后面章节中我会结合实例对其进行详
细介绍。

2.2.7 解决你心里的疑惑

看完前面的代码清单，你心里肯定有这么一个疑问：一些代码使用 echo，一些代码使
用 print_r，还有一些代码使用 var_dump，那么它们有什么区别呢？

◆ echo：只可以输出简单的数据，对于数组及后面介绍的对象等复杂类型无效。

◆ print_r：可以输出数组等复杂数据的结构，但是无法输出每个数据元素的数据类型。

◆ var_dump：除了可以输出数据的结构外，还可以输出每个数据元素的数据类型。

print_r 和 var_dump 都具备 echo 的功能，在今后的项目开发中，我们会经常使用它们
来查看从数据库、缓存、第三方接口等地方返回的数据。

2.3 结构化程序设计的四大利器

经过前面的学习，我们已经能够将数据用合理的数据类型表示出来，并且还能够实现
各种数据运算，现在我们接着来看看以下这些需求。

◆ 将表 2-1 中日期为 2018-06-10 的这行数据输出到浏览器。

◆ 将表 2-1 中金额小于 0 并且日期月份是 6 月的前 3 条数据输出到浏览器。

◆ 统计表 2-1 中每个月的收入支出总金额，并且以表 2-2 的形式呈现出来。

表 2-2	每个月统计消费、收入数据显示效果	
月份	收入	支出
6 月	xx.xx 元	-xx.xx 元
7 月	xx.xx 元	-xx.xx 元
8 月	xx.xx 元	-xx.xx 元

当你看到这些需求的时候，是不是感觉前面学的知识还远远不够用？为了实现这些需求，我们将引入具有编程性质的四大利器：选择结构、循环结构、顺序结构和函数。

2.3.1　记账数据的表示

为了完成上面的 3 个需求，现在我们首先需要将表 2-1 中的记账数据用 PHP 表示出来。

如代码清单 2-17 所示，我们用 PHP 成功地将表 2-1 的所有记账数据表示出来了。

代码清单 2-17　bill_data.php

```php
1.  <?php
2.  //表 2-1 的所有记账数据
3.  $billData = [
4.      [
5.          'date' => '2018-06-01',
6.          'money' => -32.5,
7.          'comment' => '吃饭消费'
8.      ],
9.      [
10.         'date' => '2018-06-02',
11.         'money' => 80,
12.         'comment' => '兼职发传单'
13.     ],
14.     [
15.         'date' => '2018-06-10',
16.         'money' => -25,
17.         'comment' => '购买考研书籍'
18.     ],
19.     [
20.         'date' => '2018-06-11',
21.         'money' => -115.5,
22.         'comment' => '给女朋友买礼物'
23.     ],
24.     [
25.         'date' => '2018-06-12',
```

```
26.          'money' => 10,
27.          'comment' => '悟空问题答题红包'
28.      ],
29.      [
30.          'date' => '2018-06-13',
31.          'money' => -25,
32.          'comment' => '购买零食'
33.      ],
34.      [
35.          'date' => '2018-06-14',
36.          'money' => -32.5,
37.          'comment' => '购买无线网卡'
38.      ],
39.      [
40.          'date' => '2018-06-15',
41.          'money' => 80,
42.          'comment' => '投稿赚钱'
43.      ],
44.      [
45.          'date' => '2018-07-02',
46.          'money' => -25,
47.          'comment' => '生活消费'
48.      ],
49.      [
50.          'date' => '2018-07-05',
51.          'money' => -200,
52.          'comment' => '朋友生日红包'
53.      ],
54.      [
55.          'date' => '2018-08-02',
56.          'money' => 80,
57.          'comment' => '发传单'
58.      ],
59.      [
60.          'date' => '2018-08-06',
61.          'money' => -25,
62.          'comment' => '网吧打游戏'
63.      ]
64. ];
```

2.3.2 选择结构

在生活中，我们总是会遇到各种各样的选择，比如以下场景。

◆ 如果这个月工资超过 8000 元，那就购买礼物 A 给女朋友，否则购买礼物 B。

◆ 老师批改试卷，将分数大于 85 分的评为等级 A，75～85 分的评为等级 B，其余的为等级 C。

◆ 电信的一个资费套餐：只要每月消费满 100 元，将赠送 5 G 的全国流量。

◆ 一个网站有很多种用户角色，每种用户登录进来跳转到不同页面。

上面的场景其实都是这样的逻辑：如果条件成立，则执行某个操作。在 PHP 中我们可以用选择结构来实现这些需求。

如代码清单 2-18 所示，选择结构的第 1 种表示就是 if 和 else，对应中文就是如果……否则……的意思。下面我们继续用选择结构来实现场景 2。

代码清单 2-18　select_test_one.php

```
1.  <?php
2.  //定义一个变量存放礼物和工资
3.  $gift = '礼物 B';
4.  $salary = 10000;
5.  if ($salary > 8000) $gift = '礼物 A';
6.  echo '应该购买的是' . $gift;
7.
8.  //或者
9.  if ($salary > 8000) {
10.     $gift = '礼物 A';
11. } else {
12.     $gift = '礼物 B';
13. }
14. echo '应该购买的是' . $gift;
```

如代码清单 2-19 所示，对于多种情况的时候，我们通过 elseif 来实现。对于场景 4，PHP 还提供了一种特殊的选择结构来实现。

代码清单 2-19　select_test_two.php

```
1.  <?php
2.  //定义一个变量存放分数和等级
3.  $score = 95;
4.  $grade = '';
5.
6.  if ($score > 85) {
7.      $grade = 'A';
```

```
8.   } elseif ($score > 75 && $score <= 85) {
9.       $grade = 'B';
10.  } else {
11.      $grade = 'C';
12.  }
echo '该分数的等级是' . $grade;
```

如代码清单 2-20 所示，我们可以用 switch 和 case 来完成这种特殊的需求。请注意 break 语句，break 表示终止匹配，要不然即使找到了也还会继续运行代码。default 表示其他的情况。

代码清单 2-20   select_test_three.php

```
1.   <?php
2.   //定义一个用户类型
3.   $userType = 2;
4.
5.   switch ($userType) {
6.       case 1:
7.           echo '跳转到区域管理页面';
8.           break;
9.       case 2:
10.          echo '跳转到二级代理商页面';
11.          break;
12.      case 3:
13.          echo '跳转到一级代理商页面';
14.          break;
15.      case 4:
16.          echo '跳转到管理员页面';
17.          break;
18.      default:
19.          echo '跳转到默认页面';
20.          break;
21.  }
```

2.3.3   循环结构

循环结构是一种非常重要的结构，比如商城网站或者 APP 里面的商品列表、头条新闻里面的新闻列表等，虽然它们的数据不同，但是它们的外貌都是一样的，都可以用循环结构来进行表示。

如代码清单 2-21 所示，PHP 的 3 种常用循环的示例，其中，foreach 在项目中经常使用，while 循环在数据库 MySQL 扩展中会用到。

代码清单 2-21   loop.php

```
1.  <?php
2.  //循环 10 次
3.  for ($i = 0; $i < 10; $i++) {
4.      echo $i . PHP_EOL;
5.  }
6.
7.  //用于数组或者对象属性的循环
8.  $loopArr = [1, 2, 3, 4, 5];
9.  foreach ($loopArr as $key => $val) {
10.     echo 'key是: ' . $key . 'val是: ' . $val . PHP_EOL;
11. }
12.
13. //只要$i 小于 10 就一直执行输出
14. $i = 0;
15. while ($i < 10) {
16.     echo $i . PHP_EOL;
17.     $i++;
18. }
```

打开浏览器访问 http://www.myself.personsite/loop.php，代码清单 2-21 的运行结果如图 2-8 所示。

图 2-8   代码清单 2-21 的运行结果

2.3.4 顺序结构

顺序结构和选择结构、循环结构不同。通俗地说，顺序结构就是我们大脑对于功能需求的实现是怎么想的，先执行什么，再执行什么，最后执行什么，然后将其用代码依次表示出来。

2.3.5 函数

在编程中有一个很有趣的现象，就是某些类似的代码片段会在同一个 PHP 文件或者多个 PHP 文件中使用，如果我们在每处都反复写这些代码片段，会有很多缺陷，其中一个最重要的缺陷就是：代码冗余。代码冗余什么坏处呢？一个明显的坏处就是，如果代码需要修改，那么你要修改很多个地方，所以为了减少这种情况的发生，我们引入了函数。有了函数，我们就能够将重复使用的代码片段封装起来，在其他需要使用的地方，直接通过函数名称调用就可以了。这样以后需要完善或者修改这段代码的时候，我们只需要修改一个地方就可以了。

PHP 有两类函数，一类就是 PHP 已经实现了的，我们称之为内置函数，一类是我们根据需要写的函数，它被叫作自定义函数。

如代码清单 2-22 所示，定义一个函数从 function 开始，后面紧跟的就是函数名称（arrSum），括号里面的是形式参数（arr）。在函数调用的时候，我们直接将实际的值（实际参数）传递给形式参数，剩下的事情，函数自己就去处理了。最后，函数将运算结果通过 return 返回，供我们之后的代码使用。运行结果为 492。

代码清单 2-22　func.php

```php
1.   <?php
2.   //定义一个求数组元素和的函数
3.   function arrSum(array $arr)
4.   {
5.       $sum = 0;
6.       //如果不是数组，就返回 0
7.       if (!is_array($arr)) return 0;
8.       foreach ($arr as $val) {
9.           //如果是数值类数据才进行累加
10.          if (is_numeric($val)) $sum += $val;
11.      }
12.      return $sum;
```

```
13. }
14. $computerArr = [15, 25, 31, 40, 53, 62, 75, 89, 92, 10];
15. //调用函数输出计算结果
16. echo arrSum($computerArr);
```

不知道大家是否注意到，在代码清单 2-22 中，有两个函数调用：is_array 和 is_numeric，这两个函数就是 PHP 内置函数，即 PHP 已经帮我们实现了，我们调用就可以了。

2.4 编码规范

某一天，你走在大街上突然看到一个打扮得非常漂亮的女孩，是不是内心有一种想要和她认识的冲动。同样，我们写 PHP 代码也一样，也应该将代码写得漂漂亮亮的，从而得到面试官或者同事的认可。

目前 PHP 编码规范普遍用的是 PSR 规范。下面是 PSR 规范中的一些常见规范。

◆ 常量 false、true 和 null 必须小写。

◆ if 和左括号之间、右括号和大括号之间留一个空格。

◆ use 和 namespace 声明独立成一行，并且声明后都留一个空白行。

◆ 所有 use 必须在 namespace 后声明。

◆ 方法名称、变量必须符合 camelCase 式的小写开头驼峰命名。

还有更多规范，大家可以去相应网站详细了解。

2.5 习题

到现在，我们已经掌握了大部分的 PHP 基础编程知识。为了巩固这些基础知识，你需要完成以下的练习。

◆ 从 PHP 官方网站下载 PHP 的英文和中文手册。

◆ 反复练习手册中的数组以及字符串扩展中的函数，如图 2-9 所示。

◆ 计算 2.3.1 节中$billData 这个数组变量中所有 key 为 money 的和并将其输出到浏览器。

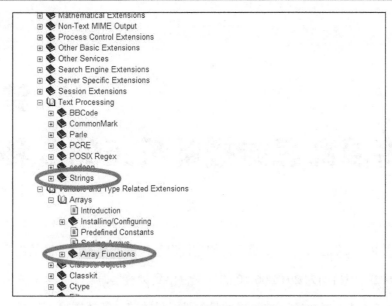

图 2-9 手册里面的字符串和数组扩展函数

第 3 章
将混乱思维拨乱反正的 3 种方法

在第 2 章中，我们还留下一个重要的问题没有解决，就是实现下面的需求。

◆ 将表 2-1 中日期为 2018-06-10 的数据输出到浏览器。

◆ 将表 2-1 中金额小于 0 并且日期月份是 6 月的前 3 条数据输出到浏览器。

◆ 统计表 2-1 中每个月的收入支出总金额，并且以表 2-2 的形式呈现出来。

要用 PHP 解决生活中的实际问题，不是几个简单的选择和循环结构、函数就能够搞定的。因为这些问题往往由很多功能组成，对于初学编程的读者来说，在面对复杂的问题时，往往思维非常混乱。为此，在解决问题前，先学习一些理清混乱思维的方法。

3.1 伪代码

编程其实就是用编程语言将我们大脑的想法表示出来。一个项目往往由很多功能需求组成，而每个功能需求的实现又需要写很多的代码，所以在真实编码之前可以用伪代码将代码框架或轮廓搭建好，再以这个伪代码为基础，编写各种编程语言对应的代码，从而完成项目的每个功能需求，继而完成整个项目。

3.1.1 第 1 个需求的实现

先来看第 1 个需求，即将表 2-1 中日期为 2018-06-10 的数据输出到浏览器，下面是我们思考的过程。

◆ 到现在为止，我仅仅学过选择结构和循环结构、函数、变量等基础知识。

◆ 在代码清单 2-17 中已经用$billData 这个数组变量将表格 2-1 中的所有数据表示出来了。

◆ 用循环结构对$billData 进行遍历，获得每行数据，包括日期，然后判断日期是否为 2018-06-10。

◆ 输出结果。

下面我们利用伪代码将上面的想法表示出来，如代码清单 3-1 所示。

代码清单 3-1 first_need_one.php

```php
1.   <?php
2.   //循环遍历所有记账数据
3.   foreach (所有记账数据 as 目前记账) {
4.       //目前记账数据,包括日期、金额、备注等
5.       if (目前记账日期等于 2018-06-10) {
6.           //输出该行数据;
7.           //已经找到所需要的数据，退出循环;
8.       }
9.   }
10.
11.  //其他代码逻辑
```

如代码清单 3-1 所示，我们用伪代码将第 1 个需求的代码框架表示出来了。

3.1.2 文件包含

如代码清单 3-1 所示，我们需要引用代码清单 2-17 中的变量$billData，也就是说，需要在 first_need_one.php 中将代码清单 2-17 对应的 PHP 文件 bill_data.php 包含进来，要不然会出现变量未定义错误。

PHP 提供了以下几种方式来进行文件包含。

◆ include 将文件包含进来并且执行，如文件不存在，就抛出一个警告，但不中断 PHP 代码的运行。

◆ include_once 和 include 一样，唯一的区别就是先检查是否已经包含该文件。

◆ require 和 include 一样，唯一的区别就是文件不存在会中断 PHP 代码的运行。

◆ require_once 和 include_once 一样，唯一的区别就是文件不存在会中断 PHP 代码的运行。

现在将 bill_data.php 文件复制到和 first_need_one.php 一样的目录中以进行直接包含。在伪代码 3-1 的基础之上，实现第 1 个需求的实际代码如代码清单 3-2 所示。

代码清单 3-2　first_need_two.php

```php
1.  <?php
2.  include 'bill_data.php';
3.  foreach ($billData as $val) {
4.      if ($val['date'] == '2018-06-10') {
5.          //将数据输出到浏览器
6.          echo '日期为: ' . $val['date'] . PHP_EOL;
7.          echo '金额为: ' . $val['money'] . PHP_EOL;
8.          echo '备注为: ' . $val['comment'];
9.          break;
10.     }
11. }
12. //其他代码逻辑
```

如代码清单 3-2 所示，我们用 PHP 将需求 1 成功实现了。打开浏览器访问 view-source:http://www.myself.personsite/first_need_two.php，代码清单 3-2 的运行结果如图 3-1 所示。

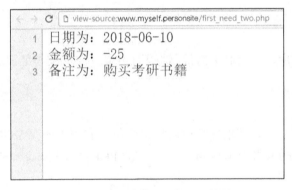

图 3-1　代码清单 3-1 的运行结果

> **提示**
>
> 为什么要将代码放在两个文件中？正式环境中的项目非常复杂，我们必须将各自的代码放在各自的管辖范围内，这样才利于之后的维护。比如对于记账数据 $billData，如果你将其放入 first_need_one.php 这个文件中，虽然不需要使用 include 将文件包含进来了，但是如果之后有其他 PHP 文件需要包含这个记账数据的话，你还得提取出来，要不然 first_need_one.php 的内容也会被包含进去。

3.1.3 第2个需求的实现

面对第2个需求，即将表2-1中金额小于0并且日期月份是6月的前3条数据输出到浏览器，下面是我们思考的过程。

◆ 有了第1个需求实现的基础，现在同样利用 foreach 来遍历数组变量$billData。

◆ 输出的数据必须满足3个条件：金额小于0，月份是6月，是否在第3条以内。

◆ 判断目前元素的金额，如果小于0满足条件1。

◆ 判断目前元素的日期，如果月份是6月那么满足条件2。

◆ 打开 PHP 手册，看日期函数部分，发现可以用 date 和 strtotime 两个内置函数将记账日期中的月份提取出来。

◆ 定义一个变量保存满足记录的条数，每获取一条满足的数据，就将这个变量加1。

◆ 当满足条件的记录数为3时，即使数据满足条件也不输出。

◆ 3个条件必须同时满足，所以用&&进行连接。

◆ 输出结果。

下面我们利用伪代码将思考的过程表示出来，如代码清单3-3所示。

代码清单 3-3 second_need_one.php

```
1.  <?php
2.  已满足记录数 = 0;
3.  //输出所有数据
4.  foreach (所有记账数据 as 目前记账) {
5.      if (已满足记录数大于等于3) 终止循环遍历，执行其他代码逻辑;
6.      if (
7.          目前记账金额小于0 &&
8.          目前记账月份等于06 &&
9.          已满足记录数小于3
10.     ) {
11.         //输出该行数据
12.         //将已满足记录数加1
13.     }
14. }
15.
16. //其他代码逻辑
```

如代码清单 3-3 所示，我们用伪代码将第 2 个需求的代码框架表示出来了。现在在伪代码的基础上，我们来实现第 2 个需求的真实代码，如代码清单 3-4 所示。

代码清单 3-4　second_need_two.php

```php
1.  <?php
2.  include 'bill_data.php';
3.  $fulfilCount = 0;
4.  //循环遍历所有数据
5.  foreach ($billData as $val) {
6.      /**
7.       * 因为已经找到了满足条件的 3 条数据，所以结束循环
8.       */
9.      if ($fulfilCount >= 3) break;
10.     if ($val['money'] < 0 &&
11.         date('m', strtotime($val['date'] . ' 00:00:00')) == '06' &&
12.         $fulfilCount < 3
13.     ) {
14.         //将满足的数据输出到浏览器
15.         echo '日期为: ' . $val['date'];
16.         echo ',金额为: ' . $val['money'];
17.         echo ',备注为: ' . $val['comment'] .PHP_EOL;
18.         //每满足一条数据，就将$fulfilCount 加 1
19.         $fulfilCount++;
20.     }
21. }
22. //其他代码逻辑
```

如代码清单 3-4 所示，我们用 PHP 代码将需求 2 成功实现了，打开浏览器访问 http://www.myself.personsite/second_need_two.php，代码清单 3-4 的运行结果如图 3-2 所示。

```
←  C  🗋 www.myself.personsite/seconde_need_two.php

日期为：2018-06-01,金额为：-32.5,备注为：吃饭消费
日期为：2018-06-10,金额为：-25,备注为：购买考研书籍
日期为：2018-06-11,金额为：-115.5,备注为：给女朋友买礼物
```

图 3-2　代码清单 3-4 的运行结果

3.1.4 第 3 个需求的实现

对于第 3 个需求，即统计表 2-1 中每个月的收入支出总金额，并且以表 2-2 的形式呈现出来。面对这个需求，想必很多初学者思维开始有些混乱了，下面是我们思考的过程。

◆ 仔细观察表 2-2，我们发现它可以用数组进行表示，如代码清单 3-5 所示，以月份作为数组的索引（key），将收入和支出金额一起作为数组索引对应的值（value）。所以现在的任务就是遍历所有记账数据以生成这个数组。

◆ 用 foreach 遍历所有的记账数据，我们能够获取每一条记账金额，将金额和 0 比较得到是收入还是支出金额，同时由第 2 个需求，我们可以得到日期月份。

◆ 要是有一个检查数组索引是否存在的函数就好了，这样我们就能够检查目前记账日期对应的月份是否已经在数组的所有索引里面。如果没在，就新增一个数组元素，并且该元素的索引为记账日期对应的月份，该元素的值为收入和支出金额。根据记账金额和 0 进行比较而进行初始化，如果在索引中，则累加收入或支出金额。

◆ 打开 PHP 手册，继续找到数组扩展函数部分，发现可以利用 array_key_exists 函数来实现检查数组索引是否已经存在的需求，此时所有技术难点都被突破。

◆ 输出结果。

代码清单 3-5 third_need_one.php

```php
1.  <?php
2.  //显示数据结构
3.  $viewData = [
4.      6 => [
5.          'income' => '收入金额',
6.          'consume' => '支出金额'
7.      ],
8.      7 => [
9.          'income' => '收入金额',
10.         'consume' => '支出金额'
11.     ],
12.     8 => [
13.         'income' => '收入金额',
14.         'consume' => '支出金额'
```

```
15.     ],
16.   ];
```

下面我们利用伪代码将上面思考的过程表示出来，如代码清单 3-6 所示。

代码清单 3-6　third_need_two.php

```
1.  <?php
2.  foreach (所有记账数据 as 目前记账) {
3.    //提取目前记账的数字月份
4.    if (该月份已经存在) {
5.        if (目前金额小于 0) {
6.            //支出累加
7.        } else {
8.            //收入累加
9.        }
10.   } else {
11.       if (目前金额小于 0) {
12.           //令支出等于目前金额
13.           //令收入等于 0
14.       } else {
15.           //令支出等于 0
16.           //令收入等于目前金额
17.       }
18.   }
19. }
20. //其他代码逻辑
```

如代码清单 3-6 所示，我们用伪代码将第 3 个需求的代码框架表示出来了。现在在伪代码的基础上，我们来实现第 3 个需求的真实代码，如代码清单 3-7 所示。

代码清单 3-7　third_need_three.php

```
1.  <?php
2.  include 'bill_data.php';
3.  //定义一个保存返回值的数组变量
4.  $viewData = [];
5.  foreach ($billData as $val) {
6.    //n 表示输出没有数字 0 的数字月份
7.    $curMonth = date('n', strtotime($val['date'] . ' 00:00:00'));
8.    if (array_key_exists($curMonth, $viewData)) {
9.        //如果目前月份已经存在，就累加
10.       if ($val['money'] < 0) {
```

```
11.         //如果目前金额小于 0，那么就是支出累加，否则是收入累加
12.         $viewData[$curMonth]['consume'] += $val['money'];
13.     } else {
14.         $viewData[$curMonth]['income'] += $val['money'];
15.     }
16.     } else {
17.     //如果没有统计过，就新增
18.     if ($val['money'] < 0) {
19.         //如果目前金额小于 0，那么支出金额为目前金额，收入金额为 0
20.         $viewData[$curMonth]['consume'] = $val['money'];
21.         $viewData[$curMonth]['income'] = 0;
22.     } else {
23.         $viewData[$curMonth]['consume'] = 0;
24.         $viewData[$curMonth]['income'] = $val['money'];
25.     }
26.     }
27. }
28. //其他代码逻辑
29. print_r($viewData);
```

如代码清单 3-7 所示，我们用 PHP 代码将需求 3 成功实现了。打开浏览器访问 view-source: http://www.myself.personsite/third_need_three.php，代码清单 3-7 的运行结果如图 3-3 所示。

```
Array
(
    [6] => Array
        (
            [consume] => -230.5
            [income] => 170
        )

    [7] => Array
        (
            [consume] => -225
            [income] => 0
        )

    [8] => Array
        (
            [consume] => -25
            [income] => 80
        )

)
```

图 3-3　代码清单 3-7 的运行结果

3.2   思维导图工具

面对复杂的问题，我们的大脑为什么会一片空白？最根本的原因有两个，一个是没有经验且基础知识储备不足，另一个原因就是我们的想法没有得到形象化的表示。因为复杂的问题需要想很长时间或者实现时需要很多步骤，如果我们将每次想的结果用图的方式保存起来，这样就能够迅速地将复杂问题的逻辑理清楚。

3.2.1   任务需求

假设现在我们需要实现一个基于 PC 端的个人商家（C2B）电商平台网站，现在让你以产品经理的身份理一下这个网站需要哪些功能，然后将其整理成文档交给相关同事。

拿到这个任务后，你很头疼，一方面自己没有编程基础，另一方面自己也没有做过这种类型的网站，甚至还不是产品经理。

3.2.2   第 1 阶段

由于有过购物的经验，所以你很清楚，至少该平台有用户和商家这两个角色。从这两个角色出发，并根据丰富的购物经验，你很快就得到了第一个思维导图。

如图 3-4 所示，我们得到了这个电商平台的最简单、最基础的思维导图，从图中能够清楚看到用户和商家的功能有哪些。

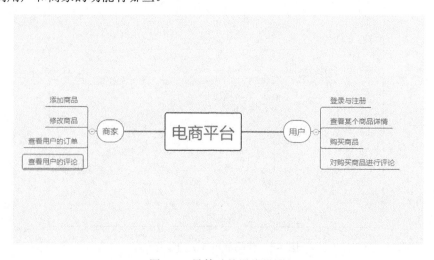

图 3-4   最基础的思维导图

3.2.3 第2阶段

当想到用户能够对商品进行评论的时候，一个问题突然出现在我的眼前，万一用户发表一些国家法律禁止的内容怎么办？同样，商品内容和名称、用户名称等都存在这个问题，于是我们不得不增加一个专门审核各种内容的角色。

如图 3-5 所示，为了对各种内容进行审核，我们增加了审核人这样一个角色。

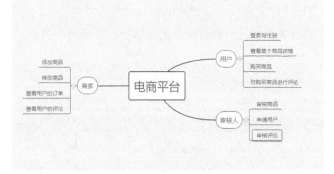

图 3-5　增加审核人的思维导图

3.2.4 第3阶段

好啦，图 3-5 已经将功能描述完了，可以睡觉了。躺在床上回顾图 3-5，才发现还有一个重大功能没有，就是怎么查看平台有多少用户、多少商家、多少商品、多少评论等，而这个功能一般都是超级管理员才可以看到，所以思维导图进化到图 3-6。

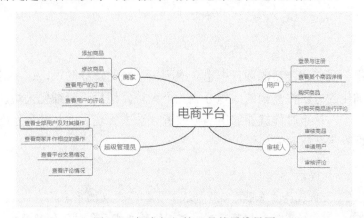

图 3-6　拥有超级管理员的思维导图

经过 3 个阶段的练习，我们发现自己似乎已经学会了整理混乱的需求。同样针对一些复杂逻辑，我们也可以采用这种方式来将零散的、混乱的思维变成一张张形象的图。

3.3　自顶向下逐步细化的方法

在生活中有一个很有趣的体验，大家应该都经历过，就是手里拿着一本书，仅仅看目录就知道这本书写的是什么。

如图 3-7 所示，我们发现之所以看目录就能够知道整本书将什么，就是因为它从顶部开始，将书分成了几个独立的大块，然后继续对每个大块拆分，形成更小的块，直到无法再分。

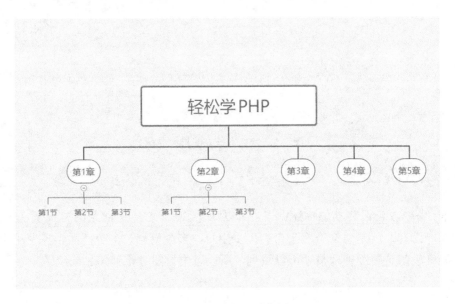

图 3-7　书的组织结构图

和目录一样，我们在今后的项目中也会遇到很复杂的功能需求，这个时候就可以利用自顶向下逐步细化的方法将复杂的问题分成几个大块，然后不断细化大块，直到自己对功能需求非常了解了，这个时候就能够用函数或者方法来实现了。从某种程度上来看，这种方法的思想就是将复杂问题简单化。

提示

从理论上来说，3.2 和 3.3 节都是借助图形来形象化我们的思维，推荐两个比较不错的在线画各种图的网站给大家：百度脑图和 processon。

3.4 习题

作业 1：熟悉用自顶向下、逐步细化的方法将复杂的问题简单化。

作业 2：掌握用伪代码来描述一个复杂功能的代码框架或者轮廓。

作业 3：掌握用各种图将复杂问题化抽象为具体的方法，从而更利于我们解决问题。

第 4 章
MySQL 数据库

如代码清单 2-17 所示，我们是将所有记账数据放在一个 PHP 数组变量中，这样做有一些不足，具体如下。

◆ 如果记账数据有成千上万条，我们就需要手动写这么多个数组元素，这很不现实。

◆ 如果要查询某个或者某几个特殊条件的记账记录，并且之前没有实现的话，又得重新编程实现。

◆ 如果要修改或者删除某些条件的记账记录，还得编程实现。

◆ 一旦需求发生变化，你的工作量或许会指数级增加。

◆ 还有很多你意想不到的事情正在发生。

经过上面的分析，我们得出一个结论，就是将记账数据放在一个数组变量里，是一个不明智的做法。还记得 1.3 节中我们提到过，存储数据要用专业的数据库来做，因为它提供了很多方便的操作，可以帮助你完成对数据的存储、修改、查询和删除等。

4.1 扩展记账功能

下面以表 2-1 为基础将记账功能进行扩展。要想变成一个 PC 端的记账网站应用，需要扩展的功能具体如下。

（1）用户可以注册网站，注册的时候需要填写用户名、密码、邮箱。

（2）用户可以通过用户名和密码登录记账网站。

（3）用户可以插入记账记录，插入的时候需要填写时间、金额、备注。

（4）用户可以查看自己本月、上月、本年等某段时间范围内的记账记录。

（5）系统可以看到所有的用户列表，包括用户名、邮箱、注册时间、总的支出和收入金额等。

（6）系统可以看到所有的记账记录，包括用户名、日期、金额和备注等。

（7）系统在凌晨一点的时候，自动对每天总收入金额大于 60 元的用户赠送 2 个积分。

（8）用户可以修改某条记账记录。

（9）用户可以删除某条记账记录。

（10）用户可以公开某条记账记录，即让其他用户看到。

（11）用户可以对自己或者其他用户公开的记账记录进行评论，仅文本评论，不支持图片。

（12）系统可以看到所有的公开记账记录，并且还可以看到相应的用户评论。

（13）其他更多扩展功能。

4.2　关系数据库

数据库是指专门提供数据存储的"仓库"，关系数据库就是指除了存储基础数据外，还存储数据与数据之间的关系的"仓库"。数据和数据之间的关系我们怎么从扩展功能中获得呢？换句话说，我们怎么从需求中抽取出需要存储的数据和数据之间的关系呢？

4.2.1　抽取基础数据

仔细分析 4.1 节中的扩展功能，我们发现所有的功能都是围绕着用户和记账记录进行的。

用户需要存储以下数据。

◆　用户名、密码、邮箱，这可以从扩展功能（1）得到。

◆　总的支出、收入金额和注册时间，这可以从扩展功能（5）得到。

◆　积分，这可以从功能（7）得到。

记账记录需要存储以下数据。

◆　记账时间、金额、备注，这可以从扩展功能（3）得到。

◆　状态是否公开，这可以从扩展功能（10）得到。

> **提示**
>
> 为什么需要将总的支出和收入金额数据存储起来？因为
> 通过扩展功能 5 我们得知，系统有可能一次需要看 10 个、
> 20 个甚至更多用户的情况，而每个用户或许有很多记账
> 记录，这个时候，如果实时地去统计非常耗性能。

4.2.2　数据身份证

在 4.2.1 节中，我们已经抽取出了用户和记账记录所需要存储的基础数据，但是如果真地将数据存储进去之后，又发现了很多问题。

如表 4-1 所示，你没有看错，数据没有问题。

表 4-1　　　　　　　　　　　　　诡异的记账数据

记账时间	金额（元）	备注	状态
2018-06-01 10:50:25	−32.5	吃饭消费	不公开
2018-06-01 10:36:02	+80	兼职发传单	不公开
2018-06-01 15:20:32	−32.5	吃饭消费	不公开
2018-06-01 16:32:52	+80	兼职发传单	不公开

现在假设需要实现这样一个需求，就是删除日期为 2018-06-01、金额为−32.5 元的记账记录。

面对这个需求，你肯定非常诧异和茫然，因为这样的记录有 2 条，我怎么知道删除哪条呢？

联系生活，我们发现不知道怎么删除的原因是每条数据记录没有身份证，导致删除数据的时候不知道删除哪条。如果赋予每条数据记录一个类似身份证的主键，删除就非常容易了。

于是，我分别为用户和记账记录增加一个身份证编号：用户编号和记账编号。这样用户和记账记录需要存储的数据如下。

◆　用户：用户编号、用户名、密码、邮箱、总的消费、总收入金额、积分、注册时间。

◆　记账记录：记账编号、记账时间、金额、备注、状态。

4.2.3　抽取关系

不知道你是否注意到 4.1 中的扩展功能存在两组关系：用户和记账记录、用户和

公开的记账记录。用户和记账记录的关系体现在这条记账记录是谁的，用户和公开记账记录之间的关系体现在评论，那么我们怎么将这两组关系产生的数据保存到数据库里面呢？

◆ 用户和记账记录之间的关系。我们仔细想一下，是不是每个用户都能够向系统写入多条记账记录，而每一条记账记录只属于一个用户，也就是说用户和记账记录之间是一对多的关系。对于这种关系，我们只需要在记账记录（多端）里面存储用户编号就可以了。

◆ 用户和公开记账记录之间的关系。我们仔细想一下，是不是一个用户能够评论多条公开的记账记录，而一条公开的记账记录能够被多个用户进行评论，所以用户和公开记账记录之间是多对多的关系。多对多关系，需要独立保存。

于是最终保存到数据库里面的数据如下。

◆ 用户：用户编号、用户名、密码、邮箱、总的消费、总收入金额、积分、注册时间。

◆ 记账记录：记账编号、记账时间、金额、备注、状态、相应用户编号。

◆ 公开记账记录评论：评论编号、评论时间、评论内容、相应用户编号、相应记账记录编号。

4.2.4 索引

试想一下，如果新华字典没有目录索引的话，让你找一个字是不是非常麻烦，你甚至有可能翻完整本字典才找到。相反有了目录索引，我们就能够直接看到这个字在第几页，是不是非常快？

在数据库中也是一样，如果一个表的记录数多了，不建索引或者建立的索引不合理，那么查询数据的速度会越来越慢。

MySQL 常用到以下 3 种索引。

◆ 主键：只要被定义为数据身份证的表字段，都应该设置为主键。

◆ 唯一索引：如果某个表字段数据唯一，但又不是主键，我们就可以考虑为其添加唯一索引，比如用户数据里面的用户名就可以设置为唯一索引。

◆ 普通索引：如果需要查询或排序这个字段，并且这个字段不是唯一的，那么可以设置为普通索引。

提示

为什么不将用户名设置为主键,而是要新增一个用户编号作为主键呢?

若将用户名设置为主键,那么记账记录、评论也需要保存用户名,如果之后应市场需要可以修改用户名甚至用户名可以重复,这就麻烦了。

4.3 数据类型及其相关知识

经过前面的学习,我们已经将要保存到数据库中的数据彻底厘清了。我们还需要解决一个问题,就是怎么用合理的 MySQL 数据类型将这些数据存储起来。

4.3.1 数值类型

所谓数值型类型就是指整数和小数类型,比如记账金额、用户编号、记账编号等就可以用这些数据类型来存储。表 4-2 所示的是 MySQL 中一些常用的数值类型说明。

表 4-2   常用数值类型

名称	范围 1	范围 2
TINYINT	$-128\sim127$	$0\sim255$,无符号整形时的范围
SMALLINT	$-32768\sim32767$	$0\sim65535$
MEDIUMINT	$-8388608\sim8388607$	$0\sim16777215$
INT	$-2147483648\sim2147483647$	$0\sim4294967295$
BIGINT	$-2^{63}\sim2^{63}-1$	$0\sim2^{64}-1$
DECIMAL(5,2)	$-999.99\sim999.99$	

如表 4-2 所示,对于整数我们可以选择 5 种类型来存储,可以根据整数范围来选定最合适的数据类型。比如用户编号如果我们采用 9 位数字来表示的话,那么可以将其存储为 INT 类型,而对于小数的存储,我们只有一种选择。

4.3.2 字符串类型

对于用户名、密码、邮箱、账单备注等数据,由于它们可能包含非数值,所以我们可以将其定义为字符串类型。表 4-3 所示的是 MySQL 常用的字符串类型。

表 4-3　　　　　　　　　　　　　　　　常用字符串类型

名称	应用说明
CHAR	常用于存储一些内容比较少的字符串，比如用户名、密码、邮箱等，CHAR(8)表示最多支持存储 8 个字符，CHAR(32)表示最多支持存储 32 个字符
VARCHAR	常用于存储一些内容稍多的字符串，比如商品详情、账单备注等，比如 VARCHAR（512）表示最多支持存储 510 个字符，有 2 个字符用来存储长度
TEXT	常用于存储一些字符串内容非常多的字符串，比如小说内容、博客内容、新闻内容等

如表 4-3 所示，我们还是要根据实际需要去选择合适的数据类型进行数据存储。

4.3.3　其他数据类型

目前市场上有很多本地化 APP，即打开 APP 之后就能够显示附近的店铺或者商品，那么这里就涉及定位问题。对于定位也就是经纬度数据的保存，MySQL 提供了空间数据类型 POINT 来保存，关于 POINT 类型这里就不介绍了，感兴趣的读者可以参见 MySQL 官方文档。

4.3.4　单字节和多字节字符串

PHP 有两个内置的获取字符串长度的函数：strlen 和 mb_strlen。下面我们来看看二者有什么区别。

如代码清单 4-1 所示，我们分别用英文和包含中文的两个字符串内容来进行测试。

代码清单 4-1　str_length_test.php

```
1.  <?php
2.  $str='hello world';
3.  echo strlen($str) . PHP_EOL;
4.  echo mb_strlen($str) . PHP_EOL;
5.
6.  $str = '欢迎 hello world';
7.  echo strlen($str) . PHP_EOL;
8.  echo mb_strlen($str) . PHP_EOL;
```

图 4-1 是代码清单 4-1 的运行结果。从运行结果我们能够看到，对于仅仅包含英文字母、空格等的字符串，两个函数的输出值是相同的，而当包含中文的时候，strlen 将每个中文字符的长度看作 2 倍于字母的长度。但是不管什么情况，mb_strlen 都是输出的是字符串中字符的个数。我们将包含中文、日文、韩文等字符的字符串称多字节字符串，反之称为单字节字符串。

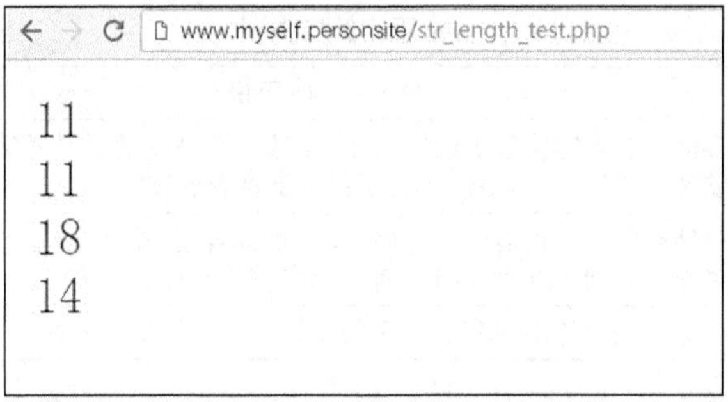

图 4-1　代码清单 4-1 的运行结果

4.3.5　时间戳

所谓时间戳就是指 1970 年 1 月 1 日 0 时 0 分 0 秒（GMT 时间）以来的时间数值（以秒为单位）。利用时间戳，我们能够将日期时间转换为整数保存起来，比如用户注册时间、公开记账记录、评论时间等就可以先转换为时间戳然后利用数据类型 INT 或 BIGINT 来保存。

将日期时间转换为整数保存有什么好处呢？

好处很多。例如查询某时间范围的数据会更加方便，因为现在我们已经将其转换为查询某两个整数范围的数据，对数值的比较远远好过对日期时间的比较。

在 PHP 中我们可以用 time 函数来获取目前时间的时间戳，利用 strtotime 函数来获取指定日期时间的时间戳，利用 date 函数来将时间戳转换为各种需要的日期时间格式。

在 MySQL 中我们可以利用函数 unix_timestamp 来获取目前或者指定的时间戳，用 from_unixtime 函数来将时间戳转换为各种需要的日期时间。

4.3.6　字符集与排序规则

在 MySQL 诞生之初，它仅仅支持存储字母（a～z）、数字（0～9）以及一些符号很少的英文字符。但是随着 MySQL 的扩张，它准备在中国、德国、日本等国家埋下种子。为此，MySQL 还是下了很多功夫的，其中一个功夫就是支持中文、德语、日语等。不管是英文还是中文、日语和德语等，它们都是由很多字符组成的，于是我们将其称为字符集。

多语言网站是很多企业必备的，换句话说，我们的网站数据库应该工作在多个字符集中。为了解决这个问题，MySQL 引入了字符集超集 utf8（utf8mb3 的别名）来包含英文、中文、日语、德语等字符，之所以叫 utf8mb3 是因为每个字符最大被存储为 3 字节。

时代在进步，虽然 utf8mb3 满足了多语言同时存储的需求，但是一种以表情表示文字的 emoji 字符诞生，打破了 utf8mb3 字符集的垄断。为了存储 emoji 表情字符，MySQL 在 utf8mb3 的基础之上，引入了 utf8mb4 字符集超集，即每个字符最大被存储为 4 字节。

虽然解决了各种字符的存储，但是还有一个问题没有解决，就是查询或者排序的时候，会存在以下情况。

◆ 查询的时候大写字母 A 是否与小写字母 a 相等。

◆ 排序的时候大写字母 A 是否与小写字母 a 顺序相同，也就是 A 在 a 前面、后面，还是一样对待。

◆ 中文排序的时候，按照什么规则来进行。

面对以上的情况，MySQL 在字符集的基础之上引入了排序规则，表 4-4 所示的是一些常用的字符集和排序规则。

表 4-4　　　　　　　　　　　一些常用的字符集和排序规则

字符集名称	排序规则名称	备注及应用
utf8	utf8_general_ci	不区分大小写，目前常用默认组合
gbk	gbk_chinese_ci	常用于只有中文的项目，不区分大小写
gbk	gbk_bin	常用于只有中文的项目，区分大小写
utf8mb4	utf8mb4_general_ci	不区分大小写，能够保存 emoji 表情

4.3.7　图片、Word 文档等二进制数据的存储

虽然 MySQL 专门提供了用于存储非文本数据的二进制数据类型 Blob，图片、word 文档、PDF 文档、音频和视频等就是二进制数据。但是在真实项目中，我们基本都默认了，对于二进制数据还是只存储路径到数据表，具体的文件内容还是保存在文件系统中的。

4.3.8　最终的数据表结构

到现在我们已经清楚了整个扩展功能应该保存哪些数据，并且还学会了 MySQL 的数据类型。现在我们可以将这些数据利用合理的数据类型存储起来，以得到最终的数据表结构。

如表 4-5、表 4-6、表 4-7 所示，我们已经将记账网站应用的数据表结构整理出来了，下面是一些简要的说明。

◆ username 之所以定义为唯一索引，是因为在整个用户数据表中，用户名是唯一的，这可以从扩展功能 3（用户可以用用户名和密码登录）得到。

◆ 密码为什么要用 MD5 加密存储？因为如果不加密的话，一旦数据库泄密用户密码
就会泄露给非法用户。

◆ AUTO_INCREMENT 自动递增属性指这个值不需要明确插入，它会自己从 1 开始
递增。在编程中如果你一定要插入的话，可以用 NULL 来进行插入。

◆ register_time 注册时间为什么要建立一般索引？因为系统经常需要依据注册时间倒序
看注册用户情况，而随着用户注册数的增加，我们必须要建立索引来提高查询速度。

表 4-5　　　　　　　　　　　　　　user_info 用户数据表结构

列名称	数据类型	主键索引类型	属性与默认值	备注
uid	INT	主键		用户编号
username	CHAR(16)	唯一索引		用户名
password	CHAR(32)			密码，MD5 加密
consume	DECIMAL(10,1)		默认为 0	总的支出金额
income	DECIMAL(10,1)		默认为 0	总的收入金额
integral	MEDIUMINT		默认为 0	积分
register_time	INT	一般索引	UNSIGNED，无符号整型	注册时间

表 4-6　　　　　　　　　　　　　　bill_info 记账记录数据表结构

列名称	数据类型	主键索引类型	属性与默认值	备注
bid	INT	主键	AUTO_INCREMENT，自动递增	记账编号
add_time	INT	一般索引	UNSIGNED，无符号整型	记账时间
money	DECIMAL(7,1)			金额
remark	VARCHAR(512)			备注
status	TINYINT		默认 2	状态，1 公开，2 不公开
relate_uid	INT			相应用户编号

表 4-7　　　　　　　　　　　　　　comment_info 评论数据表结构

列名称	数据类型	主键索引类型	属性与默认值	备注
cid	INT	主键	AUTO_INCREMENT，自动递增	评论编号
add_time	INT	一般索引	UNSIGNED，无符号整型	评论时间
content	text			评论内容
relate_uid	INT			相应用户编号
relate_bid	INT			相应记账编号

4.4 操作数据库之命令行方式

在 4.3.6 节中，我们已经将扩展功能的每个表结构用表格清晰地展现出来了。现在需要做的事情，就是将这个表结构存储到数据库中，有了表结构我们才能够存储具体的数据。

对于数据库的操作，我们可以采用 3 种方式来实现：命令行、可视化管理工具以及编程方式。可视化管理工具将在 4.5 节中进行讲解，编程方式将在第 6 章进行讲解。

4.4.1 进入命令提示符窗口

由于 Windows 系统版本比较多，下面我们仅仅提供基于 XP 和 Windows 10 两个版本的进入方法，其他系统版本参考这两个系统。

◆ XP 系统：单击菜单开始、运行，然后输入 cmd 按回车键就可以打开，如图 4-2 所示。

◆ Windows 10 系统：单击搜索，然后输入 cmd，选择命令提示符就可以打开，如图 4-3 所示。

图 4-2　XP 系统进入命令行提示符窗口步骤　　图 4-3　Windows 10 系统进入命令行提示符窗口步骤

4.4.2　设置环境变量

由于使用命令行方式操作数据库，实际上是使用目录 D:\software\XAMPP\mysql\bin 下的 mysql.exe 可执行文件来操作，这样我们每次在命令行提示符窗口中执行 SQL 语句时，都要首先将工作目录切换到 D:\software\XAMPP\mysql\bin 目录，否则会报图 4-4 所示的错误。

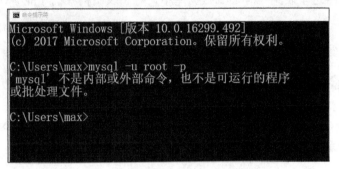

图 4-4　mysql.exe 没有在环境变量时在其他目录无法运行

为了能够在任何工作目录下直接执行 mysql.exe，我们可以将 D:\software\XAMPP\mysql\bin 这个目录添加到系统的环境变量中。按照以下步骤操作即可。

◆　右键单击"我的计算机"，然后单击"属性"，打开属性设置窗口，如图 4-5 所示。

图 4-5　Windows 系统属性设置窗口

◆　单击"高级系统设置"，打开系统属性窗口，如图 4-6 所示。

◆　单击"环境变量（N）…"，打开环境变量窗口，如图 4-7 所示。

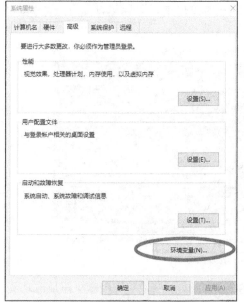

图 4-6　Windows 系统属性窗口　　　　　图 4-7　Windows 系统环境变量窗口

◆　选择系统变量中的 Path 并单击"编辑（I）…"，将 D:\software\XAMPP\mysql\bin 这个目录添加进去，如图 4-8 所示。

图 4-8　添加环境变量

◆ 保存设置并关闭所有打开的窗口，然后打开命令提示符窗口执行命令：mysql –v。运行结果如图 4-9 所示。

```
C:\Users\max>mysql -v
Welcome to the MariaDB monitor.   Commands end with ; or
Your MariaDB connection id is 88
Server version: 10.1.34-MariaDB mariadb.org binary distr

Copyright (c) 2000, 2018, Oracle, MariaDB Corporation Ab

Type 'help;' or '\h' for help. Type '\c' to clear the cu

MariaDB [(none)]>
```

图 4-9   查看 MySQL 版本命令

如图 4-9 所示，我们发现能够成功地看到 MySQL 的版本，这说明环境变量添加成功了。

提示

添加目录路径到系统环境变量是一个非常重要的操作，希望你反反复复地多练习几次，后续搭建 Java 开发环境也需要操作环境变量。

将目录路径添加到环境变量之后，请重新打开命令提示符窗口再执行相关命令，否则还可能出现不是内部或者外部命令的错误。

4.4.3   数据库基础操作

在本小节中，我们将学会创建数据库、查看已经存在的数据库、切换目前工作数据库到某个数据库，登录 MySQL 数据库等操作。其中，创建数据库语句非常重要，因为只有创建了数据库，我们才能够进行之后的创建数据表操作。

打开命令行提示符窗口依次执行代码清单 4-2 中的 SQL 语句，图 4-10 和图 4-11 是执行代码清单 4-2 的部分运行结果。

代码清单 4-2   db.sql

```
#登录数据库
mysql -u root -p
```

```
#显示已经存在的数据库列表
show databases;
#创建记账数据库
CREATE DATABASE bill DEFAULT CHARACTER SET utf8 COLLATE utf8_general_ci;
#查看数据库是否创建成功
show databases;
#将目前数据库切换至记账数据库，方便之后添加数据表
use bill;
#退出
quit
```

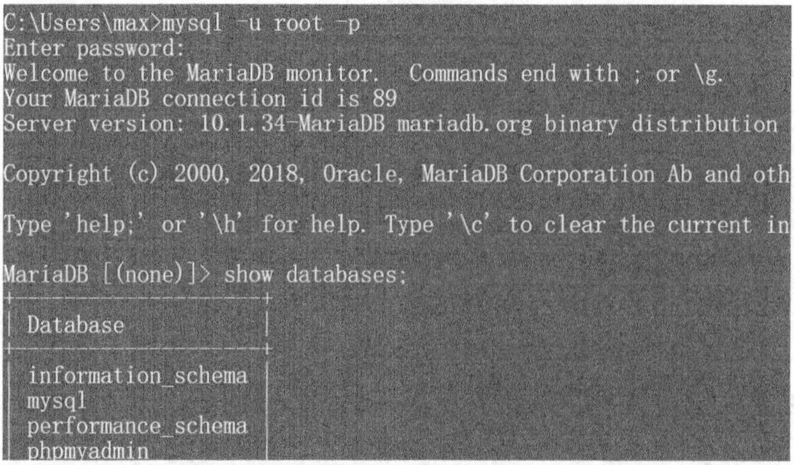

图 4-10 代码清单 4-2 的部分运行结果（一）

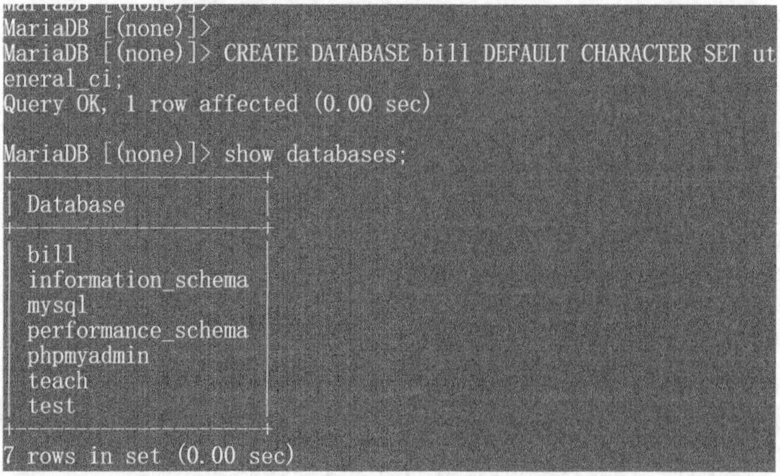

图 4-11 代码清单 4-2 的部分运行结果（二）

如图 4-11 所示，我们成功创建了数据库 bill，下面来总结一下关于数据库操作相关的 SQL 语句。

◆ SHOW DATABASES 语句可以显示目前我们都创建了哪些数据库。

◆ CREATE DATABASE 用于创建数据库。

◆ USE 语句表示切换目前工作数据库，因为数据库有很多个，所以需要用 USE 来明确指定目前是基于哪个数据库来执行 SQL 语句的。

◆ DEFAULT CHARACTER SET 指定该数据库的默认字符集和排序规则，这样之后创建数据表的时候就不需要指定字符集和排序规则了。

> **提示**
> 用 XAMPP 搭建的环境，在默认情况下，MySQL 是没有登录密码的。所以在提示输入密码的时候，直接按回车键就可以了。
> 虽然 SQL 语句不区分大小写，但是关键词还是尽量大写，比如 SHOW DATABASES。

4.4.4 创建与删除数据表操作

在 4.4.3 节中，我们已经学会了创建数据库，接下来需要将用户、记账记录和评论数据表添加到 bill 这个数据库中。有了数据表结构，我们才能够执行后面的增删改查，为了创建这 3 个数据表，我们需要依次执行代码清单 4-3 中的 SQL 语句。

代码清单 4-3　create_table.sql

```
1.  #进入命令提示符窗口并登录数据库
2.  #切换目前工作数据库到 bill 数据库
3.  USE bill;
4.  #查看目前数据库有哪些数据表
5.  SHOW TABLES;
6.  #创建用户数据表
7.  CREATE TABLE `bill`.`user_info`(
8.      `uid` INT NOT NULL,
9.      `username` CHAR(16) NOT NULL,
10.     `password` CHAR(32) NOT NULL,
11.     `consume` DECIMAL(10, 1) NOT NULL DEFAULT '0',
12.     `income` DECIMAL(10, 1) NOT NULL DEFAULT '0',
```

```
13.     `integral` MEDIUMINT NOT NULL DEFAULT '0',
14.     `register_time` INT UNSIGNED NOT NULL,
15.     PRIMARY KEY(`uid`),
16.     INDEX(`register_time`),
17.     UNIQUE(`username`)
18. ) ENGINE = InnoDB;
19. #查看目前数据库有哪些数据表
20. SHOW TABLES;
21. #创建记账记录数据表
22. CREATE TABLE `bill`.`bill_info`(
23.     `bid` INT NOT NULL AUTO_INCREMENT,
24.     `add_time` INT UNSIGNED NOT NULL,
25.     `money` DECIMAL(7, 1) NOT NULL,
26.     `remark` VARCHAR(512) NOT NULL,
27.     `status` TINYINT NOT NULL DEFAULT '2' COMMENT '状态，1公开，2不公开',
28.     `relate_uid` INT NOT NULL,
29.     PRIMARY KEY(`bid`)
30. ) ENGINE = InnoDB;
31. #查看目前数据库有哪些数据表
32. SHOW TABLES;
33. #创建评论数据表
34. CREATE TABLE `bill`.`comment_info`(
35.     `cid` INT NOT NULL AUTO_INCREMENT,
36.     `add_time` INT UNSIGNED NOT NULL,
37.     `content` TEXT NOT NULL,
38.     `relate_uid` INT NOT NULL,
39.     `relate_bid` INT NOT NULL,
40.     PRIMARY KEY(`id`)
41. ) ENGINE = InnoDB;
42. #查看目前数据库有哪些数据表
43. SHOW TABLES;
44. #删除 3 个数据表
45. DROP TABLE `bill_info`, `comment_info`, `user_info`;
46. #退出
47. quit
```

打开命令提示符窗口依次执行代码清单 4-3 中的 SQL 语句，部分运行结果如图 4-12、图 4-13 和图 4-14 所示。

如图 4-12～图 4-14 所示，我们发现数据表被一个个地创建，下面对其进行总结。

◆ SHOW TABLES 语句用于显示目前数据库都创建了哪些数据表。

◆ CREATE TABLE 用于创建数据表。

```
MariaDB [bill]> CREATE TABLE `bill`.`user_info` (
    ->     `uid` INT NOT NULL,
    ->     `username` CHAR(16) NOT NULL,
    ->     `password` CHAR(32) NOT NULL,
    ->     `consume` DECIMAL(10, 1) NOT NULL DEFAULT '0',
    ->     `income` DECIMAL(10, 1) NOT NULL DEFAULT '0',
    ->     `integral` MEDIUMINT NOT NULL DEFAULT '0',
    ->     `register_time` INT UNSIGNED NOT NULL,
    ->     PRIMARY KEY( `uid` ),
    ->     INDEX( `register_time` ),
    ->     UNIQUE( `username` )
    -> ) ENGINE = InnoDB;
Query OK, 0 rows affected (0.16 sec)

MariaDB [bill]> SHOW TABLES;
+----------------+
| Tables_in_bill |
+----------------+
| user_info      |
+----------------+
1 row in set (0.00 sec)
```

图 4-12　代码清单 4-3 的部分运行结果（一）

```
MariaDB [bill]> CREATE TABLE `bill`.`bill_info` (
    ->     `bid` INT NOT NULL AUTO_INCREMENT,
    ->     `add_time` INT UNSIGNED NOT NULL,
    ->     `money` DECIMAL(7, 1) NOT NULL,
    ->     `remark` VARCHAR(512) NOT NULL,
    ->     `status` TINYINT NOT NULL DEFAULT '2' COMMENT '状态，1公开，2不公开',
    ->     `relate_uid` INT NOT NULL,
    ->     PRIMARY KEY( `bid` )
    -> ) ENGINE = InnoDB;
Query OK, 0 rows affected (0.22 sec)

MariaDB [bill]> SHOW TABLES;
+----------------+
| Tables_in_bill |
+----------------+
| bill_info      |
| user_info      |
+----------------+
2 rows in set (0.00 sec)
```

图 4-13　代码清单 4-3 的部分运行结果（二）

```
MariaDB [bill]> CREATE TABLE `bill`.`comment_info` (
    ->     `id` INT NOT NULL AUTO_INCREMENT,
    ->     `add_time` INT UNSIGNED NOT NULL,
    ->     `content` TEXT NOT NULL,
    ->     `relate_uid` INT NOT NULL,
    ->     `relate_bid` INT NOT NULL,
    ->     PRIMARY KEY( `id` )
    -> ) ENGINE = InnoDB;
Query OK, 0 rows affected (0.15 sec)

MariaDB [bill]> SHOW TABLES;
+----------------+
| Tables_in_bill |
+----------------+
| bill_info      |
| comment_info   |
| user_info      |
+----------------+
3 rows in set (0.00 sec)
```

图 4-14　代码清单 4-3 的部分运行结果（三）

◆ PRIMARY KEY 表示主键，用于区分每一条数据记录。

◆ UNIQUE 表示唯一索引，INDEX 表示普通索引。

◆ COMMENT 表示注释。

◆ DEFAULT 表示字段默认值。

◆ AUTO_INCREMENT 表示该字段是自动增长字段，即第一次插入是 1，第二次插入是 2，第三次插入是 3。

◆ ENGINE 表示存储引擎，因为从 MySQL5.5.5 开始默认是 InnoDB，所以可以忽略。

4.4.5 插入数据操作

在 4.4.4 节中，我们将 3 个数据表添加到数据库中了。在本节中，我们将向 3 个表中分别插入几条数据，供之后的修改、删除和查询操作。为了将数据插入到数据表，我们需要依次执行代码清单 4-4 中的 SQL 语句。

代码清单 4-4　insert_data.sql

```
1.  #进入命令提示符窗口并登录数据库
2.  #切换目前工作数据库到 bill 数据库
3.  USE bill;
4.  #插入一条用户数据且设置其密码为 123456
5.  INSERT INTO `user_info`(
6.      `uid`,
7.      `username`,
8.      `password`,
9.      `register_time`
10. )
11. VALUES(
12.     123456,
13.     'xiaoming',
14.     MD5('123456'),
15.     UNIX_TIMESTAMP('2018-05-21 10:10:00')
16. );
17. #插入多条用户数据
18. INSERT INTO `user_info`(
19.     `uid`,
20.     `username`,
21.     `password`,
22.     `register_time`
23. )
```

```
24. VALUES(
25.     123457,
26.     '小红',
27.     MD5('123456'),
28.     UNIX_TIMESTAMP()
29. ),
30. (
31.     123458,
32.     '小花',
33.     MD5('123456'),
34.     UNIX_TIMESTAMP('2018-05-23 12:23:30')
35. );
36. #插入一条记账数据
37. INSERT INTO `bill_info`(
38.     `bid`,
39.     `add_time`,
40.     `money`,
41.     `remark`,
42.     `relate_uid`
43. )
44. VALUES(
45.     NULL,
46.     UNIX_TIMESTAMP('2018-06-01 10:20:30'),
47.     -32.5,
48.     '吃饭消费',
49.     123456
50. );
51. #插入多条记账数据
52. INSERT INTO `bill_info`(
53.     `bid`,
54.     `add_time`,
55.     `money`,
56.     `remark`,
57.     `status`,
58.     `relate_uid`
59. )
60. VALUES(
61.     NULL,
62.     UNIX_TIMESTAMP('2018-06-02 10:20:30'),
63.     80,
64.     '兼职发传单',
65.     2,
66.     123456
```

```
67.  ),(
68.      NULL,
69.      UNIX_TIMESTAMP('2018-06-10 16:20:30'),
70.      -25,
71.      '购买考研书籍',
72.      1,
73.      123456
74.  );
75.  #插入一条评论到数据表
76.  INSERT INTO `comment_info`(
77.      `cid`,
78.      `add_time`,
79.      `content`,
80.      `relate_uid`,
81.      `relate_bid`
82.  )
83.  VALUES(
84.      NULL,
85.      UNIX_TIMESTAMP(),
86.      '祝考研成功,据说清华大学的建筑专业分数非常高,你要做好思想准备哦。',
87.      123457,
88.      3
89.  );
```

打开命令提示符窗口依次执行代码清单 4-4 中的 SQL 语句,部分运行结果如图 4-15、图 4-16 和图 4-17 所示。

```
MariaDB [bill]> INSERT INTO `user_info`(
    ->      `uid`,
    ->      `username`,
    ->      `password`,
    ->      `register_time`
    -> )
    -> VALUES(
    ->      123456,
    ->      'xiaoming',
    ->      MD5('123456'),
    ->      UNIX_TIMESTAMP('2018-05-21 10:10:00')
    -> );
Query OK, 1 row affected (0.16 sec)

MariaDB [bill]>
```

图 4-15 代码清单 4-4 的部分运行结果(一)

```
MariaDB [bill]> INSERT INTO `user_info` (
    ->     `uid`,
    ->     `username`,
    ->     `password`,
    ->     `register_time`
    -> )
    -> VALUES(
    ->     123457,
    ->     '小红',
    ->     MD5('123456'),
    ->     UNIX_TIMESTAMP()
    -> ),
    -> (
    ->     123458,
    ->     '小花',
    ->     MD5('123456'),
    ->     UNIX_TIMESTAMP('2018-05-23 12:23:30')
    -> );
Query OK, 2 rows affected (0.06 sec)
Records: 2  Duplicates: 0  Warnings: 0

MariaDB [bill]>
```

图 4-16　代码清单 4-4 的部分运行结果（二）

```
MariaDB [bill]> INSERT INTO `bill_info` (
    ->     `bid`,
    ->     `add_time`,
    ->     `money`,
    ->     `remark`,
    ->     `status`,
    ->     `relate_uid`
    -> )
    -> VALUES(
    ->     NULL,
    ->     UNIX_TIMESTAMP('2018-06-02 10:20:30'),
    ->     80,
    ->     '兼职发传单',
    ->     2,
    ->     123456
    -> ),(
    ->     NULL,
    ->     UNIX_TIMESTAMP('2018-06-10 16:20:30'),
    ->     -25,
    ->     '购买考研书籍',
    ->     1,
    ->     123456
    -> );
Query OK, 2 rows affected (0.05 sec)
Records: 2  Duplicates: 0  Warnings: 0
```

图 4-17　代码清单 4-4 的部分运行结果（三）

如图 4-15～图 4-17 所示，我们向 3 个数据表里面分别插入了一些数据，下面总结一下部分 SQL 语句的作用。

◆ INSERT 或者 INSERT INTO 表示插入数据，后面接数据表名。

◆ 如果创建数据表的时候某字段指定了默认值，那么插入这个字段的时候，如果不需要新值，可以省略不写。

◆ 和 PHP 一样，如果存储数据类型是字符串，那么存储数据的时候必须用单引号或者双引号将其包起来，数值型字段可以不用。

◆ 可以一次插入多条数据，如果在今后的项目中，能够一次插入多条数据就尽量一次插入，不要一条一条地插入，这非常浪费 MySQL 的资源。

> **提示**
>
> MD5 和 UNIX_TIMESTAMP 均是 MySQL 的内置函数。和 PHP 一样，MySQL 也提供了很多很多内置函数，如果需要了解其他内置函数，可以访问 MySQL 官网。

4.4.6　查询数据操作

在 4.4.5 节中我们已经向几个数据表中插入数据了，那么本节我们就来将插入的数据显示出来。本节实践的查询 SQL 语句如代码清单 4-5 所示。

代码清单 4-5　select_data.sql

```
1.  #进入命令提示符窗口并登录数据库
2.  #将目前工作数据库切换到 bill 数据库
3.  USE bill;
4.  #查询所有用户
5.  SELECT * FROM `user_info`;
6.  #查询 UID 为 123456 的用户
7.  SELECT * FROM `user_info` WHERE `uid` = 123456 LIMIT 1;
8.  #查询所有用户并且以注册时间降序显示
9.  SELECT * FROM `user_info` ORDER BY `register_time` DESC;
10. #按注册时间降序显示前面 2 个用户
11. SELECT * FROM `user_info` ORDER BY `register_time` DESC LIMIT 0, 2;
12. #查询所有用户，仅显示 UID 和 username
13. SELECT `UID`, `username` FROM `user_info`;
14. #将注册时间转换为指定的日期时间格式
15. #如 2018-06-12 10:33:02
16. SELECT
```

```
17.        `uid`,
18.        `username`,
19.        FROM_UNIXTIME(`register_time`,'%Y-%m-%d %H:%i:%S')
20. FROM
21.        `user_info`;
22. #为格式化注册时间取一个别名
23. SELECT
24.        `uid`,
25.        `username`,
26.        FROM_UNIXTIME(`register_time`,'%Y-%m-%d %H:%i:%S') AS 'regtime'
27. FROM
28.        `user_info`;
29. #查询 UID 为 123456 和 123458 的用户信息
30. #第一种方法
31. SELECT * FROM `user_info` WHERE `uid` = 123456 OR `uid` = 123458;
32. #第二种方法
33. SELECT * FROM `user_info` WHERE `uid` IN (123456, 123458);
34. #查询注册时间在 2018-05-01 到 2018-07-01 的用户信息
35. SELECT
36.        `uid`,
37.        `username`,
38.        FROM_UNIXTIME(`register_time`,'%Y-%m-%d %H:%i:%S') AS 'regtime'
39. FROM
40.        `user_info`
41. WHERE
42.        `register_time`
43. BETWEEN
44.        UNIX_TIMESTAMP('2018-05-01 00:00:00')
45. AND
46.        UNIX_TIMESTAMP('2018-07-01 23:59:59');
47. #查询 UID 为 123456 的记账情况,并且以记账时间降序排序
48. SELECT
49.        `uid`,
50.        `username`,
51.        `money`,
52.        `remark`
53. FROM `user_info`
54. INNER JOIN  `bill_info` ON `uid` = `relate_uid`
55. WHERE `uid` = 123456
56. ORDER BY `add_time` DESC;
```

打开命令提示符窗口依次执行代码清单 4-5 中的 SQL 语句，部分运行结果如图 4-18、图 4-19、图 4-20 和图 4-21 所示。

```
MariaDB [bill]> SELECT * FROM `user_info` ORDER BY `register_time` DESC;
| uid    | username | password                         | consume | income | integral | register_time |
| 123457 | 小红     | e10adc3949ba59abbe56e057f20f883e |     0.0 |    0.0 |        0 |    1532161993 |
| 123458 | 小花     | e10adc3949ba59abbe56e057f20f883e |     0.0 |    0.0 |        0 |    1527049410 |
| 123456 | xiaoming | e10adc3949ba59abbe56e057f20f883e |     0.0 |    0.0 |        0 |    1526868600 |
3 rows in set (0.00 sec)

MariaDB [bill]> SELECT * FROM `user_info` ORDER BY `register_time` DESC LIMIT 0, 2;
| uid    | username | password                         | consume | income | integral | register_time |
| 123457 | 小红     | e10adc3949ba59abbe56e057f20f883e |     0.0 |    0.0 |        0 |    1532161993 |
| 123458 | 小花     | e10adc3949ba59abbe56e057f20f883e |     0.0 |    0.0 |        0 |    1527049410 |
2 rows in set (0.00 sec)

MariaDB [bill]> SELECT `uid`, `username` FROM `user_info`;
| uid    | username |
| 123456 | xiaoming |
| 123457 | 小红     |
| 123458 | 小花     |
```

图 4-18 代码清单 4-5 的部分运行结果（一）

```
MariaDB [bill]> SELECT
    ->      `uid`,
    ->      `username`,
    ->      FROM_UNIXTIME(`register_time`,'%Y-%m-%d %H:%i:%S')
    -> FROM
    ->      `user_info`;
| uid    | username | FROM_UNIXTIME(`register_time`,'%Y-%m-%d %H:%i:%S') |
| 123456 | xiaoming | 2018-05-21 10:10:00                                |
| 123457 | 小红     | 2018-07-21 16:33:13                                |
| 123458 | 小花     | 2018-05-23 12:23:30                                |
3 rows in set (0.00 sec)

MariaDB [bill]> SELECT
    ->      `uid`,
    ->      `username`,
    ->      FROM_UNIXTIME(`register_time`,'%Y-%m-%d %H:%i:%S') AS 'regtime'
    -> FROM
    ->      `user_info`;
| uid    | username | regtime             |
| 123456 | xiaoming | 2018-05-21 10:10:00 |
| 123457 | 小红     | 2018-07-21 16:33:13 |
| 123458 | 小花     | 2018-05-23 12:23:30 |
3 rows in set (0.00 sec)
```

图 4-19 代码清单 4-5 的部分运行结果（二）

```
MariaDB [bill]> SELECT
    ->     `uid`,
    ->     `username`,
    ->     FROM_UNIXTIME(`register_time`,'%Y-%m-%d %H:%i:%S') AS 'regtime'
    -> FROM
    ->     `user_info`
    -> WHERE
    ->     `register_time`
    -> BETWEEN
    ->     UNIX_TIMESTAMP('2018-05-01 00:00:00')
    -> AND
    ->     UNIX_TIMESTAMP('2018-07-01 23:59:59');
+--------+----------+---------------------+
| uid    | username | regtime             |
+--------+----------+---------------------+
| 123456 | xiaoming | 2018-05-21 10:10:00 |
| 123458 | 小花     | 2018-05-23 12:23:30 |
+--------+----------+---------------------+
2 rows in set (0.00 sec)
```

图 4-20　代码清单 4-5 的部分运行结果（三）

```
MariaDB [bill]> SELECT
    ->     `uid`,
    ->     `username`,
    ->     `money`,
    ->     `remark`
    -> FROM `user_info`
    -> INNER JOIN `bill_info` ON `uid` = `relate_uid`
    -> WHERE `uid` = 123456
    -> ORDER BY `add_time` DESC;
+--------+----------+-------+-----------------+
| uid    | username | money | remark          |
+--------+----------+-------+-----------------+
| 123456 | xiaoming | -25.0 | 购买考研书籍    |
| 123456 | xiaoming |  80.0 | 兼职发传单      |
| 123456 | xiaoming | -32.5 | 吃饭消费        |
+--------+----------+-------+-----------------+
3 rows in set (0.02 sec)
```

图 4-21　代码清单 4-5 的部分运行结果（四）

如图 4-18～图 4-21 所示，我们执行了很多 SQL 查询语句，下面对其进行总结。

◆　查询语句从 SELECT 开始，FROM 后面接表名。

◆　*表示显示所有的数据表字段。

◆　WHERE 后面接查询条件。

◆　BETWEEN…AND 表示查询某个范围。

◆　ORDER BY 表示按某字段降序（DESC）还是升序（ASC）排列。

◆　LIMIT 表示限制返回行数，LIMIT 1 表示从第一行开始显示。

◆ LIMIT 0, 2 表示从第一行开始显示 2 行的数据。

◆ AS 可以为字段取一个好听的名字。

◆ INNER JOIN 和 ON 用于将 2 个或者多个表连接起来。

4.4.7 修改数据操作

到目前为止，MySQL 的 root 用户还没有密码，这非常危险，所以需要修改 root 用户的密码。同时用户记账错了，肯定也会涉及修改操作。本节就来学习一下用 SQL 语句来进行数据修改。本节实践的修改 SQL 语句如代码清单 4-6 所示。

代码清单 4-6 update_data.sql

```
1.  #进入命令提示符窗口并登录数据库
2.  #切换目前工作数据库到 bill 数据库
3.  USE bill;
4.  #修改编号为 3 且 UID 是 123456 的记账用户
5.  #将这条记账记录的备注设置为测试修改
6.  UPDATE
7.      `bill_info`
8.  SET
9.      `remark` = '测试修改'
10. WHERE
11.     `bid` = 3 AND `relate_uid` = 123456
12. LIMIT 1;
13. #查询修改结果
14. SELECT
15.     *
16. FROM
17.     `bill_info`
18. WHERE
19.     `bid` = 3 AND `relate_uid` = 123456
20. LIMIT 1;
21. #切换目前数据库到 MySQL
22. USE mysql;
23. #查看 user 数据表的结构
24. DESC user;
25. #如果有 Password 时
26. #采用以下方式修改 root 用户密码
27. #并且设置密码为 123456
28. UPDATE
29.     `user`
```

```
30. SET
31.     `Password` = PASSWORD('123456')
32. WHERE
33.     `user` = 'root';
34. #如果没有 Password 时
35. #采用以下方式修改 root 用户密码
36. UPDATE
37.     `user`
38. SET
39.     `authentication_strin` = PASSWORD('123456')
40. WHERE
41.     `user` = 'root';
42. #修改密码之后让其立即生效
43. FLUSH PRIVILEGES;
```

打开命令提示符窗口依次执行代码清单中的 SQL 语句，部分运行结果如图 4-22 和图 4-23 所示。

图 4-22 代码清单 4-6 的部分运行结果

如图 4-22 和图 4-23 所示，我们执行了几个修改 SQL 语句，下面对其进行总结。

◆   修改语句从 UPDATE 开始，后面接表名。

◆   SET 的作用就是将某字段的值修改为新的值。

```
MariaDB [mysql]> desc user;

Field                    Type

Host                     char(60)
User                     char(80)
Password                 char(41)
Select_priv              enum('N','Y')
Insert_priv              enum('N','Y')
Update_priv              enum('N','Y')
Delete_priv              enum('N','Y')
Create_priv              enum('N','Y')
Drop_priv                enum('N','Y')
Reload_priv              enum('N','Y')
Shutdown_priv            enum('N','Y')
Process_priv             enum('N','Y')
File_priv                enum('N','Y')
Grant_priv               enum('N','Y')
References_priv          enum('N','Y')
```

图 4-23　代码清单 4-6 的部分运行结果

◆　WHERE 后面接修改条件，即满足这些条件的数据记录才会被修改。

◆　LIMIT 1 的作用就是仅仅修改一条数据记录，比如修改某个用户的余额时，就需要加上它。

4.4.8　删除数据操作

在扩展记账功能中，用户能够删除某条记账记录，下面就来看看怎么用 SQL 语句完成这个需求。

代码清单 4-7 所示的就是一个删除 SQL 语句，下面对其进行总结。

◆　删除语句从 DELETE 开始。

◆　FROM 后接表名，表示从哪个表删除。

◆　WHERE 后面接删除条件，即满足这些条件的数据记录才会被删除。

◆　LIMIT 1 的作用是仅删除一条数据记录。

代码清单 4-7　delete_data.sql

```
1.  #进入命令提示符窗口并登录数据库
2.  #切换目前工作数据库到 bill 数据库
3.  USE bill;
4.  DELETE FROM `bill_info` WHERE `bid` = 1 LIMIT 1;
```

> **提示**
>
> 虽然可以用没有 WHERE 的 DELETE 来删除整个数据表的记录，即清空数据表数据，但是这种清空数据有两处缺点：一是自动增长的字段起始值不能够从 1 开始；另一个是会产生很多二进制日志。
>
> 清空数据表可以用 TRUNCATE 语句来实现，比如 TRUNCATE `bill_info`的作用就是清空 bill_info 这个数据表中的所有数据。

4.4.9 事务相关

在真实项目中，很多时候在一个逻辑中不仅只有查询数据操作，也不仅只有修改或者删除数据操作，而是查询、删除和修改数据并存，即同时需要执行多个 SQL 语句，比如以下场景。

◆ 用户购买商品并支付结算时，需要生成一个订单、修改商品的出售数、为商家添加事件通知、修改用户的余额等。

◆ 用支付宝或者微信充手机话费时，需要生成一个订单、修改用户余额、插入一条余额明细等。

以上 2 个需求有一个特殊的地方，就是必须保证每条语句都执行成功或者都执行失败，这样才能够保证数据的一致性，要不然就会出现，用户已经付钱了，但是却没有生成订单，这样商家就无法发货。为此，MySQL 数据库引入了事务语句。

代码清单 4-8　transaction.sql

```
1.   #进入命令提示符窗口并登录数据库
2.   #将目前工作数据库切换到 bill 数据库
3.   USE bill;
4.   #将 SQL 语句的默认结束符由;改为//
5.   DELIMITER //
6.   #开始事务
7.   START TRANSACTION;
8.   #下面的 2 个 SQL 语句被当成一个整体
9.   INSERT INTO `user_info`(
10.      `uid`,
11.      `username`,
12.      `password`,
13.      `register_time`
```

```
14. )
15. VALUES(
16.    123459,
17.    '小海',
18.    MD5('123456'),
19.    UNIX_TIMESTAMP('2018-05-24 10:10:00')
20. );
21. UPDATE
22.    `bill_info`
23. SET
24.    `remark` = '测试事务修改'
25. WHERE
26.    `bid` = 3 AND `relate_uid` = 123456
27. LIMIT 1;
28. #保存修改
29. #如果不想保存修改用 ROLLBACK
30. COMMIT//
31. #恢复结束符到;
32. DELIMITER ;
```

代码清单 4-8 所示的就是一个事务 SQL 语句，下面对其进行总结。

◆ START TRANSACTION 表示开始事务。

◆ COMMIT 表示提交事务，即将修改或者删除的数据进行提交保存。

◆ ROLLBACK 和 COMMIT 相反，表示放弃修改和删除，恢复数据到最初的状态。

4.5　操作数据库之可视化管理工具

在 4.4 节中，所有的 SQL 语句都是用键盘输入的，效率非常低。本节推荐两种常用的可视化管理工具：phpMyAdmin 和 Navicat for MySQL，有了它们，我们用鼠标轻轻地单击几下就能够完成很多 SQL 语句。

4.5.1　phpMyAdmin

phpMyAdmin 是一个基于 PHP 编写的、以网页形式存在的 MySQL 数据库管理工具，想要使用这个工具，需要依次按以下步骤进行操作。

（1）打开 D:\software\xampp\phpMyAdmin 目录，找到 config.inc.php 文件，修改 MySQL 连接密码，如图 4-24 所示。

```
/* Authentication type and info */
$cfg['Servers'][$i]['auth_type'] = 'config';
$cfg['Servers'][$i]['user'] = 'root';
$cfg['Servers'][$i]['password'] = '你的root用户密码';
$cfg['Servers'][$i]['extension'] = 'mysqli';
$cfg['Servers'][$i]['AllowNoPassword'] = true;
$cfg['Lang'] = '';
```

图 4-24　修改 phpMyAdmin 的 MySQL 连接配置

（2）打开 XAMPP 控制面板，单击 MySQL 旁边的 Admin 以打开管理工具，如图 4-25 所示。

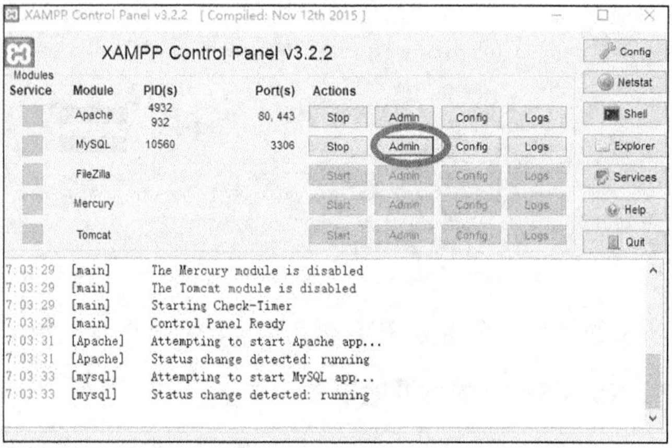

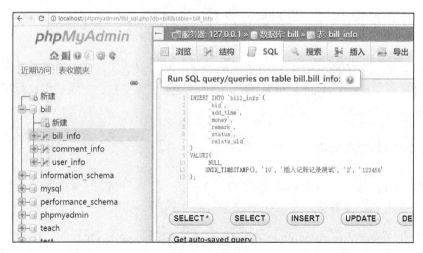

图 4-25　打开 phpMyAdmin

（3）打开管理工具后执行一个插入 SQL 语句，如图 4-26 所示。

图 4-26　在 phpMyAdmin 里面执行一个插入 SQL 语句

（4）完成配置。

> **提示**
> root 用户密码在哪儿？
> 在 4.4.7 节，我们在代码清单 4-6 中修改了 root 用户的
> 密码，将这个密码填入就可以了。

4.5.2 Navicat for MySQL

Navicat for MySQL 是一个超级强大的管理 MySQL 的桌面软件。为了安装该软件，我们需要按以下步骤进行操作。

（1）在 D 盘 software 目录下面，新建一个名称为 Navicat 的目录。

（2）打开浏览器在 Navicat 官网下载安装包。

（3）按照下载的安装包，将其安装在 D:\software\Navicat 下。

（4）安装完成后运行，然后新建一个数据库连接，如图 4-27 所示。

图 4-27　新建一个连接

（5）双击新建的连接以打开本地 MySQL 数据库，如图 4-28 所示。

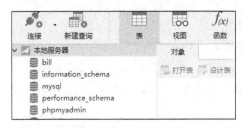

图 4-28　打开数据库连接

（6）完成安装。

4.6　MariaDB 与 MySQL 的关系

在命令行中执行了这么多 SQL 语句，细心的你或许会有一个疑问：明明说的是 MySQL 数据库，但是很多地方都是讲 MariaDB，它和 MySQL 的关系是什么？

◆　MariaDB 是 MySQL 的分支，也就是说它是基于 MySQL 开发的。

◆　MariaDB 对开发者来说是透明的，即开发者可以将它当成 MySQL 来使用，因为它完全兼容 MySQL。

◆　XAMPP 默认集成的是 MariaDB，这是命令行下显示 MariaDB 的根本原因。

4.7　习题

本章我们从扩展记账功能出发，通过数据抽取和关系抽取得到最后的数据表结构，然后利用命令行方式进行一系列的 SQL 语句操作。SQL 语句在 PHP 编程中占据很重要的位置，所以希望你做好以下作业。

◆　认真思考如何从需求中提取数据和关系。

◆　反复对记账数据库中的各个数据表进行各种 SQL 语句操作，直到自己非常熟练。

◆　打开 MySQL 官方文档查看其他的 SQL 语句。

第 5 章
内置函数应用

在第 2 章中,我们提到 PHP 提供了很多的内置函数,为了避免重复造轮子,在项目中充分利用好各个内置函数是作为一个 PHP 程序员最基本的专业素质。

注意

在本章中,所有代码清单中如果有伪代码,那么请你在运行的时候注释掉这部分代码。伪代码是为了帮助你理解整段代码的逻辑。

5.1 验证类应用

在项目开发中,我们经常需要对用户输入的数据进行各种验证,比如手机号码验证、URL 验证、邮箱验证、大小写字母密码组合验证、大小写字母+数字密码组合验证等。面对这一系列的验证需求,相信很多 PHP 程序员,首先想到的就是利用正则表达式来进行验证,殊不知,其实 PHP 已经为我们提供了丰富的内置函数来完成这些验证。尽量不用正则表达式是优化 PHP 代码的一个原则。

5.1.1 手机号码验证

现在市场上很多 APP 都提供了手机号码 + 短信验证码注册登录的方式,在电商网站里面添加收货地址时,也需要填写手机号码。面对这些需求,对用户填写的手机号码进行格式验证是程序必须做的事情。

如代码清单 5-1 所示,我们用 strlen 和 ctype_digit 两个内置函数实现了最基本的手机号码格式验证需求。

代码清单 5-1 validate_phone_one.php

```php
1.  <?php
2.  //要验证的手机号
3.  $phone = '13926596894';
4.  /**
5.   * 手机号码格式的最基本要求:
6.   * 长度为 11 位
7.   * 并且全部是数字
8.   */
9.
10. /**
11.  * strlen 函数:
12.  * 获取字符串的字节长度, 由于数字是 ASCII 码, 所以可以用该函数获取数字个数
13.  * ctype_digit 函数:
14.  * 检查给定的值是否是由 0~9 这些数字组成的
15.  */
16. if (strlen($phone) == 11 && ctype_digit($phone)) {
17.     echo '正确的手机号码';
18. } else {
19.     echo '错误的手机号码';
20. }
```

但是有时候, 我们发现, 还需要对手机号码段进行验证, 比如 185 表示的是中国联通, 139 表示的是中国移动, 而 173 表示的是中国电信。为了实现这个需求, 我们将代码清单 5-1 进行完善。

如代码清单 5-2 所示, 我们利用 substr 内置函数来获取号段, 但是它的返回值是字符串, 所以需要用 intval 来将其转化为整数, 供后面的 in_array 函数使用。

代码清单 5-2 validate_phone_two.php

```php
1.  <?php
2.  //要验证的手机号
3.  $phone = '13926596894';
4.
5.  //允许的手机号段
6.  $allowPrefix = [
7.      136,
8.      138,
9.      137,
10.     185,
11.     173,
```

```
12.    130,
13.    131
14. ];
15.
16. //获得手机号码里面的号段
17. /**
18.  * intval 函数:
19.  * 将给定的值强制转化为整数
20.  * substr 函数:
21.  * 从$phone 里面的第 0 个位置开始，连续提取 3 个字符组成子串返回
22.  */
23. $prefixVal = intval(substr($phone, 0, 3));
24.
25. /**
26.  * 手机号码格式的最基本要求:
27.  * 长度为 11 位
28.  * 并且全部是数字
29.  */
30.
31. /**
32.  * strlen 函数:
33.  * 获取字符串的字节长度，由于数字是 ASCII 码，所以可以用该函数获取数字个数
34.  * ctype_digit 函数:
35.  * 检查给定的值是否是由 0~9 这些数字组成的
36.  * in_array 函数:
37.  * 查看指定的值是否在给定数组里面，如果在就返回 true，否则返回 false
38.  */
39. if (
40.    strlen($phone) == 11 &&
41.    ctype_digit($phone) &&
42.    in_array($prefixVal, $allowPrefix)
43. ) {
44.    echo '正确的手机号码';
45. } else {
46.    echo '错误的手机号码';
47. }
```

5.1.2　URL 验证

在一些广告网站应用中，我们需要对填写的广告跳转 URL 进行验证。不仅如此，有时候还需要对 URL 中的域名进行验证，看看域名是不是在广告主提供的域名列表里面，如果没有在，则判断为非法。

如代码清单 5-3 所示，我们利用了内置函数 filter 和 empty。函数 empty 在今后的项目中经常使用，需要认真对待。

代码清单 5-3   validate_url_one.php

```php
1.   <?php
2.   //要验证的 URL
3.   $url = 'http://www.ptpress.com.cn/';
4.
5.   /**
6.    * filter_var 函数:
7.    * 用指定的过滤器过滤一个变量，这里指定的是 URL 过滤器
8.    */
9.   $checkResult = filter_var($url, FILTER_VALIDATE_URL);
10.
11.  /**
12.   * empty 函数:
13.   * 在以下情况下返回 true
14.   * 空字符串
15.   * 整数 0
16.   * 浮点数 0.0
17.   * NULL
18.   * 布尔值 false
19.   * 空数组[]或 array()
20.   * 变量定义了但是没有赋值
21.   */
22.  if (!empty($checkResult)) {
23.      echo '合法的 URL';
24.  } else {
25.      echo '不合法的 URL';
26.  }
```

虽然现在我们已经完成了基本的 URL 校验，但是对于 URL 里面的域名验证还没有实现，下面接着实现这个需求。

如代码清单 5-4 所示，我们不仅验证了 URL 是否合法，还验证了域名是否满足。其中 parse_url 这个函数起了很重要的作用，关于该函数的详细信息参见 PHP 手册。

代码清单 5-4   validate_url_two.php

```php
1.   <?php
2.   //要验证的 URL
3.   $url = 'http://www.ptpress.com.cn/shopping/index';
```

```
4.    //合法的域名
5.    $rightDomain = 'www.qq.com';
6.
7.    /**
8.     * filter_var 函数:
9.     * 用指定的过滤器过滤一个变量, 这里指定的是 URL 过滤器
10.    */
11.   $checkResult = filter_var($url, FILTER_VALIDATE_URL);
12.
13.   //得到验证的 URL 的域名
14.   /**
15.    * parse_url 函数:
16.    * 可以得到 URL 的各个组成部分
17.    * 这里仅仅获取主机部分
18.    */
19.   $urlDomain = parse_url($url, PHP_URL_HOST);
20.
21.   /**
22.    * empty 函数:
23.    * 在以下情况下返回 true
24.    * 空字符串
25.    * 整数 0
26.    * 浮点数 0.0
27.    * NULL
28.    * 布尔值 false
29.    * 空数组 [] 或 array()
30.    * 变量定义了但是没有赋值
31.    */
32.   if (
33.       !empty($checkResult) &&
34.       !empty($urlDomain) &&
35.       $urlDomain == $rightDomain
36.   ) {
37.       echo '合法的 URL';
38.   } else {
39.       echo '不合法的 URL';
40.   }
```

5.1.3 邮箱验证

很多网站注册的时候都需要填写邮箱。之所以填写邮箱，一方面是为了之后找回密码等操作发送验证邮件，另一方面是为了之后的群发邮件广告、事件通知等。对于用户输入

的邮箱，程序必须要验证。

代码清单 5-5 validate_email.php

```php
1.  <?php
2.  //要验证的邮箱
3.  $email = '2682314304@qq.com';
4.
5.  /**
6.   * filter_var 函数:
7.   * 用指定的过滤器过滤一个变量，这里指定的是邮箱过滤器
8.   */
9.  $checkResult = filter_var($email, FILTER_VALIDATE_EMAIL);
10.
11. /**
12.  * empty 函数:
13.  * 在以下情况下返回 true
14.  * 空字符串
15.  * 整数 0
16.  * 浮点数 0.0
17.  * NULL
18.  * 布尔值 false
19.  * 空数组 [] 或 array()
20.  * 变量定义了但是没有赋值
21.  */
22. if (!empty($checkResult)) {
23.     echo '合法的邮箱';
24. } else {
25.     echo '不合法的邮箱';
26. }
```

如代码清单 5-5 所示，我们还是利用内置函数 filter_var 来完成邮箱的验证，只不过换了一下过滤器而已，由此可见它的重要性。还是那句话，希望你仔细阅读 PHP 手册，完全弄懂这个内置函数，然后用该内置函数完成 IPV4 私有 IP 地址、MAC 地址的验证等。

5.1.4 大小写字母密码组合验证

看着网上到处都是密码泄露事件，其中一个主要的原因就是设置的密码过于简单，比如 123456 这个密码相信很多朋友都使用过。一些网站为了帮用户改掉这个不好的习惯，将密码规则设置为大小写字母组合，什么意思呢？就是密码必须同时包括大写字母和小写字母。

如代码清单 5-6 所示，我们实现了密码大小写组合的验证，简单说一下逻辑。

◆　首先判断密码是否全部由字母组成。

◆　由 ctype_lower 函数不成立得出密码要么全是大写，要么有大写有小写。

◆　由 ctype_upper 函数不成立得出密码不全是大写。

◆　得出结果，有大写和小写。

代码清单 5-6　validate_password_one.php

```php
1.   <?php
2.   //要验证的密码
3.   $password = 'imitateI';
4.
5.   /**
6.    * ctype_alpha 函数:
7.    * 如果给定的值是由字母(a~z 或者 A~Z)组成，则返回 true
8.    * ctype_lower 函数:
9.    * 如果给定的值全部由小写字母(a~z)组成，则返回 true
10.   * ctype_upper 函数:
11.   * 如果给定的值全部由大写字母(A~Z)组成，则返回 true
12.   */
13.  if (
14.      ctype_alpha($password) &&
15.      !ctype_lower($password) &&
16.      !ctype_upper($password) &&
17.      strlen($password) >= 6
18.  ) {
19.      echo '合法的密码';
20.  } else {
21.      echo '不合法的密码';
22.  }
```

上面的 4 个步骤或许对初学者来说有些绕，希望你好好思考一下这个流程，加强对自己的逻辑思维能力的练习。

5.1.5　大小写字母+数字密码组合验证

在我们购买阿里云服务器的时候，会初始化服务器登录密码，而这个密码设置规则就是大小写字母+数字组合。下面我们就来讲解一下怎么实现这种类型的密码验证。

如代码清单 5-7 所示，我们实现了大小写字母+数字密码组合的验证。从两个验证密码的代码清单，我们可以看到，ctype 函数系列非常重要。

代码清单 5-7   validate_password_two.php

```php
1.  <?php
2.  //要验证的密码
3.  $password = 'imitateI123';
4.
5.  /**
6.   * ctype_alnum 函数：
7.   * 如果给定的值由字母和数字（a~z、A~Z、0~9）组成，则返回 true
8.   * ctype_alpha 函数：
9.   * 如果给定的值是由字母（a~z 或者 A~Z）组成，则返回 true
10.  * ctype_lower 函数：
11.  * 如果给定的值全部由小写字母（a~z）组成，则返回 true
12.  * ctype_upper 函数：
13.  * 如果给定的值全部由大写字母（A~Z）组成，则返回 true
14.  */
15. if (
16.    ctype_alnum($password) &&
17.    !ctype_alpha($password) &&
18.    !ctype_lower($password) &&
19.    !ctype_upper($password) &&
20.    strlen($password) >= 6
21. ) {
22.    echo '合法的密码';
23. } else {
24.    echo '不合法的密码';
25. }
```

5.1.6   日期验证

在记账 APP 中，用户填写记账记录的时候会填写日期，在实现日期范围内数据查看的时候，我们会进行日期选择。那么怎么验证日期是否合法呢？

如代码清单 5-8 所示，我们用 explode 函数来将验证日期分割成年、月、日 3 个部分，然后依次检查每个部分是否满足条件，从而得到日期是否合法。除了这种方式外，我们还可以采用另外一种非常简单的方式来实现日期的验证，如代码清单 5-9 所示。

代码清单 5-8   validate_date_one.php 验证日期

```php
1.  <?php
2.  //即将进行验证的日期
```

```
3.  $dateVal = '2018-06-28';
4.
5.  /**
6.   * explode 函数:
7.   * 将日期值以-字符分隔成数组
8.   * 你可以采用 var_dump 或者 print_r 来打印数组结构
9.   */
10. $dateArr = explode('-', $dateVal);
11. //var_dump($dateArr)或者 print_r($dateArr)
12.
13. if (
14.     count($dateArr) == 3 &&
15.     (ctype_digit($dateArr[0]) && strlen($dateArr[0]) == 4) &&
16.     (ctype_digit($dateArr[1]) && strlen($dateArr[1]) == 2) &&
17.     (ctype_digit($dateArr[2]) && strlen($dateArr[2]) == 2)
18. ) {
19.     echo '合法的日期';
20. } else {
21.     echo '不合法的日期';
22. }
```

代码清单 5-9   validate_date_two.php

```
1.  <?php
2.  //即将进行验证的日期
3.  $dateVal = '2018-06-28';
4.
5.  //首先将日期生成一个完整的日期时间值
6.  $dateTimeVal = $dateVal . ' 00:00:00';
7.  //获取时间戳
8.  $timeStampVal = strtotime($dateTimeVal);
9.
10. //判断是否成功获取了时间戳
11. if (!empty($timeStampVal) && $timeStampVal > 0) {
12.     echo '合法的日期';
13. } else {
14.     echo '不合法的日期';
15. }
```

5.2 数据生成应用

在项目开发中，有时候我们会遇到这样的需求，即某些数据不是通过用户提交的数据生成的，而是程序自己根据需要生成的，下面是一些你已经接触的生活场景。

◆　通过京东或者淘宝购买商品的时候，系统会生成一个订单号。

◆　通过微信或者支付宝进行手机话费充值的时候，系统会生成一个订单号。

◆　通过 QQ 网站注册 QQ 的时候，系统会生成一个全局唯一的 QQ 号。

◆　购买东西后进行评论、晒图的时候，系统会为每张图片分配一个存储路径。

其实在生活中，类似的场景也有很多，本节我们就来谈谈怎么样用 PHP 处理这些场景问题。

5.2.1　订单号生成

目前商城的订单号普遍有两种方式，一种是采用时间戳的方式、另一种是采用 YYYY MMDDHHIISS 的方式。

如代码清单 5-10 所示，我们用两种方式实现了订单号的生成。只不过这里需要注意的是，每次生成时，需要去查询数据表中是否已经存在相同的订单号。如果已经存在，你还要采取一定的措施，比如再加一个随机数，下面我们继续完善代码。

代码清单 5-10　generate_order_id_one.php

```php
1.  <?php
2.  /**
3.   * 第一种方式
4.   * time 函数
5.   * 返回目前时间的时间戳
6.   */
7.  $orderId = time();
8.  echo $orderId . PHP_EOL;
9.
10. /**
11.  * 第二种方式
12.  * date 函数
13.  * 将指定的时间戳格式化为某种格式的日期时间格式
14.  */
15. $orderId = date('YmdHis');
16. echo $orderId;
```

如代码清单 5-11 所示，对于普通的商城来说，这种生成订单号的方式已经够用了。

代码清单 5-11　generate_order_id_two.php

```php
1.  <?php
```

```
2.   /**
3.    * 第一种方式
4.    * time 函数
5.    * 返回目前时间的时间戳
6.    */
7.   $orderId = time();
8.   echo $orderId . PHP_EOL;
9.
10.  /**
11.   * 第二种方式
12.   * date 函数
13.   * 将指定的时间戳格式化为某种格式的日期时间格式
14.   */
15.  $orderId = date('YmdHis');
16.  echo $orderId;
17.
18.  /**
19.   * 如果数据表里面已经存在该订单号，就将订单号连接一个随机数
20.   */
21.  //下面的 while 循环是伪代码
22.  while (查询数据表里面是否已经存在该订单号) {
23.      $orderId .= mt_rand(100, 999);
24.  }
25.
26.  //输出有效的订单号
27.  echo $orderId;
```

5.2.2　QQ 号生成

仔细观察 QQ 号，其实它就是一串数字，并且是一串随机生成的数字，所以在 PHP 中我们同样可以利用随机函数来生成 QQ 号。

如代码清单 5-12 所示，我们分别实现了生成 6 位、9 位和 6 到 9 位数字的 QQ 号码，是通过随机函数 mt_rand 来实现的。但是观察真实的 QQ 号码，我们发现很多特殊的号码是申请不到的，比如 1000000、200000、111111 等号，接下来我们继续在代码清单 5-12 的基础上去完善这个逻辑。

代码清单 5-12　generate_qq_one.php

```
1.   <?php
2.   /**
3.    * 生成一个 6 位数字的 QQ 号码
```

```
4.    */
5.    $qq = mt_rand(100000, 999999);
6.    echo $qq;
7.
8.    /**
9.     * 生成一个 9 位数字的 QQ 号码
10.    */
11.   $qq = mt_rand(100000000, 999999999);
12.   echo $qq;
13.
14.   /**
15.    * 生成一个 6 位到 9 位数字的 QQ 号码
16.    */
17.   $qq = mt_rand(100000, 999999999);
18.   echo $qq;
19.
20.   //查询该 QQ 号是否已经被注册了
21.   while (查询数据表里面是否已经存在该 QQ 号) {
22.       $qq = mt_rand(100000000, 999999999);
23.   }
24.
25.   //输出最终有效的 QQ
26.   echo $qq;
```

　　如代码清单 5-13 所示，我们再次用到了 in_array 函数来判断一个值是否在指定的数组元素里面。这种判断在以后的项目中会经常遇到，所以希望你仔细阅读 PHP 手册中的相关内容，并认真、深刻地实践该函数。

代码清单 5-13　generate_qq_two.php

```
1.    <?php
2.    /**
3.     * 生成一个 6 位数字的 QQ 号码
4.     */
5.    $qq = mt_rand(100000, 999999);
6.    echo $qq;
7.
8.    /**
9.     * 生成一个 9 位数字的 QQ 号码
10.    */
11.   $qq = mt_rand(100000000, 999999999);
12.   echo $qq;
13.
```

```
14.  /**
15.   *  生成一个 6 位到 9 位数字的 QQ 号码
16.   */
17.  $qq = mt_rand(100000, 999999999);
18.  echo $qq;
19.
20.  /**
21.   *  定义一系列的特殊 QQ 号
22.   */
23.  $especialArr = [
24.      100000,
25.      200000,
26.      999999,
27.      100000000,
28.      999999999
29.  ];
30.
31.  /**
32.   *  如果生成的 QQ 号在特殊的数组里面或者已经存在了，就重新生成 QQ 号
33.   *  这里的 while 循环是伪代码
34.   */
35.  while (in_array($qq, $especialArr) || 查询数据表里面是否已经存在该 QQ 号) {
36.      $qq = mt_rand(100000000, 999999999);
37.  }
38.
39.  //输出最终有效的 QQ
40.  echo $qq;
```

5.2.3　图片路径生成

在项目初期，我们一般都是将图片和 Web 服务器放在一台服务器上的，所以在保存用户上传的图片时，我们需要分目录存储，什么意思呢？比如今天是 2018-06-28，那么如果有用户上传图片到服务端，这个时候服务端首先会检查是否存在 2018/06/28 这个目录。如果没有，那么就创建目录，然后再将图片保存进去。

如代码清单 5-14 所示，我们实现了图片上传按日期目录存储的需求。图片上传部分的逻辑将在本书后续章节进行讲解。

代码清单 5-14　generate_path.php

```
1.  <?php
2.  //得到目前目录
```

```
3.   $curDir = 'images/' . date('Y/m/d');
4.
5.   /**
6.    * file_exists 函数:
7.    * 检查指定的文件或者目录是否存在, 如果存在就返回 true
8.    * mkdir 函数:
9.    * 创建指定的目录, 第 3 个参数表示递归创建
10.   */
11.  if (!file_exists($curDir)) {
12.      mkdir($curDir, 0777, true);
13.  }
```

提示

为什么需要将图片分目录存储?

试想一下, 如果你在一个目录 (文件夹) 里面存储成千上万甚至更多个文件时, 此时会出现一个现象, 就是你打开这个目录的时候, 速度会非常慢。所以为了提高打开速度, 我们不得不分目录存储, 这也就是所谓的 IO 输入输出优化。

5.2.4　临时调试日志文件生成

有时候, 服务器上的代码突然报错了, 但是我们又不可能在服务器上面用 print_r 或者 var_dump 等打印错误, 因为这样所有的目标用户都可以看到。在服务器和微信等第三方服务器之间通信时, 我们需要查看对方返回的数据是什么。对于这些场景问题, 我们可以采用临时生成调试日志文件的方式来解决, 如代码清单 5-15 所示。

代码清单 5-15　generate_log_one.php

```
1.   <?php
2.   //将目前所有从用户端发送的请求数据添加到日志文件中
3.   /**
4.    * file_put_contents 函数:
5.    * 一次完成打开文件、写入数据、关闭文件的操作
6.    * 第一个参数是文件名
7.    * 第二个参数是即将写入文件的数据
8.    * 第三个参数 FILE_APPEND 表示将数据追加到文件末尾
9.    */
10.  file_put_contents('test.txt', json_encode($_REQUEST), FILE_APPEND);
```

打开浏览器访问 http://www.myself.personsite/generate_log_one.php?test=test，我们发现在 site 目录下面生成了一个 test.txt 文件，该文件的内容如图 5-1 所示。

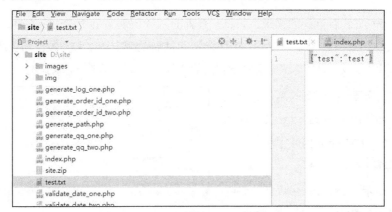

图 5-1 代码清单 5-15 运行结果

虽然代码清单 5-15 将普通的请求数据保存在文件中了，但是当用这种方法获取微信服务器返回的数据时却没有用。对于微信，我们可以采用代码清单 5-16 所示的方式来进行操作。

代码清单 5-16 generate_log_two.php

```php
1.  <?php
2.  //将从微信端返回的数据添加到日志文件中
3.  /**
4.   * 获取微信端返回的数据
5.   * file_get_contents 函数：
6.   * 将整个文件内容的数据赋予给字符串并返回
7.   * php://input 用于访问从微信端返回的原始数据
8.   */
9.  $data = file_get_contents("php://input");
10.
11. /**
12.  * file_put_contents 函数：
13.  * 一次完成打开文件、写入数据、关闭文件的操作
14.  * 第一个参数是文件名
15.  * 第二个参数是即将写入文件的数据
16.  * 第三个参数 FILE_APPEND 表示将数据追加到文件末尾
17.  */
18. file_put_contents('test.txt', $data, FILE_APPEND);
```

如代码清单 5-16 所示，我们利用 php://input 获取微信服务器端返回的原始数据并将其保存到文件中。更多详细知识将在第 10 章中讲解。

5.2.5　压缩文件生成

有时候开发 APP 有这样的需求，即将一系列的图片压缩之后生成一个文件，然后 APP 请求这个压缩文件之后再解压里面的图片。这样做的目的是减少请求数，假设需要压缩的图片有 30 张，那么 APP 就要请求 30 次才能够获得所有的图片，这严重影响 APP 用户的体验。

如图 5-2 所示，将所有的图片进行压缩，最后它们被压缩为 image.zip 文件，然后用浏览器 http://www.myself.personsite/image.zip 来进行访问、下载。

如图 5-2 所示，zipimage 中仅有 7 张图片。为了让程序更灵活，你可以在 zipimage 目录下面添加任意张图片，接下来我们看看怎么样用 PHP 代码来完成这些图片的压缩，如代码清单 5-17 所示。

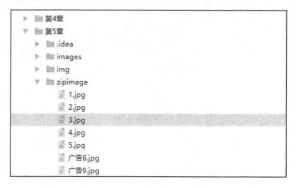

图 5-2　将被压缩的图片列表

代码清单 5-17　generate_zip.php

```php
1.  <?php
2.  //首先用phpinfo()查看是否开启了Zip扩展
3.
4.  //获得目录中的所有图片
5.  $imageFileList = scandir('zipimage');
6.  //用var_dump($imageFileList)来查看数据结构
7.  if (!is_array($imageFileList) || count($imageFileList) <= 2) {
8.      echo '没有需要压缩的图片';
9.      //执行exit之后,后面的代码都不执行了
10.     exit;
11. }
12.
13. /**
14.  * 实例化一个Zip归档对象
15.  */
16. $zip = new ZipArchive;
17. $openType = ZIPARCHIVE::CREATE;
18. /**
19.  * file_exist函数:
20.  * 查看某个文件是否存在,如果存在返回true
21.  */
```

```
22. if (file_exists('image.zip')) $openType = ZIPARCHIVE::OVERWRITE;
23. $openResult = $zip->open('image.zip', $openType);
24. if ($openResult === true) {
25.     foreach ($imageFileList as $val) {
26.         /**
27.          * .表示目前目录
28.          * ..表示目前目录的父亲目录
29.          * 它们都不是需要添加的文件，所以直接排除
30.          */
31.         if ($val == '.' || $val == '..') continue;
32.         /**
33.          * addFile 方法:
34.          * 将指定的文件添加到压缩文件中
35.          *第二个参数表示被添加文件以该文件名保存到压缩文件中
36.          */
37.         $zip->addFile('zipimage/' . $val, $val);
38.     }
39.     $zip->close();
40.     echo '创建 zip 成功';
41. } else {
42.     echo '创建 zip 失败';
43. }
```

打开浏览器访问 http://www.myself.personsite/generate_zip.php，然后我们能够看到 site 目录下面有 image.zip 文件了，如图 5-3 所示。

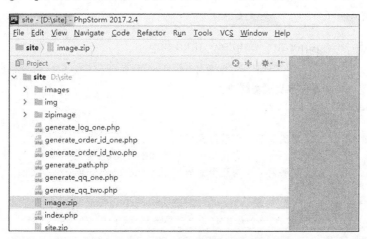

图 5-3　在 site 目录下面生成了 image.zip 文件

代码清单 5-18 对于初学者来说有些复杂。下面我们来整理一下整个代码的逻辑。

◆ 首先需要检查目录中是否存在需要压缩的图片，如果有，执行逻辑，否则退出脚本。

◆ 创建压缩文件的两种常用方式是 ZIPARCHIVE::OVERWRITE 和 ZIPARCHIVE:: CREATE，前者是覆盖模式，后者是创建模式。区别在于前者总是新建，已经存在的压缩文件内容将被全部清空，而后者是追加方式。但是经过代码实践，只用 ZIPARCHIVE::OVERWRITE 时，如果没有压缩文件，那么程序会报错，所以这里增加了一个用 file_exists 函数检查文件是否存在的操作。

◆ open 方法的返回值有很多个，但是对于正确的状态返回值应该是布尔值 true，所以这里用全等比较进行判断，如果用!empty 来进行判断会出现逻辑错误。

◆ 用 print_r 或者 var_dump 打印 scandir 返回值时，我们发现有 "."（当前目录）和 ".."（当前目录的父目录）两种返回值。

◆ 我们可以显式地调用 close 方法来将压缩文件自打开以来发生的改变（添加了一系列的文件）保存起来。当然 PHP 代码执行完成之后会自动执行这个方法，但是为了代码的完整性，最好还是调用这个方法。

5.2.6　模板数据生成

在做三级分销项目的时候，经常有这样的需求，就是某个用户购买了商品之后，那么他的邀请人将获得 5%的提成、邀请人的邀请人将获得 3%的提成、邀请人的邀请人的邀请人将获得 2%的提成，并且将其记录到余额明细中。为了实现这个需求，我们有两种方法，如代码清单 5-18 所示。

代码清单 5-18　generate_template_data.php

```
1.  <?php
2.  //定义一个变量保存提成金额
3.  $deductMoney = 102;
4.  //第一种方法
5.  echo '用户 XXX 购买商品，您获得提成' . $deductMoney * 0.05;
6.  echo '用户 XXX 购买商品，您获得提成' . $deductMoney * 0.03;
7.  echo '用户 XXX 购买商品，您获得提成' . $deductMoney * 0.02;
8.
9.  //第二种方法
10. $deductStr = '用户 XXX 购买商品，您获得提成%f';
11. /**
12.  * sprintf 函数:
13.  * 返回一个格式化的字符串
14.  * %s 表示可以填充一个字符串
```

```
15.    * %f 表示可以填充一个整数和小数
16.    * %d 表示可以填充一个十进制整数
17.    */
18. echo sprintf($deductStr, $deductMoney * 0.05);
19. echo sprintf($deductStr, $deductMoney * 0.03);
20. echo sprintf($deductStr, $deductMoney * 0.02);
```

对比两种方法，我们发现用 sprintf 内置函数来实现可维护性更高，如果之后需要修改描述，仅仅修改一行代码就可以了。在今后的项目开发中，类似这样的需求还有很多，希望你能熟练掌握该函数。

5.2.7　复杂 URL 生成

有时候在项目中总是会遇到生成复杂 URL 的需求，即这个 URL 是通过很多个参数生成的，并且参数里面还有多字节字符串。为了生成这个 URL，我们可以用两种方法来实现，如代码清单 5-19 所示。

代码清单 5-19　generate_url.php

```
1.  <?php
2.  //定义一个变量保存生成的 URL
3.  $url = 'http://www.myself.personsite/test.php?';
4.  //第一种方法实现，采用字符串连接
5.  /**
6.   * urlencode 函数:
7.   * 对不符合 URL 传输的数据进行编码
8.   */
9.  //连接第一个参数
10. $url .= 'one=' . urlencode('测试 0');
11. //连接第二参数
12. $url .= '&two=' . urlencode('测试 1');
13. //连接第三个参数
14. $url .= '&three=' . urlencode('测试 2');
15. //连接第四个参数
16. $url .= '&four=' . urlencode('测试 3');
17. //连接第五个参数
18. $url .= '&five=' . urlencode('测试 4');
19. //连接第六个参数
20. $url .= '&six=' . urlencode('测试 5');
21. //连接第七个参数
22. $url .= '&seven=' . urlencode('测试 6');
23. //输出第一种方法的 URL
```

```
24. echo $url . PHP_EOL;
25.
26. //定义一个变量保存生成的 URL
27. $url = 'http://www.myself.personsite/test.php?';
28. //第二种方法
29. /**
30.  * http_build_query 函数:
31.  * 一次完成参数的 URL 编码和生成
32.  */
33. $urlArr = [
34.     'one' => '测试 0',
35.     'two' => '测试 1',
36.     'three' => '测试 2',
37.     'four' => '测试 3',
38.     'five' => '测试 4',
39.     'six' => '测试 5',
40.     'seven' => '测试 6',
41. ];
42. echo $url . http_build_query($urlArr);
```

对比两种方法，我们发现用 http_build_query 函数来实现的可读性和维护性都很高，如果需要增加一个参数，直接在数组里面增加就可以了。

5.2.8　图片验证码字符串生成

很多 PC 网站为了避免被攻击，在提交表单的时候，都会有一个图片验证码，而图片验证码上的字符串都是从字母、数字里面随机选择几个来生成的。本节我们就来看看如何用 PHP 生成图片验证码字符串。如代码清单 5-20 所示，我们提供了两种方法来生成图片验证码。

代码清单 5-20　generate_random_code.php

```
1.  <?php
2.  //第一种方法
3.  function getVerifyCode(int $codeLength = 5):string
4.  {
5.      $retStr = '';
6.      //所有的数字字母
7.      $allCodeStr = '0123456789' .
8.          'abcdefghijklmnopqrstuvwxyz' .
9.          'ABCDEFGHIJKLMNOPQRSTUVWXYZ';
10.     /**
11.      * str_split 函数:
```

```
12.          * 将字符串中每一个或者几个字符分割成数组，默认是一个字符
13.          */
14.         $codeArr = str_split($allCodeStr);
15.         /**
16.          * array_rand 函数:
17.          * 从数组中获取随机的几个元素，但是仅仅返回这些元素的索引
18.          */
19.         $indexArr = array_rand($codeArr, $codeLength);
20.         foreach ($indexArr as $val) {
21.             $retStr .= $codeArr[$val];
22.         }
23.         return $retStr;
24.     }
25.     //输出获取的验证码
26.     echo getVerifyCode() . PHP_EOL;
27.
28.     //第二种方法
29.     function getVerifyCodeNew(int $codeLength = 5):string
30.     {
31.         $retStr = '';
32.         /**
33.          * range 函数:
34.          * 用指定的两个参数创建一个处于该范围的数组
35.          */
36.         $numArr = array_values(range(0, 9));
37.         $lowerArr = array_values(range('a', 'z'));
38.         $upperArr = array_values(range('A', 'Z'));
39.         /**
40.          * array_merge 函数:
41.          * 合并 3 个数组，形成一个包含数字 0~9、小写字母 a~z 和大写字母 A~Z 的数组
42.          */
43.         $codeArr = array_merge($numArr, $lowerArr, $upperArr);
44.         $indexArr = array_rand($codeArr, $codeLength);
45.         foreach ($indexArr as $val) {
46.             $retStr .= $codeArr[$val];
47.         }
48.         return $retStr;
49.     }
50.     //调用新函数输出获取的验证码
51.     echo getVerifyCodeNew();
```

这两个方法不一定是最佳的，这里仅仅是演示内置函数的应用。在第二个方法中，我们利用了 range 函数来生成所有的可用验证码字符，值得借鉴。

数组扩展中的一系列内置函数，在项目开发中经常被用到。更多相关的数组函数详见 PHP 手册。希望读者认真阅读并进行实践练习。在微信开发中，有一个参数签名也使用了数组排序函数。

5.3　数据存储与打印未知数据的结构

在项目开发中，我们经常需要将各种数据存储到数据库、文件或者缓存中，那么对于数组、对象等一系列较为复杂的数据应该怎么存储呢？

同理，在开发中我们会经常从数据库、缓存、第三方接口（如短信、天气预报、微信、支付宝）等读取数据，那么对于这些从来没有见过的数据，我们怎么才能够知道其数据的结构呢？

5.3.1　将商品审核数据保存到数据库

在开发商城类项目的时候，有时候会有这样的需求：商家修改商品之后，修改的数据将会被存储在商品数据表的一个审核字段中以供管理员审核。当管理员审核通过之后，商品之前的信息将被替换为新修改的数据。那么这里就有一个问题，就是怎么将商品的修改信息保存进数据表字段呢？

如代码清单 5-21 所示，我们采用了两种方式来实现将审核数据存储到数据库、文件或缓存中。为什么要将数组转换为字符串？这是因为数据库、文件和缓存等不支持存储 PHP 的数组类型，所以我们需要先将数组转换为字符串，这就是数据序列化。但是将这些数据取出来的时候，我们需要用相应的反序列化将存储的字符串还原，运行结果如图 5-4 所示。

代码清单 5-21　save_goods.php

```php
1.  <?php
2.  /**
3.   * 商品字段信息
4.   * gname 商品名称
5.   * gprice 商品价格
6.   * logo 商品头像
7.   * slide 商品幻灯片
8.   * datail 商品图文详情
9.   * stock 商品库存
10.  */
11. $goodsArr = [
12.     'gname' => '和我一起轻松学习 PHP',
13.     'gprice' => 27.5,
14.     'logo' => '商品 LOGO',
```

```
15.    'slide' => [
16.        '图片 1',
17.        '图片 2',
18.        '图片 3',
19.        '图片 4'
20.    ],
21.    'detail' => '这是一本非常不错的 PHP 书，该书的作者也是自学的。',
22.    'stock' => 100
23. ];
24.
25. //第一种方法
26. /**
27.  * json_encode 函数：
28.  * 将数组转换为 JSON 规范的字符串
29.  * 与之对应的是 json_decode 函数：
30.  * 将 JSON 规范的字符串转为对象或者数组
31.  */
32. $saveStr = json_encode($goodsArr, JSON_UNESCAPED_UNICODE);
33. echo $saveStr  . '<br><br><br>';
34.
35. //第二种方法
36. /**
37.  * serialize 函数：
38.  * 和 json_encode 一样
39.  * 只不过是转化为另一种规范的格式而已
40.  * 与之对应的是 unserialize 函数
41.  */
42. $saveStr = serialize($goodsArr);
43. echo $saveStr;
44. //将生成的字符串保存到数据表
```

图 5-4　代码清单 5-21 运行结果

5.3.2 打印未知数据的结构

在 Web 编程中，有很多功能不是你完成的，你仅是使用者而已，比如调用 PDO 扩展连接数据库查询某个数据表、调用 Redis 扩展从缓存中读取数据、调用第三方天气预报接口获取本地天气信息、调用第三方图片色情判断接口验证用户上传图片等，这一系列的未知数据我们或许都没有见过，所以需要用 var_dump 或者 print_r 将其打印出来。如果涉及服务器与服务器之间通信的，还需要用 file_put_contents 函数将其保存到文件中。

5.4 获取各种统计时间范围应用

在项目开发中，统计是一个永恒的需求。任何一个项目，都会或多或少地涉及统计。而在统计需求中，最常见的还是基于时间范围的统计，下面就是一系列常见的场景。

◆ 统计这个月的商品销量。

◆ 统计上个月的商品销量。

◆ 统计任何一个月的商品销量。

◆ 统计昨天的商品销量。

◆ 统计上个月到现在的商品销量。

◆ 统计任意两个月的商品销量。

还有很多基于时间范围的统计需求，这里就不一一列出来了。本节我们就用 PHP 来实现列表中的几个获取统计时间范围的需求，通过实现需求来不断熟悉 PHP 的日期时间类扩展函数。

5.4.1 统计这个月的统计时间范围

所谓这个月，就是这个月的第一天的 0 时 0 分 0 秒对应的时间戳到现在的时间戳这段时间范围，所以我们现在将统计这个月的需求转换为了求两个时间戳，实现代码如代码清单 5-22 所示。

代码清单 5-22　get_month.php

```
1.  <?php
2.  //获取现在的时间戳
3.  /**
```

```
4.    * time 函数:
5.    * 返回目前的时间戳
6.    */
7.    $curTime = time();
8.
9.    //得到本月第一天
10.   /**
11.    * date 函数:
12.    * 将目前或者指定时间戳转化为指定格式的日期时间形式
13.    * 因为第二个参数缺省, 所以是目前时间戳
14.    * Y 表示从目前时间戳抽取出的年份
15.    * m 表示从目前时间戳抽取出的月份
16.    * 01 00:00:00 这些直接和抽取的年份、月份组合在一起
17.    */
18.   $firstDay = date('Y-m-01 00:00:00');
19.
20.   //将第一天转化为时间戳
21.   /**
22.    * strtotime 函数:
23.    * 将给定的日期时间转换为时间戳
24.    */
25.   $startTime = strtotime($firstDay);
26.
27.   echo '开始时间戳为: ' . $startTime . '<br>';
28.   echo '结束时间戳为: ' . $curTime;
```

5.4.2 统计上个月的统计时间范围

所谓上个月，就是指上个月第一天 0 时 0 分 0 秒对应的时间戳到最后一天 23 时 59 分 59 秒对应的时间戳的这段时间范围，而最后一天的时间戳我们可以用本月第一天的 0 时 0 分 0 秒对应的时间戳进行代替。于是统计上个月变成了求两个时间戳：上个月第一天 0 时 0 分 0 秒的时间戳，这个月第一天 0 时 0 分 0 秒的时间戳，实现代码如代码清单 5-23 所示。

代码清单 5-23　get_last_month.php

```php
1.    <?php
2.    //获得本月第一天
3.    $firstDay = date('Y-m-01 00:00:00');
4.    //获得本月第一天的时间戳
5.    $endTime = strtotime($firstDay);
6.
7.    //获取上个月的时间戳
8.    /**
```

```
9.　 * 此刻的 strtotime 函数:
10.　 * 表示以$endTime 这个时间开始算
11.　 * -1 month 表示一个月以前
12.　 * 组合起来就是以$endTime 这个时间开始算,1 个月以前的此刻时间对应的时间戳
13.　 */
14. $startTime = strtotime('-1 month', $endTime);
15.
16. echo '开始时间戳为: ' . $startTime . '<br>';
17. echo '结束时间戳为: ' . $endTime;
```

如代码清单 5-23 所示,我们利用了相对计算来获取开始时间戳,除了-1 month 还有-1 day、-1week 等。strtotime 函数的更多详细信息参见 PHP 手册。

5.4.3　统计任何一个月的统计时间范围

所谓任何一个月,就是指指定月第一天 0 时 0 分 0 秒对应的时间戳到最后一天 23 时 59 分 59 秒对应的时间戳的这段时间范围。比如指定 6 月,那么就是 6 月第一天 0 时 0 分 0 秒到 6 月最后一天 23 时 59 分 59 秒这段时间,实现如代码清单 5-24 所示。

代码清单 5-24　get_any_month.php

```
1.  <?php
2.  //统计月份
3.  $statisticMonth = 6;
4.
5.  //获取第一天
6.  $firstDay = date('Y-' . $statisticMonth . '-01 00:00:00');
7.  //获取开始时间戳
8.  $startTime = strtotime($firstDay);
9.  /**
10.　 * 此刻的 strtotime 函数:
11.　 * 以$startTime 这个时间开始算,一个月以后此刻的时间戳
12.　 */
13. $endTime = strtotime('+1 month', $startTime);
14.
15. echo '开始时间戳为: ' . $startTime . '<br>';
16. echo '结束时间戳为: ' . $endTime;
```

5.4.4　统计昨天的统计时间范围

所谓昨天,就是指昨天的 0 时 0 分 0 秒到今天的 0 时 0 分 0 秒的这段时间范围。换句

话说，我们现在只要获得这两个时间点的时间戳就可以了，实现如代码清单 5-25 所示。

代码清单 5-25　get_last_day.php

```
1.  <?php
2.  //获取今天 0 时 0 分 0 秒
3.  $todayStartTime = date('Y-m-d 00:00:00');
4.  //获取结束时间戳
5.  $endTime = strtotime($todayStartTime);
6.  //获取开始时间戳
7.  $startTime = strtotime('-1 day', $endTime);
8.  echo '开始时间戳为: ' . $startTime . '<br>';
9.  echo '结束时间戳为: ' . $endTime;
```

5.4.5　统计上个月到现在的统计时间范围

所谓上个月到现在，就是指上个月第一天的 0 时 0 分 0 秒到现在的这段时间范围。换句话说，现在我们只要获得上个月第一天 0 时 0 分 0 秒对应的时间戳和现在的时间戳就可以了，实现如代码清单 5-26 所示。

代码清单 5-26　get_lastmonth_to_now.php

```
1.  <?php
2.  //获取现在的时间戳
3.  $endTime = time();
4.
5.  //获取本月第一天的时间戳
6.  $monthFirstDay = strtotime(date('Y-m-01 00:00:00'));
7.
8.  //获取上一个月第一天的时间戳
9.  $startTime = strtotime('-1 month', $monthFirstDay);
10.
11. echo '开始时间戳为: ' . $startTime . '<br>';
12. echo '结束时间戳为: ' . $endTime;
```

5.4.6　统计任意两个月的统计时间范围

所谓任意两个月，就是指给定任意两个月份，这两个月份可以是连续的也可以不是，这样需求就转变为指定第一个月份的第一天 0 时 0 分 0 秒到最后一天 23 时 59 分 59 秒这段时间和指定第二个月份的第一天 0 时 0 分 0 秒和最后一天的 23 时 59 分 59 秒这段时间，实现代码如代码清单 5-27 所示。

代码清单 5-27 get_any_two_month.php

```php
1.  <?php
2.  //需要统计的两个月份
3.  $firstMonth = 8;
4.  $secondMonth = 3;
5.
6.  //定义一个函数来获取指定月份的开始和结束时间戳
7.  function getMonthRange($month)
8.  {
9.      //获取第一天的时间戳
10.     $startTime = strtotime(date('Y-' .$month.'-01 00:00:00'));
11.     //获取最后一天的时间戳
12.     $endTime = strtotime('+1 month', $startTime);
13.     return [$startTime, $endTime];
14. }
15.
16. $retArr[$firstMonth] = getMonthRange($firstMonth);
17. $retArr[$secondMonth] = getMonthRange($secondMonth);
18. //输出结果
19. print_r($retArr);
```

> **提示**
>
> 接下来你需要做什么？
>
> 实践了这么多，我们得到一个结论，就是 date 和
> strtotime 函数是如此重要，所以希望你通过 PHP 手册
> 熟练掌握这两个函数。

5.5 数据解析与分隔应用

在项目开发中，难免会对各种数据进行解析分析。要求你抽取出数据的各个组成部分，从而判断整个数据是否满足业务需求，比如以下场景。

◆ 对用户填写的 URL 进行包括域名、路径、查询参数在内等的验证，从而判断它是否满足要求。

◆ 从一个路径中抽取出文件扩展名，判断它是否为允许的文件类型。

◆ 将一个复杂的 URL 查询参数转换为数组，以便后面的代码处理。

◆ 商品数据表的详情内容中有各种 HTML 标签，现在仅需要提取其中的文本内容显示在 APP 商品主页上。

◆ 用户从浏览器或者 APP 端提交的数据中或许有各种 HTML 标签，尤其是 script 标签，如果不对其过滤，那么很可能相应的页面一直出现弹窗等。

除了分析数据外，有时为了减少很多逻辑操作，我们需要将某些字符串用逗号或者分号连接在一起，将其形成一个字符串保存到数据表中。然后取出这些数据的时候，又用同样的连接符号将其分隔为数组，比如以下场景。

◆ 添加商品的时候，有正品保障、全国包邮、15 天退换等标签，我们需要将这些标签存储进数据表，同时需要将其取出来显示给用户看。

◆ 添加商品的时候，有一个幻灯片图列表，大概有 3~10 张图片，这个时候需要将多张图片存储到数据表中，有需要时再将其取出来显示给用户看。

本节我们就来解决在以上场景中遇到的问题。

5.5.1 解析 URL

所谓解析 URL 就是将 URL 的各个部分抽取出来，包括域名、端口、协议、路径、查询参数等。代码清单 5-28 所示的就是一个解析 URL 的例子，运行结果如图 5-5 所示。

代码清单 5-28 parse_url_test.php

```php
1.  <?php
2.  //要解析的 URL
3.  $url = 'http://www.myself.personsite/parse_url_test.php?test=test&one=one#top';
4.  //输出 URL 的各个组成部分
5.  print_r(parse_url($url));
6.
7.  //仅输出协议部分
8.  echo parse_url($url, PHP_URL_SCHEME) . PHP_EOL;
9.  //仅输出主机域名部分
10. echo parse_url($url, PHP_URL_HOST) . PHP_EOL;
11. //仅输出路径部分
12. echo parse_url($url, PHP_URL_PATH) . PHP_EOL;
13. //仅输出查询参数部分
14. echo parse_url($url, PHP_URL_QUERY) . PHP_EOL;
15. //仅输出锚点部分
16. echo parse_url($url, PHP_URL_FRAGMENT);
```

```
     ← → C | ① view-source:www.myself.personsite/parse_url_test.php
 1   Array
 2   (
 3       [scheme] => http
 4       [host] => www.myself.personsite
 5       [path] => /parse_url_test.php
 6       [query] => test=test&one=one
 7       [fragment] => top
 8   )
 9   http
10   www.myself.com
11   /parse_url_test.php
12   test=test&one=one
13   top
```

图 5-5　代码清单 5-28 运行结果

5.5.2　解析文件路径

所谓解析文件路径就是将文件路径的各个部分抽取出来，包括目录名、扩展的文件名、文件名、扩展名等。代码清单 5-29 所示的就是一个解析文件路径的例子，运行结果如图 5-6 所示。

代码清单 5-29　parse_path.php

```php
1.  <?php
2.  $filePath = 'D:\site\img\图 5-2.png';
3.  /**
4.   * pathinfo 函数:
5.   * 获取指定路径的各个部分
6.   */
7.  print_r(pathinfo($filePath));
8.
9.  //仅获取目录名称
10. echo pathinfo($filePath, PATHINFO_DIRNAME) . PHP_EOL;
11. //仅获取文件名 + 扩展
12. echo pathinfo($filePath, PATHINFO_BASENAME) . PHP_EOL;
13. //仅获取文件扩展
14. echo pathinfo($filePath, PATHINFO_EXTENSION) . PHP_EOL;
15. //仅获取文件名
16. echo pathinfo($filePath, PATHINFO_FILENAME);
```

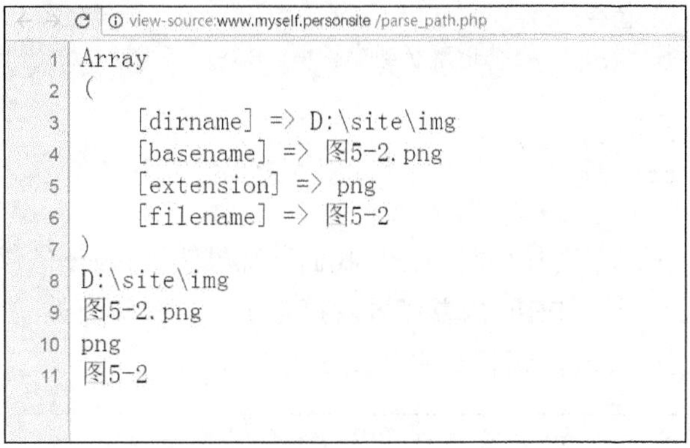

图 5-6 代码清单 5-29 运行结果

5.5.3 解析 URL 查询参数

所谓解析 URL 查询参数，就是分析 URL 中的查询参数情况。代码清单 5-30 所示的就是一个分析查询参数的例子。

代码清单 5-30　parse_url_query.php

```php
1.  <?php
2.  //要解析的查询参数
3.  $queryStr = 'one=one&two=two&three=three&four=four&five=five';
4.
5.  //第一种方法
6.  /**
7.   * explode 函数:
8.   * 用指定的字符或者字符串将给定的字符串分割成数组
9.   * 此时$paramArr 的结果为
10.  * ['one=one', 'two=two', 'three=three', 'four=four', 'five=five']
11.  */
12. $paramArr = explode('&', $queryStr);
13. $retArr = [];
14. foreach ($paramArr as $val) {
15.     $paramItemArr = explode('=', $val);
16.     $retArr[$paramItemArr[0]] = $paramItemArr[1];
17. }
18. print_r($retArr);
19.
20. $retArr = [];
21. //第二种方法
22. /**
```

```
23.   * parse_str 函数:
24.   * 将查询参数字符串一个个地解析到变量中
25.   */
26. parse_str($queryStr, $retArr);
27. print_r($retArr);
```

如代码清单 5-30 所示，对比两种方法，我们发现虽然 explode 能够达到目的，但是非常麻烦。而第二种方法，一个 PHP 内置函数就搞定了，打开浏览器访问 http://www.myself.personsite/parse_url_query.php，运行结果如图 5-7 所示。

```
← C | ① www.myself.personsite/parse_url_query.php

Array
(
    [one] => one
    [two] => two
    [three] => three
    [four] => four
    [five] => five
)
Array
(
    [one] => one
    [two] => two
    [three] => three
    [four] => four
    [five] => five
)
```

图 5-7　代码清单 5-30 运行结果

>
>
> **注意**
>
> parse_str 函数的第二个参数是引用传递，即在函数中对该参数修改之后，函数外部也可以访问修改的值，它的函数原型如下：
>
> void parse_str (string $encoded_string [, array &$result])

5.5.4　字符串分隔

所谓字符串分割就是将字符串以逗号、分号等特殊字符进行分割以成为数组，从而方便程序员进行读取等操作。代码清单 5-31 所示的就是一个字符串分割的例子。

代码清单 5-31 split_str.php

```php
1.  <?php
2.  //商品标签
3.  $goodsTagArr = [
4.      '七天退换货',
5.      '包邮',
6.      '正品保障'
7.  ];
8.  /**
9.   * implode 函数:
10.  * 将数组里面的所有元素以某个字符连接起来形成一个字符串
11.  */
12. $goodsTagStr = implode(',', $goodsTagArr);
13. echo $goodsTagStr . PHP_EOL;
14.
15. /**
16.  * explode 函数:
17.  * 将字符串以某个字符进行分割以形成一个数组
18.  */
19. $tagArr = explode(',', $goodsTagStr);
20. print_r($tagArr);
```

如代码清单 5-31 所示,我们首先利用内置函数 implode 生成一个以逗号连接的字符串,然后再用 explode 函数将字符串分割成数组,运行结果如图 5-8 所示。

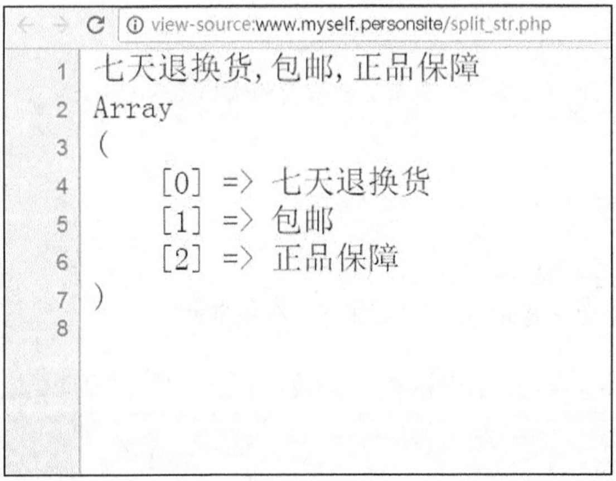

图 5-8 代码清单 5-31 运行结果

提示

为什么需要将多个字符串以逗号等特殊字符连接起来形成一个字符串？

有时候我们需要将一些类似用户标签、商品标签等的数据保存到数据表的一个字段中，这些标签可以有多个。所以这个时候，我们就可以将多个标签以逗号或者分号等连接起来形成一个字符串从而方便存储，进而保存到数据表、文件、缓存等中。当从数据表、文件、缓存等中读取数据的时候，我们再将其分割成数组。

5.5.5 过滤 HTML 标签

过滤 HTML 标签就是将字符串中的不合法 HTML 标签删除掉，仅仅留下合法的标签及内容，这样做的目的是为了避免 XSS 攻击。代码清单 5-32 所示的就是一个过滤 HTML 标签的例子。

代码清单 5-32 filter_html.php

```php
1.  <?php
2.  //被过滤的 HTML 字符串
3.  $htmlStr = <<<HTML
4.  测试测试
5.  <script>alert('哈哈，这是第 1 次弹窗测试')</script>
6.  测试测试
7.  测试测试
8.  <h1>测试标题</h1>
9.  <script>alert('哈哈，这是第 2 次弹窗测试')</script>
10. HTML;
11.
12. //echo $htmlStr;
13. /**
14.  * strip_tags 函数:
15.  * 将字符串中的所有HTML标签过滤了，仅保留内容
16.  */
17. echo strip_tags($htmlStr);
18. /**
19.  * strip_tags 函数:
20.  * 将字符串中的所有HTML标签除 h1 外都过滤了，仅保留内容
21.  */
```

```
22. echo strip_tags($htmlStr, 'h1');
```

如代码清单 5-32 所示，我们用 strip_tags 内置函数来实现过滤 HTML 标签，运行结果如图 5-9 所示。如果去除代码清单 5-32 中的第 12 行代码的注释，那么将会弹出一个提示框，效果如图 5-10 所示。

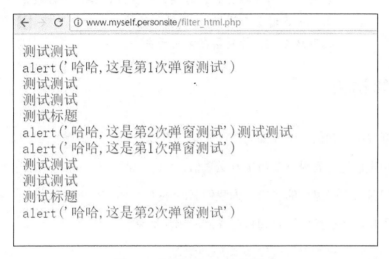

图 5-9　代码清单 5-32 运行结果

图 5-10　万恶的 XSS 攻击效果

如果我们将不过滤的数据保存到数据表里面去，那么显示这个字符串的时候，对应的页面将弹出如图 5-10 的提示框，也就是所有访问用户都会看到这个提示框，这就是 XSS 攻击中最常见的一种。

提示

什么是 XSS 攻击？

攻击者将一些非法的代码（主要是 JavaScript 代码）通过各种方式置入到大部分用户都要查看的页面中，这样当用户访问这些页面的时候，就会弹出各种奇怪的东西。攻击者甚至通过对 Cookie 的控制，会将一些敏感的用户信息上传到第三方平台去。

5.6　网络请求

在项目开发中，我们经常需要调用一些第三方接口为我们办事，比如以下场景。

◆　调用短信运营商提供接口来发送短信。

◆　调用微信支付提供的接口，为我们 APP 提供微信支付的功能。

◆　调用物流快递接口以查询目前商品的物流信息。

◆　调用天气预报接口以查询当地天气信息。

◆　调用全国违章查询接口以查询车辆违章情况。

以上场景其实都是在描述一件事，即通过一定的方式请求对方服务端对应的接口，从而将获取的数据进行处理之后再显示给用户。本节我们就来学习一下怎么样用 PHP 请求第三方接口。

5.6.1　请求天气预报接口

图 5-11 是聚合数据提供的天气预报接口说明文档。代码清单 5-33 所示的就是接口请求的一种实现方案。

注意

请求参数说明部分的第 4 个参数 key，请读者打开天气预报接口 URL 去申请。5.6 节中的全部代码清单中的 key 值都是我申请的，它们的有效期只有 2 个月。你在实践本代码的时候，一定要注意这点，不要复制有可能过期的 key，从而导致接口请求认证失败。

图 5-11 聚合数据天气预报官方接口文档

代码清单 5-33 weather_api.php

```php
1.  <?php
2.  //实践的时候，请更换为你自己的 key
3.  $key = '51593a6b52a1e46eea882d3ca7b1b8b4';
4.  //请求 URL
5.  $requestUrl = 'http://v.juhe.cn/weather/index';
6.  //查询城市
7.  $cityName = '北京';
8.  //构建查询参数
9.  $queryStr = http_build_query(
10.    [
11.        'key' => $key,
12.        'cityname' => $cityName
13.    ]
14. );
15. //初始化请求
```

```
16. $ch = curl_init();
17. //设置接口请求 URL
18. curl_setopt($ch, CURLOPT_URL, $requestUrl. '?' . $queryStr);
19. //因为接口需要的是 GET 请求方法, 所以设置为 true
20. curl_setopt($ch, CURLOPT_HTTPGET, true);
21. //输出的时候不需要头部分, 所以这里设置为 false
22. curl_setopt($ch, CURLOPT_HEADER, false);
23. //执行请求接口的操作, 并将数据输出到浏览器
24. curl_exec($ch);
25. // 关闭请求
26. curl_close($ch);
```

如代码清单 5-33 所示, 我们利用了 PHP 的 CURL 扩展函数系列来实现天气预报接口的请求。请求的所有参数设置都是按照图 5-12 进行设置的, 运行结果如图 5-12 所示。

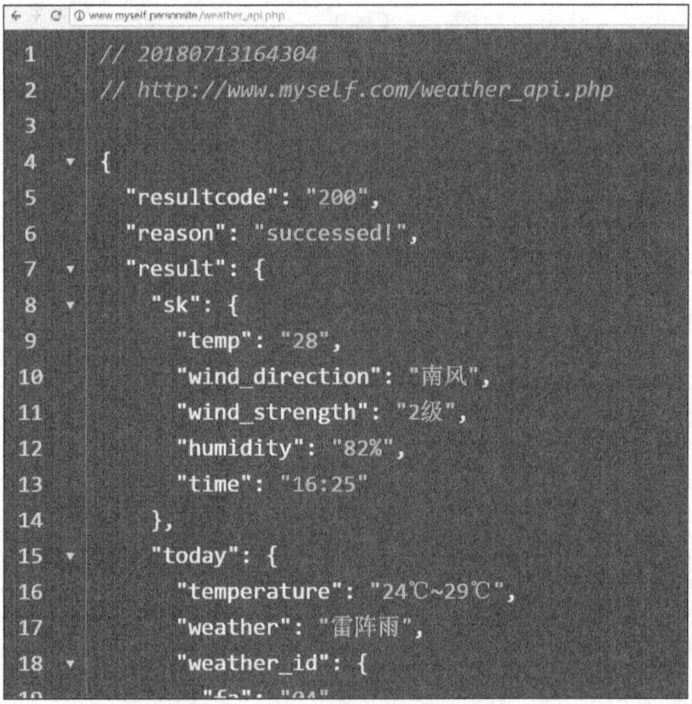

图 5-12　代码清单 5-33 运行结果

如图 5-12 所示, 我们发送的数据是直接输出到浏览器中的。但是在真正的项目中, 我们应该将接口返回的数据保存在变量中, 这样才能够作相应处理。接下来对代码清单 5-32 进行相应的完善, 得到代码清单 5-34。

代码清单 5-34　weather_api_save.php

```php
1.  <?php
2.  //实践的时候，请更换为你自己的 key
3.  $key = '51593a6b52a1e46eea882d3ca7b1b8b4';
4.  //请求 URL
5.  $requestUrl = 'http://v.juhe.cn/weather/index';
6.  //查询城市
7.  $cityName = '北京';
8.  //构建查询参数
9.  $queryStr = http_build_query(
10.     [
11.         'key' => $key,
12.         'cityname' => $cityName
13.     ]
14. );
15. //初始化请求
16. $ch = curl_init();
17. //设置接口请求 URL
18. curl_setopt($ch, CURLOPT_URL, $requestUrl. '?' . $queryStr);
19. //因为接口需要的是 GET 请求方法，所以设置为 true
20. curl_setopt($ch, CURLOPT_HTTPGET, true);
21. //输出的时候不需要头部分，所以这里设置为 false
22. curl_setopt($ch, CURLOPT_HEADER, false);
23. //将接口返回的数据保存起来，不直接输出到浏览器
24. curl_setopt($ch, CURLOPT_RETURNTRANSFER, true);
25. //执行请求接口的操作，并将数据保存到变量中
26. $apiResult = curl_exec($ch);
27. //输出接口返回的数据
28. echo $apiResult;
29. // 关闭请求
30. curl_close($ch);
```

如代码清单 5-34 所示，我们利用 CURLOPT_RETURNTRANSFER 这个选项将其返回值保存到了变量中，而不是直接输出到浏览器。

5.6.2　请求全国加油站接口

图 5-13 是聚合数据提供的全国加油站接口说明文档。代码清单 5-35 所示的就是接口请求一种实现方案，其运行结果如图 5-14 所示。

图 5-13   聚合数据全国加油站官方接口文档

代码清单 5-35   gas_station_api.php

```php
1.    <?php
2.    //实践的时候，请更换为你自己的 key
3.    $key = '57ff40b2c2db2d8224778bf744c31738';
4.    //请求 URL
5.    $requestUrl = 'http://apis.juhe.cn/oil/region';
6.    //查询城市
7.    $cityName = '成都';
8.    //构建查询参数
9.    $queryStr = http_build_query(
10.       [
11.           'key' => $key,
12.           'city' => $cityName
13.       ]
14.   );
15.   //初始化请求
16.   $ch = curl_init();
17.   //设置接口请求 URL
```

```
18. curl_setopt($ch, CURLOPT_URL, $requestUrl);
19. //因为接口需要的是 POST 请求方法，所以设置为 true
20. curl_setopt($ch, CURLOPT_POST, true);
21. //输出的时候不需要头部分，所以这里设置为 false
22. curl_setopt($ch, CURLOPT_HEADER, false);
23. //将接口返回的数据保存起来，不直接输出到浏览器
24. curl_setopt($ch, CURLOPT_RETURNTRANSFER, true);
25. //提交 POST 表单数据
26. curl_setopt($ch, CURLOPT_POSTFIELDS, $queryStr);
27. //执行请求接口的操作，并将数据保存到变量中
28. $apiResult = curl_exec($ch);
29. //输出接口返回的数据
30. echo $apiResult;
31. // 关闭请求
32. curl_close($ch);
```

图 5-14　代码清单 5-35 运行结果

5.7   习题

PHP 的内置函数非常丰富。若能利用好了各个内置函数，我们可以很轻松地解决多种问题。在编程的时候，尽可能不要重复造很多轮子。比如对于 URL 的验证，PHP 的内置函数可以解决，你非要用正则表达式来验证，这是不可取的。接下来你需要打开下载的 PHP 参考手册完成以下扩展函数的练习。

◆ Strings 和 Multibyte String 扩展函数系列，这两个扩展主要处理一些和字符串相关的操作。

◆ Ctype 和 Filter 扩展函数系列，这两个扩展主要处理数据验证和过滤等。

◆ Arrays 扩展函数系列，该扩展用于数组处理，常用于项目中。

◆ Date and Time 扩展函数系列，该扩展用于处理日期和时间等。

第6章
面向对象与数据库编程

经过第 4 章的学习，我们已经学会手动操作数据库了，但是对于实现记账网站应用，这还远远不够，为什么这样说呢？难道用户注册的时候，要打电话和我们说，你帮我向数据库中插入一条用户记录？这显然是不现实的，为了解决这个手动的问题，我们不得不让数据库的操作变得自动化，即用 PHP 来操作数据库，从而代替命令行和可视化管理工具。

目前用 PHP 操作数据库有 3 种常用方式：MySQLi 扩展、PDO 扩展和 PHP 框架。但是不管哪种方式，基本上都是基于面向对象的方式来进行的，所以我们有必要先引入一些面向对象编程的知识。

注意

从 PHP7 开始，我们已经不提倡使用 MySQL 扩展来操作数据库了，它已经从 PHP7 中彻底删除了，所以不要再使用 mysql_connect、mysql_select_db、mysql_query 等函数。

6.1 面向对象知识

某天，你和你的爱人准备去商场购买一台智能电视，下面是你们和店员之间的对话。

你们：电视是什么时候上市的？

店员：2018 年 3 月。

你们：它是多大的？

店员：55 英寸。

你们：分辨率多大，是否是 4K 电视？

店员：3840×2160，4K 电视。

你们：是否是 3D 电视？

店员：不是。

你们：它自带了哪些视频应用？

店员：目前视频应用仅仅支持芒果 TV。

你们：是否可以自己安装应用？

店员：不可以，必须借助电视盒子才可以。

你们：配备的操作系统是什么？

店员：安卓 5.0。

你们：电视型号是什么？

店员：QA55Q7CAMJXXZ。

你们：是否支持无线连接上网？

店员：支持。

你们：是否支持手机投屏？

店员：支持。

这个场景对话告诉我们一个事实，就是我们看待外界的一切事物，都是以一个整体的方式去进行的，比如你脱离电视去谈分辨率多大、是否支持手机投屏等，一点意义都没有。这是面向对象编程思想产生的根本原因。

6.1.1　属性与方法

一个小小的生活场景对话却隐藏着丰富的内涵。下面我们继续深入分析这个场景对话，看看还能够得到什么启示。

如代码清单 6-1 所示，我们用学过的 PHP 知识成功将场景对话描述清楚了，但是仔细想一下，似乎还有一些不足的地方，因为代码清单 6-1 仅描述了电视的基础属性，而电视的功能却没有描述，比如支持手机投屏这个属性仅告诉外界（我们）它支持手机投屏，但是真正执行投屏的功能却没有实现。经过对函数的学习，我们知道恰好可以用函数来表示功能，所以接下来继续在代码清单 6-1 的基础上进行完善。

代码清单 6-1　television_one.php

```php
1.  <?php
2.  //电视上市时间
3.  $marketTime = '2018年3月';
4.  //尺寸
5.  $size = '55英寸';
6.  //分辨率
7.  $resolutionRatio = '3840×2160';
8.  //是否是 4K,true 代表是，false 代表不是
9.  $is4k = true;
10. //是否支持 3D,true 代表支持，false 代表不支持
11. $is3d = false;
12. //支持的视频 APP
13. $videoApp = ['芒果 TV'];
14. //是否能够安装 APP,true 代表可以，false 代表不可以
15. $isInstallApp = false;
16. //操作系统名称
17. $osName = 'android 5.0';
18. //电视型号
19. $modelNumber = 'QA55Q7CAMJXXZ';
20. //是否支持无线连接上网，true 代表支持，false 代表不支持
21. $isWifi = true;
22. //是否支持手机投屏,true 代表支持，false 代表不支持
23. $isCastScreen =  true;
```

如代码清单 6-2 所示，我们用学过的 PHP 知识成功地将场景对话中的电视属性和功能表示出来了，在面向对象编程中功能被称为方法。

代码清单 6-2　television_two.php

```php
1.  <?php
2.  //电视上市时间
3.  $marketTime = '2018年3月';
4.  //尺寸
5.  $size = '55英寸';
6.  //分辨率
7.  $resolutionRatio = '3840×2160';
8.  //是否是 4K,true 代表是，false 代表不是
9.  $is4k = true;
10. //是否支持 3D,true 代表支持，false 代表不支持
```

```
11. $is3d = false;
12. //支持的视频 APP
13. $videoApp = ['芒果 TV'];
14. //是否能够安装 APP，true 代表可以，false 代表不可以
15. $isInstallApp = false;
16. //操作系统名称
17. $osName = 'android 5.0';
18. //电视型号
19. $modelNumber = 'QA55Q7CAMJXXZ';
20. //是否支持无线上网，true 代表支持，false 代表不支持
21. $isWifi = true;
22. //是否支持投屏,true 代表支持，false 代表不支持
23. $isCastScreen =  true;
24.
25. /**
26.  * 实现手机投屏的核心功能
27.  */
28. function castScreenCore()
29. {
30.
31. }
32.
33. /**
34.  * 电视提供给我们使用的手机投屏接口
35.  */
36. function castScreen()
37. {
38.     //调用手机投屏核心功能来实现投屏
39.     castScreenCore();
40. }
41.
42. /**
43.  * 实现无线上网的核心功能
44.  */
45. function wifiCore()
46. {
47.
48. }
49.
50. /**
51.  * 电视提供给我们使用的 Wi-Fi 接口
52.  */
53. function wifi()
```

```
54. {
55.     //调用 Wi-Fi 核心功能实现无线连接
56.     wifiCore();
57. }
```

6.1.2 类

初看代码清单 6-2 似乎已经很完美了，但是回到现实中，我们都有以下这些经验常识。

◆ 打开电视无线上网功能的时候，我们无法知道电视到底是怎么实现无线上网的，仅仅知道电视无线上网成功与否。

◆ 将手机投屏到电视屏幕上也一样，我们无法知道电视到底是怎么进行投屏的，仅仅知道投屏成功与否。

将这两个经验和代码清单 6-2 联系起来，我们可以得出一个结论，就是 castScreenCore 和 wifiCore 这两个函数，对外应该是不可见的，因为它们是实现无线上网和手机投屏的核心逻辑。

现在假设有一个 PHP 文件包含了代码清单 6-2 对应的 television_two.php 文件，一个严重的问题出现了，就是在这个文件中我们能看到并使用了 castScreenCore 和 wifiCore 函数，这严重地背离了我们的经验常识。

虽然代码清单 6-2 成功地将电视的属性和功能表示出来了，但是没有做好对电视的封装，将本来应该隐藏的核心功能暴露在世人面前，这犹如一个科技公司将自己的专利源代码公布于世一样。为了解决这个问题，我们不得不引入新的表示方法。

如代码清单 6-3 所示，我们用 class 关键词定义了一个电视类，然后利用 private（私有）关键词告诉外界，你不能够直接使用 wifiCore()函数，而用 public（公有）告诉外界，你可以直接使用 wifi()函数。

代码清单 6-3　TelevisionOne.class.php

```php
1.  <?php
2.  class TelevisionOne
3.  {
4.      //电视编号
5.      public $number;
6.
7.      //电视上市时间
8.      public $marketTime = '2018 年 3 月';
9.
```

```php
10.    //尺寸
11.    public $size = '55 英寸';
12.
13.    //电视分辨率
14.    public $resolutionRatio = '3840×2160';
15.
16.    //是否是 4K,true 代表是，false 代表不是
17.    public $is4k = true;
18.
19.    //是否支持 3D,true 代表支持，false 代表不支持
20.    public $is3d = false;
21.
22.  //支持的视频 APP
23.    public $videoApp = ['芒果 TV'];
24.
25.    //是否能够安装 APP，true 代表可以，false 代表不可以
26.    public $isInstallApp = false;
27.
28.    //操作系统名称
29.    public $osName = 'android 5.0';
30.
31.    //电视型号
32.    public $modelNumber = 'QA55Q7CAMJXXZ';
33.
34.    //是否支持无线上网，true 代表支持，false 代表不支持
35.    public $isWifi = true;
36.
37.    //是否支持投屏,true 代表支持，false 代表不支持
38.    public $isCastScreen =  true;
39.
40.    /**
41.     * 实现手机投屏的核心功能
42.     */
43.    private function castScreenCore()
44.    {
45.
46.    }
47.
48.    /**
49.     * 电视提供给我们使用的手机投屏接口
50.     */
51.    public function castScreen()
52.    {
```

```
53.              //调用手机投屏核心功能实现投屏
54.              $this->castScreenCore();
55.         }
56.
57.      /**
58.       * 实现无线上网的核心功能
59.       */
60.      private function wifiCore()
61.      {
62.
63.      }
64.
65.      /**
66.       * 电视提供给我们使用的 Wi-Fi 接口
67.       */
68.      public function wifi()
69.      {
70.              //调用 Wi-Fi 核心功能实现无线连接
71.              $this->wifiCore();
72.         }
73. }
```

仔细想想代码清单 6-3 的表示，它是不是非常符合现实生活中的电视，同时 wifiCore 和 castScreenCore 这两个方法都变成私有的了，外界无法访问。

我们将代码清单 6-3 的表示称为类，下面来总结一下。

◆ public 表示外界可以访问，而 private 表示外界无法访问，只能够在该类里面使用。public 和 private 可以用在方法和属性的前面，还有一个类似的 protected，我们将在后续内容中讲解。

◆ class 关键词用于定义一个类。

◆ $this 用于引用类中的私有属性、公用属性、私有方法和公有方法。

◆ 将 QA55Q7CAMJXXZ 这个型号的所有电视的共有属性和方法抽取出来，形成类。

◆ 如果没有电视编号属性$number，那么这个类表示的是 QA55Q7CAMJXXZ 这个型号的所有电视，并不能够表示每一台电视。

6.1.3 构造方法和对象

在代码清单 6-3 中为了用类能够表示每一台电视，我们定义了一个属性$number，那么怎么将这个属性赋予具体电视编号呢？也就是让类能够真正地表示一台具体的电视，即类的实例化操作，这就是本节要说的构造方法和对象。

如代码清单 6-4 所示，在类里面用_construct 这个构造方法来将外界传递的具体电视编号赋属性$number。而在类外面，用 new 来调用类的构造方法，从而将具体电视编号赋属性$number，从而达到表示一台具体的电视的目的。

代码清单 6-4　TelevisionTwo.class.php

```php
1.  <?php
2.  class TelevisionTwo
3.  {
4.      //电视编号
5.      public $number;
6.
7.      //电视上市时间
8.      public $marketTime = '2018 年 3 月';
9.
10.     //尺寸
11.     public $size = '55 英寸';
12.
13.     //电视分辨率
14.     public $resolutionRatio = '3840×2160';
15.
16.     //是否是 4K,true 代表是，false 代表不是
17.     public $is4k = true;
18.
19.     //是否支持 3D,true 代表支持，false 代表不支持
20.     public $is3d = false;
21.
22.     //支持的视频 APP
23.     public $videoApp = ['芒果 TV'];
24.
25.     //是否能够安装 APP, true 代表可以，false 代表不可以
26.     public $isInstallApp = false;
27.
28.     //操作系统名称
29.     public $osName = 'android 5.0';
30.
31.     //电视型号
32.     public $modelNumber = 'QA55Q7CAMJXXZ';
33.
34.     //是否支持无线上网，true 代表支持，false 代表不支持
```

```
35.    public $isWifi = true;
36.
37.    //是否支持投屏,true 代表支持, false 代表不支持
38.    public $isCastScreen =  true;
39.
40.    /**
41.     * 实现手机投屏的核心功能
42.     */
43.    private function castScreenCore()
44.    {
45.
46.    }
47.
48.    /**
49.     * 电视提供给我们使用的手机投屏接口
50.     */
51.    public function castScreen()
52.    {
53.        //调用手机投屏核心功能实现投屏
54.        $this->castScreenCore();
55.    }
56.
57.    /**
58.     * 实现无线上网的核心功能
59.     */
60.    private function wifiCore()
61.    {
62.
63.    }
64.
65.    /**
66.     * 电视提供给我们使用的 Wi-Fi 接口
67.     */
68.    public function wifi()
69.    {
70.        //调用 Wi-Fi 核心功能实现无线连接
71.        $this->wifiCore();
72.    }
73.
74.    /**
75.     * 构造函数
76.     * TelevisionOne constructor.
77.     * @param $number
```

```
78.      */
79.      public function __construct($number)
80.      {
81.          $this->number = $number;
82.      }
83. }
84.
85. //定义第一台电视，并且为其编号为 123245663
86. $tvObjOne = new TelevisionTwo('123245663');
87. //试着访问私有方法
88. $tvObjOne->wifiCore();
```

由于 $tvObjOne 是一台具体的电视，也就是本节说的对象，同时类又是对所有电视属性和方法的抽象，所以 $tvObjOne 也具有类中的所有属性和方法了。为了能够在类外访问定义权限为 public 的属性和方法，我们可以使用->访问符来操作。

如图 6-1 所示，我们能够看到，因为代码清单 6-4 访问了类的私有方法 wifiCore，所以程序出现了致命错误，这也体现了类的整体性和封装性。类的知识和我们的经验常识彻彻底底地无缝对接了，同时也可以看出，其实面向对象编程来自于生活，和生活息息相关。

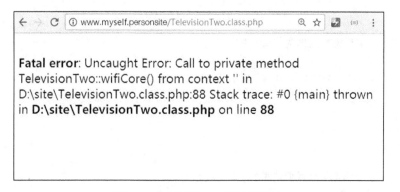

图 6-1　代码清单 6-4 的运行结果

6.1.4　常量、静态属性和静态方法

我们将代码清单 6-4 中的属性和方法拿出来再次分析，得到了以下结论。

◆　电视型号、是否是 3D 电视、是否是 4K 电视等这些属性的值都是不会变的，对于所有这个型号的电视都是一样的。换句话说，它们和构造方法没有任何关系。

◆　由于智能电视都自带了系统升级（类似于手机升级），那么升级后，操作系统的名称和版本肯定会变化，但是操作系统名称和构造方法还是没有任何关系。

◆ Wi-Fi 和 castScreen 及对应的 wifiCore 和 castScreenCore 对于所有这个型号的电视来说都是一样的。换句话说，它们和构造方法没有关系。

经过以上 3 点的分析，我们发现代码清单 6-4 虽然将电视这个类做好了封装和权限访问，但还是没有将事情做到最好，于是我们继续在代码清单 6-4 的基础之上进行优化，得到代码清单 6-5。

代码清单 6-5　TelevisionThree.class.php

```php
1.  <?php
2.  class TelevisionThree
3.  {
4.      //电视编号
5.      public $number;
6.
7.      //电视上市时间
8.      const MARKETTIME = '2018 年 3 月';
9.
10.     //尺寸
11.     const SIZE = '55 英寸';
12.
13.     //电视分辨率
14.     const RESOLUTIONRATIO = '3840×2160';
15.
16.     //是否是 4K,true 代表是，false 代表不是
17.     const IS4K = true;
18.
19.     //是否支持 3D,true 代表支持，false 代表不支持
20.     const IS3D = false;
21.
22.     //支持的视频 APP
23.     const VIDEOAPP = ['芒果 TV'];
24.
25.     //是否能够安装 APP, true 代表可以，false 代表不可以
26.     const ISINSTALLAPP = false;
27.
28.     //操作系统名称
29.     public static $osName = 'android 5.0';
30.
31.     //电视型号
32.     const MODELNUMBER = 'QA55Q7CAMJXXZ';
```

```
33.
34.     //是否支持无线上网，true 代表支持，false 代表不支持
35.     const ISWIFI = true;
36.
37.     //是否支持投屏，true 代表支持，false 代表不支持
38.     const ISCASTSCREEN =  true;
39.
40.     /**
41.      * 实现手机投屏的核心功能
42.      */
43.     private static function castScreenCore()
44.     {
45.
46.     }
47.
48.     /**
49.      * 电视提供给我们使用的手机投屏接口
50.      */
51.     public static function castScreen()
52.     {
53.         //调用手机投屏核心功能实现投屏
54.         self::castScreenCore();
55.     }
56.
57.     /**
58.      * 实现无线上网的核心功能
59.      */
60.     private static function wifiCore()
61.     {
62.
63.     }
64.
65.     /**
66.      * 电视提供给我们使用的 Wi-Fi 接口
67.      */
68.     public static function wifi()
69.     {
70.         //调用 Wi-Fi 核心功能实现无线连接
71.         self::wifiCore();
72.     }
73.
74.     /**
75.      * 构造函数
```

```
76.         * TelevisionOne constructor.
77.         * @param $number
78.         */
79.        public function __construct($number)
80.        {
81.            $this->number = $number;
82.        }
83.    }
84.
85.    //定义第一台电视, 并且将其编号为 123245663
86.    $tvObjOne = new TelevisionThree('123245663');
87.    //输出上市时间
88.    echo '上市时间: ' . TelevisionThree::MARKETTIME;
89.    //输出几个空格
90.    echo '   ';
91.    //输出操作系统名称
92.    echo '操作系统名称' . TelevisionThree::$osName;
93.    //打开无线上网
94.    TelevisionThree::wifi();
```

如代码清单 6-5 所示, 我们引入了很多新的关键词, 下面来一一讲解。

◆ const 定义一个常量, 并且这个常量的值不能被修改。在类中引用常量的方式是 self::
常量名称, 在类外部则用类名::常量名称来引用, 不可以将其用在方法前面。常量
的默认访问权限是 public, 但是从 PHP 7.1 开始, 我们可以将其定义为 private 和
protected 权限。

◆ static 用于定义静态属性, 它的引用方式和 const 的相同。它的值可以被修改, 同
时还可以用在方法前面。

图 6-2 是代码清单 6-5 的运行结果。

图 6-2　代码清单 6-5 的运行结果

6.1.5　抽象类与继承

不知道你是否注意到,到现在为止我们讨论的都只是一种型号的电视,如果现在要表示很多种电视型号甚至不同品牌的不同电视型号,应该怎么办?

在 6.1.2 节中,我们知道类是对所要表达的每个个体进行共有属性和方法的抽象。现在用类表示每种型号的电视也是一样的道理,就是对每种型号的电视进行属性和方法分析,然后将共有的属性和方法放在一起,从而形成一个超级类。这个超级类就像父亲一样,每种型号只要继承了这个超级类就具有了共有属性和方法,然后再新增属于自己的属性和方法,这不就能够彻彻底底地表示所有电视型号了吗?

经过以上的分析,我们已经从理论上表示出了每种型号的每台电视,但是还会面临以下问题。

◆　每种型号的电视实现手机投屏、无线连接的原理不一样,也就是说,每种型号的电视对于这些方法都有不同的实现,这样就造成超级父类不知道怎么实现这些方法。

◆　如代码清单 6-5 所示,我们将很多属性定义为了常量,而常量不可以被修改,但是每种型号的电视的这些属性的值又不同,所以在超级父类中将这些属性设置为常量不合适。

经过以上分析,我们引入抽象类与继承来表示任何型号的一台电视,如代码清单 6-6 所示。

代码清单 6-6　Tv.php

```php
1.  <?php
2.  abstract class Tv
3.  {
4.      /**
5.       * 实现手机投屏的核心功能
6.       * 因为每个型号的电视都不同
7.       *
8.       */
9.      abstract protected  function castScreenCore();
10.
11.     /**
12.      * 电视提供给我们使用的手机投屏接口
13.      */
14.     abstract protected function castScreen();
15.
```

```
16.      /**
17.       * 实现无线上网的核心功能
18.       */
19.     abstract protected function wifiCore();
20.
21.      /**
22.       * 电视提供给我们使用的 Wi-Fi 接口
23.       */
24.     abstract protected function wifi();
25. }
26.
27. /**
28.  * 第一种型号
29.  * Class TelevisionOne
30.  */
31. class TelevisionOne extends Tv
32. {
33.     //电视编号
34.     public $number;
35.
36.     //电视上市时间
37.     const MARKETTIME = '2018 年 3 月';
38.
39.     //尺寸
40.     const SIZE = '55 英寸';
41.
42.     //电视分辨率
43.     const RESOLUTIONRATIO = '3840×2160';
44.
45.     //是否是 4K,true 代表是, false 代表不是
46.     const IS4K = true;
47.
48.     //是否支持 3D,true 代表支持, false 代表不支持
49.     const IS3D = false;
50.
51.     //支持的视频 APP
52.     const VIDEOAPP = ['芒果 TV'];
53.
54.     //是否能够安装 APP, true 代表可以, false 代表不可以
55.     const ISINSTALLAPP = false;
56.
57.     //操作系统名称
58.     public static $osName = 'android 5.0';
```

```
59.
60.     //电视型号
61.     const MODELNUMBER = 'QA55Q7CAMJXXZ';
62.
63.     //是否支持无线上网，true 代表支持，false 代表不支持
64.     const ISWIFI = true;
65.
66.     //是否支持投屏，true 代表支持，false 代表不支持
67.     const ISCASTSCREEN =  true;
68.
69.     //构造函数
70.     public function __construct($number)
71.     {
72.         $this->number = $number;
73.     }
74.
75.     /**
76.      * 实现手机投屏的核心功能
77.      */
78.     protected function castScreenCore()
79.     {
80.
81.     }
82.
83.     /**
84.      * 电视提供给我们使用的手机投屏接口
85.      */
86.     public function castScreen()
87.     {
88.         //调用手机投屏核心功能实现投屏
89.         $this->castScreenCore();
90.     }
91.
92.     /**
93.      * 实现无线上网的核心功能
94.      */
95.     protected function wifiCore()
96.     {
97.         return true;
98.     }
99.
100.     /**
101.      * 电视提供给我们使用的 Wi-Fi 接口
```

```
102.        */
103.     public function wifi()
104.     {
105.         //调用 Wi-Fi 核心功能实现无线连接
106.         if ($this->wifiCore()) return '开启无线上网成功';
107.         return '开启无线上网失败';
108.     }
109. }
110.
111. $tvObj = new TelevisionOne('123456789');
112. echo $tvObj->wifi();
```

如代码清单 6-6 所示，我们利用抽象类和继承将 QA55Q7CAMJXXZ 这种型号的每一台电视表示出来了。采用同样的方法可以将其他型号的电视表示出来，代码清单 6-6 的运行结果为：开启无线上网成功，下面来总结一下。

◆ abstract + 类名，表示定义一个抽象类。abstract 用于方法的时候表示该方法是抽象方法，如果一个类包含了抽象方法，那么这个类必须定义为抽象类。

◆ 抽象方法由于不知道怎么实现，所以函数体为空。

◆ 子类采用 extends 来继承父类，并且实现父类中的所有抽象方法，但凡一个抽象方法没有实现，子类都必须定义为抽象类。

◆ static 和 abstract 不可以并存。

> **提示**
> 如代码清单 6-6 所示，我们发现在子类中又重新实现了父类的抽象方法，是不是有些多余呢？
> 我们已经知道，对于继承抽象类的子类，必须得实现抽象方法。这样做的好处是限制了实现子类的程序员随意命名核心方法的问题，从而保证代码的可读性和可维护性。

6.1.6 namespace 与 use

代码清单 6-7 和代码清单 6-8 表示的是两个类名相同的 PHP 文件。

代码清单 6-7　a.php

```
1.  <?php
2.  class Test
```

```
3.   {
4.      public static function view()
5.      {
6.          return '我是 a.php';
7.      }
8.   }
```

代码清单 6-8   b.php

```
9.   <?php
10.  class Test
11.  {
12.      public static function view()
13.      {
14.          return '我是 b.php';
15.      }
16.  }
```

第一个测试，在 c.php 文件中包含 a.php 或者 b.php 文件，并调用其中的静态方法 view，如代码清单 6-9 所示。

代码清单 6-9   c.php

```
1.   <?php
2.   include 'a.php';
3.   echo Test::view();
```

在浏览器里面访问 http://www.myself.personsite/c.php，发现不管是包含 a.php 还是包含 b.php 文件，都是可以输出结果的。

第二个测试，在 c.php 文件里面同时包含 a.php 和 b.php 文件，并调用其中的静态方法 view，如代码清单 6-10 所示。

代码清单 6-10   c.php

```
1.   <?php
2.   include 'a.php';
3.   include 'b.php';
4.   echo Test::view();
```

打开浏览器访问 http://www.myself.personsite/c.php，代码清单 6-10 的运行结果如图 6-3 所示。

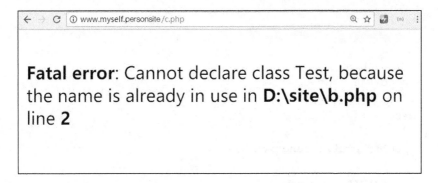

图 6-3　代码清单 6-10 的运行结果

如图 6-3 所示，程序报错了，原因是类 Test 重复定义了，因为 a.php 和 b.php 文件里面都定义了这个类。

看到这儿，你或许会说，我将 a.php 或者 b.php 文件里面的类名改了不就可以了。在今后的项目中我们会使用很多 PHP 第三方库或者组件，而这些组件的代码都是别人写的，这是我们控制不了的，难免会出现这些组件的类名相互冲突或者和我们项目的类名冲突的情况。

为了解决冲突，我们引入 namespace（命名空间）和 use（使用某个命名空间），现在将 3 个 PHP 文件进行改造升级，改造后的代码如代码清单 6-11、代码清单 6-12 和代码清单 6-13 所示。

代码清单 6-11　a.php

```php
1.  <?php
2.  namespace Test\A;
3.
4.  /**
5.   * Class Test
6.   * @package Test\A
7.   */
8.  class Test
9.  {
10.     public static function view()
11.     {
12.         return '我是 a.php';
13.     }
14. }
```

代码清单 6-12　b.php

```php
1.  <?php
```

```
2.   namespace Test\B;
3.
4.   /**
5.    * Class Test
6.    * @package Test\B
7.    */
8.   class Test
9.   {
10.     public static function view()
11.     {
12.         return '我是 b.php';
13.     }
14.  }
```

代码清单 6-13　c.php

```
1.   <?php
2.   include 'a.php';
3.   include 'b.php';
4.
5.   //将命名空间 Test\A 里面的 Test 类定义一个别名 A
6.   use Test\A\Test as A;
7.   //将命名空间 Test\B 里面的 Test 类定义一个别名 B
8.   use Test\B\Test as B;
9.
10.  //调用 2 个类的方法
11.  echo '<h3>' . A::view() . '</h3>';
12.  echo '<h3>' . B::view() . '</h3>';
```

打开浏览器访问 http://www.myself.personsite/c.php，代码清单 6-13 的运行结果如图 6-4 所示。

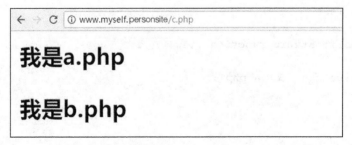

图 6-4　代码清单 6-13 的运行结果

6.2 数据库编程之 MySQLi

在 6.1 节中，我们已经学习了面向对象编程的部分知识点，接下来我们开始用 PHP 操作数据库了。在进行操作之前，我们来回忆一下第 4 章用命令行方式操作数据库的步骤。

（1）连接 MySQL 数据库。

（2）将数据库切换到 bill 数据库。

（3）实现插入、删除、修改等操作。

（4）关闭数据库连接。

其实我们用 PHP 操作数据库的步骤和上面的步骤是一样的，只不过由手动执行 SQL 语句变成了程序执行 SQL 语句。

6.2.1 插入数据

在本小节中，我们将用 MySQLi 扩展来向 user_info、bill_info、comment_info 3 个数据表分别插入一条数据。

如代码清单 6-14 所示，我们实现了用 MySQLi 扩展向 user_info 数据表中插入数据的操作。为了让大家明白，我特意将程序的实现逻辑和命令行方式下的操作步骤进行了一一对应。

代码清单 6-14 insert_user_info.php

```php
1.  <?php
2.  //连接本地 MySQL 数据库,参数依次是 host、用户名和密码
3.  $mysqli = new mysqli('localhost', 'root', '123456');
4.  /**
5.   * 因为创建 bill 数据库的时候的规则是 UTF8
6.   * 所以为了不导致数据乱码
7.   * 这里也设置为 UTF8
8.   */
9.  $mysqli->set_charset('utf8');
10. //选择数据库
11. $mysqli->select_db('bill');
12. //生成一个用户编号
13. $uid = mt_rand(100000, 999999);
14. //用 PHP 内置函数 uniqid 随机生成一个唯一用户名
15. $userName = uniqid();
```

```
16. //用 PHP 内置函数 md5 对密码 123456 进行加密
17. $password = md5('123456');
18. //将目前时间戳作为注册时间
19. $registerTime = time();
20. //执行用户数据表插入操作
21. /**
22.  * 由于用户名和密码是字符串类型
23.  * 所以需要加单引号
24.  */
25. $insertSql = <<<SQL
26. INSERT INTO `user_info` (
27. `uid`,
28. `username`,
29. `password`,
30. `register_time`
31. ) VALUES (
32. $uid, '$userName', '$password', $registerTime
33. )
34. SQL;
35. $retVal = $mysqli->query($insertSql);
36. $mysqli->close();
```

有了代码清单 6-14 的实现基础,我们一鼓作气将 bill_info 和 comment_info 数据表的插入操作完成,具体实现如代码清单 6-15、代码清单 6-16 所示。

代码清单 6-15　insert_bill_info.php

```
1.  <?php
2.  //连接本地 MySQL 数据库,参数依次是 host、用户名和密码
3.  $mysqli = new mysqli('localhost', 'root', '123456');
4.  //设置字符集
5.  $mysqli->set_charset('utf8');
6.  //选择数据库
7.  $mysqli->select_db('bill');
8.  //用 PHP 内置函数得到目前时间的时间戳
9.  $addTime = time();
10. //执行记账数据表插入操作
11. $insertSql = <<<SQL
12. INSERT INTO `bill_info` (
13. `add_time`,
14. `money`,
15. `remark`,
16. `relate_uid`
```

```
17. ) VALUES (
18. $addTime, 32.8, '吃饭消费', 123456
19. )
20. SQL;
21. //执行查询
22. $retVal = $mysqli->query($insertSql);
23. //关闭数据库连接
24. $mysqli->close();
```

代码清单 6-16　insert_comment_info.php

```
1.  <?php
2.  //连接本地 MySQL 数据库,参数依次是 host、用户名和密码
3.  $mysqli = new mysqli('localhost', 'root', '123456');
4.  //设置字符集
5.  $mysqli->set_charset('utf8');
6.  //选择数据库
7.  $mysqli->select_db('bill');
8.  //用 PHP 内置函数得到目前时间的时间戳
9.  $addTime = time();
10. //执行评论数据表插入操作
11. $insertSql = <<<SQL
12. INSERT INTO `comment_info` (
13. `add_time`,
14. `content`,
15. `relate_uid`,
16. `relate_bid`
17. ) VALUES (
18. $addTime, '测试评论', 123456, 1
19. )
20. SQL;
21. //执行查询
22. $retVal = $mysqli->query($insertSql);
23. //关闭数据库连接
24. $mysqli->close();
```

如代码清单 6-14～6-16 所示,我们发现用 MySQLi 扩展插入数据到数据表的操作所执行的 SQL 语句和第 4 章的是一样的,仅仅是插入的数据不同而已。

6.2.2　查询数据

在本小节,我们将实现查询所有用户和所有记账记录的操作,实现代码如代码清单 6-17 和代码清单 6-18 所示。

代码清单 6-17　query_all_user.php

```php
1.  <?php
2.  //连接本地 MySQL 数据库,参数依次是 host、用户名和密码
3.  $mysqli = new mysqli('localhost', 'root', '123456');
4.  //设置字符集
5.  $mysqli->set_charset('utf8');
6.  //选择数据库
7.  $mysqli->select_db('bill');
8.  //查询 SQL 语句
9.  $querySql = 'SELECT * FROM `user_info`';
10. //执行查询
11. $queryRecord = $mysqli->query($querySql);
12. //将所有查询结果返回到一个数组中
13. $allUser = $queryRecord->fetch_all(MYSQLI_ASSOC);
14. //定义一个变量用于保存返回值
15. $retStr = <<<RETSTR
16. <table>
17.    <tr>
18.        <th>用户编号</th>
19.        <th>用户名</th>
20.        <th>总支出</th>
21.        <th>总收入</th>
22.        <th>积分</th>
23.        <th>注册时间</th>
24.    </tr>
25. RETSTR;
26. //循环以将获取的数据连接到返回值变量
27. foreach ($allUser as $val) {
28.     $retStr .= <<<ITEM
29.     <tr>
30.        <td>{$val['uid']}</td>
31.        <td>{$val['username']}</td>
32.        <td>{$val['consume']}</td>
33.        <td>{$val['income']}</td>
34.        <td>{$val['integral']}</td>
35.        <td>{$val['register_time']}</td>
36.     </tr>
37. ITEM;
38. }
39. //用完数据后养成良好的释放内存习惯
40. $queryRecord->close();
41. //用完数据库后养成良好的关闭连接习惯
42. $mysqli->close();
```

```
43. //输出返回值,并在浏览器上显示
44. echo $retStr . '</table>';
```

如代码清单 6-17 所示,我们实现了查询所有用户并将其用 HTML 表格展示出来的操作,运行结果如图 6-5 所示。

用户编号	用户名	总支出	总收入	积分	注册时间
123456	xiaoming	50.0	50.0	0	1526868600
123457	小红	0.0	0.0	0	1532161993
123458	小花	0.0	0.0	0	1527049410
229126	小笑	0.0	0.0	0	1532228787
448710	5b565b5e2898e	0.0	0.0	0	1532386142
467121	5b5662045738d	0.0	0.0	0	1532387844
914073	5b565b539de12	0.0	0.0	0	1532386131
920218	5b566217077aa	0.0	0.0	0	1532387863
998269	5b565a4d3c409	0.0	0.0	0	1532385869

图 6-5 代码清单 6-17 的运行结果

如代码清单 6-18 所示,我们实现了查询所有用户并将其用 HTML 表格展示出来的操作,运行结果如图 6-6 所示。

代码清单 6-18 query_all_bill.php

```php
1.  <?php
2.  //连接本地 MySQL 数据库,参数依次是 host、用户名和密码
3.  $mysqli = new mysqli('localhost', 'root', '123456');
4.  //设置字符集
5.  $mysqli->set_charset('utf8');
6.  //选择数据库
7.  $mysqli->select_db('bill');
8.  //查询 SQL 语句
9.  $querySql = <<<SQL
10. SELECT * FROM `user_info`
11. INNER JOIN
12. `bill_info`
13. ON `uid` = `relate_uid`;
14. SQL;
15. //执行查询
16. $queryRecord = $mysqli->query($querySql);
17. //将所有查询结果返回到一个数组中
18. $allUser = $queryRecord->fetch_all(MYSQLI_ASSOC);
```

```
19. //定义一个变量用于保存返回值
20. $retStr = <<<RETSTR
21. <table>
22.     <tr>
23.         <th>用户编号</th>
24.         <th>用户名</th>
25.         <th>金额</th>
26.         <th>备注</th>
27.         <th>记账时间</th>
28.     </tr>
29. RETSTR;
30. //循环以将获取的数据连接到返回值变量
31. foreach ($allUser as $val) {
32.     $retStr .= <<<ITEM
33.     <tr>
34.         <td>{$val['uid']}</td>
35.         <td>{$val['username']}</td>
36.         <td>{$val['money']}</td>
37.         <td>{$val['remark']}</td>
38.         <td>{$val['add_time']}</td>
39.     </tr>
40. ITEM;
41. }
42. //用完数据后养成良好的释放内存习惯
43. $queryRecord->close();
44. //用完数据库后养成良好的关闭连接习惯
45. $mysqli->close();
46. //输出返回值，并在浏览器上显示
47. echo $retStr . '</table>';
```

用户编号	用户名	金额	备注	记账时间
123456	xiaoming	-32.5	吃饭消费	1527819630
123456	xiaoming	80.0	兼职发传单	1527906030
123456	xiaoming	-25.0	测试修改	1528618830
123456	xiaoming	50.0	卖旧书所得	1532250598
123456	xiaoming	-50.0	充话费	1532250632
123456	xiaoming	-32.6	吃饭消费	1532387230
123456	xiaoming	-32.6	吃饭消费	1532387690
123456	xiaoming	32.8	吃饭消费	1532388245
123456	xiaoming	32.8	吃饭消费	1532388253
123456	xiaoming	32.8	吃饭消费	1532388337

图 6-6 代码清单 6-18 的运行结果

6.2.3 修改与删除数据

由于修改、删除和插入数据的操作基本一样，所以这里合并在一起进行讲解。

如代码清单 6-19 所示，我们同时实现了插入、删除和修改的操作，并且由于需要同时执行多条 SQL 语句，所以引入了事务。

代码清单 6-19 update_delete_data.php

```php
1.  <?php
2.  //连接本地 MySQL 数据库,参数依次是 host、用户名和密码
3.  $mysqli = new mysqli('localhost', 'root', '123456');
4.  //设置字符集
5.  $mysqli->set_charset('utf8');
6.  //选择数据库
7.  $mysqli->select_db('bill');
8.  //用 PHP 内置函数得到目前时间的时间戳
9.  $addTime = time();
10. //将记账记录编号为 1 的备注修改为测试修改
11. $updateSql = <<<SQL
12. UPDATE `bill_info`
13. SET `remark` = '测试修改'
14. WHERE `bid` = 1;
15. SQL;
16. //删除记账编号为 3 的记账记录
17. $deleteSql = <<<SQL
18. DELETE FROM `bill_info`
19. WHERE `bid` = 3;
20. SQL;
21. //开始事务
22. $mysqli->begin_transaction();
23. //执行修改和删除
24. $mysqli->query($updateSql);
25. $mysqli->query($deleteSql);
26. //提交修改
27. $mysqli->commit();
28. //关闭数据库连接
29. $mysqli->close();
```

6.3 数据库编程之 PDO

在 6.2 节中我们已经利用 MySQLi 扩展完成了数据表的增、删、改、查操作，本节我

们继续利用另一种更加优秀的扩展 PDO 来完成同样的需求。

6.3.1　插入数据

在本节中，我们将用 PDO 扩展来向 user_info 插入一条数据，具体实现如代码清单 6-20 所示。

代码清单 6-20　pdo_insert.php

```php
1.  <?php
2.  //指定 MySQL 数据库即账号信息
3.  $dsn = 'mysql:dbname=bill;host=127.0.0.1;charset=utf8';
4.  //数据库登录用户名和登录密码
5.  $user = 'root';
6.  $password = '123456';
7.  //生成一个用户编号
8.  $uid = mt_rand(100000, 999999);
9.  //用 PHP 内置函数 uniqid 随机生成一个唯一用户名
10. $userName = uniqid();
11. //用 PHP 内置函数 md5 对密码 123456 进行加密
12. $userPassword = md5('123456');
13. //将目前时间戳作为注册时间
14. $registerTime = time();
15. //执行用户数据表插入操作
16. /**
17.  * 由于用户名和密码是字符串类型
18.  * 所以需要加单引号
19.  */
20. $insertSql = <<<SQL
21. INSERT INTO `user_info` (
22. `uid`,
23. `username`,
24. `password`,
25. `register_time`
26. ) VALUES (
27. $uid, '$userName', '$userPassword', $registerTime
28. )
29. SQL;
30. //连接数据库
31. $dbh = new PDO($dsn, $user, $password);
32. //执行插入操作
33. $dbh->exec($insertSql);
```

6.3.2　查询数据

在本节中，我们将用 PDO 扩展来查询所有的记账记录，如代码清单 6-21 所示。

代码清单 6-21   pdo_select.php

```php
1.  <?php
2.  //指定 MySQL 数据库即账号信息
3.  $dsn = 'mysql:dbname=bill;host=127.0.0.1;charset=utf8';
4.  //数据库登录用户名和登录密码
5.  $user = 'root';
6.  $password = '123456';
7.  //查询 SQL 语句
8.  $querySql = <<<SQL
9.  SELECT * FROM `user_info`
10. INNER JOIN
11. `bill_info`
12. ON `uid` = `relate_uid`;
13. SQL;
14. //连接数据库
15. $dbh = new PDO($dsn, $user, $password);
16. //执行查询并将数据保存到结果集对象中
17. $allRecordSet = $dbh->query($querySql);
18. //抓取结果集中的所有数据，将结果集对象里面的数据以数组的形式返回
19. $allBillData = $allRecordSet->fetchAll(PDO::FETCH_ASSOC);
20. $retStr = <<<RETSTR
21. <table>
22.     <tr>
23.         <th>用户编号</th>
24.         <th>用户名</th>
25.         <th>金额</th>
26.         <th>备注</th>
27.         <th>记账时间</th>
28.     </tr>
29. RETSTR;
30. //循环以将获取的数据连接到返回值变量
31. foreach ($allBillData as $val) {
32.     $retStr .= <<<ITEM
33.     <tr>
34.         <td>{$val['uid']}</td>
35.         <td>{$val['username']}</td>
36.         <td>{$val['money']}</td>
37.         <td>{$val['remark']}</td>
38.         <td>{$val['add_time']}</td>
39.     </tr>
40. ITEM;
41. }
42. echo $retStr;
```

我们利用 PDO 扩展查询了所有记账记录，运行结果如图 6-7 所示。

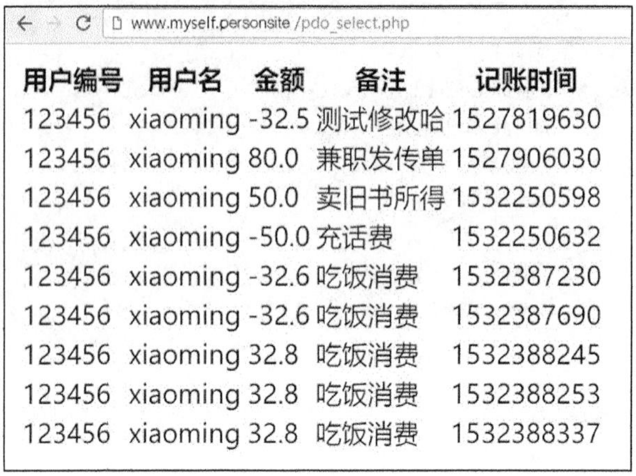

图 6-7　代码清单 6-21 的运行结果

6.3.3　修改与删除数据

在本节中，我们将用 PDO 扩展来完成修改和删除数据的需求，具体实现如代码清单 6-22 所示。

代码清单 6-22　pdo_update_delete.php

```
1.   <?php
2.   //设置连接数据库的一些必要信息，如数据库名，主机名称和字符集等
3.   $dsn = 'mysql:dbname=bill;host=127.0.0.1;charset=utf8';
4.   //数据库登录的用户名和登录密码
5.   $user = 'root';
6.   $password = '123456';
7.
8.   //将记账记录编号为1的备注修改为测试修改 PDO
9.   $updateSql = <<<SQL
10.  UPDATE `bill_info`
11.  SET `remark` = '测试修改 PDO'
12.  WHERE `bid` = 1;
13.  SQL;
14.  //删除记账编号为 4 的记账记录
15.  $deleteSql = <<<SQL
16.  DELETE FROM `bill_info`
17.  WHERE `bid` = 4;
18.  SQL;
```

```
19.
20.  //连接数据库
21.  $dbh = new PDO($dsn, $user, $password);
22.  //开始事务
23.  $dbh->beginTransaction();
24.  //执行修改
25.  $dbh->exec($updateSql);
26.  //执行删除
27.  $dbh->exec($deleteSql);
28.  //提交事务保存数据
29.  $dbh->commit();
```

6.4 习题

作业 1：面向对象编程思想是一种和语言无关的思想，它来源于我们的生活，是对生活的真实反映，不管是 PHP、还是 Java、Python、C#等语言都支持面向对象的实现。请深刻理解本章的场景对话是怎么一步步转换为类的。

作业 2：在 PHP 中，MySQLi 和 PDO 是操作 MySQL 数据库的两个常用的扩展。虽然现在大部分互联网企业都是基于 PHP 框架开发项目的。但是实质上，PHP 框架的底层都是基于这两个扩展进行封装的，所以希望你多实践这两个扩展，打开 PHP 参考手册将剩余的扩展函数看懂、看完。

第 7 章
PHP 与前端合作的 3 种方式

经过第 6 章的学习，我们已经能够用 PHP 的 MySQLi 和 PDO 扩展来执行 SQL 语句了。但是细细回想一下相关的代码清单，我们发现了一个不太友好的问题，就是 PHP 代码和 SQL 语句混合在了一起，如果一个 SQL 语句非常复杂，可能导致整个 PHP 文件看起来都是 SQL 语句。于是，分离 SQL 和 PHP 代码的需求不断被提出。本章我们就用框架来优化 SQL 语句的操作，即对 MySQLi 或 PDO 扩展进行更优的封装，达到用 PHP 代码生成 SQL 语句的目的，从而分离 SQL 语句和 PHP 代码。

同时，虽然我们已经会用 PHP 来执行 SQL 语句了，但是离自动化注册还有"一步之遥"，即还要提供 HTML 注册页面给用户，让用户填写注册信息然后提交到 PHP（后）端，PHP 获取填写的信息后将其插入到数据库中，从而完成整个注册过程的自动化。也就是说，我们还需要完成 PHP 和 HTML 的合作。

目前 PHP 与 HTML 合作的常见方式有 3 种，分别如下。

◆ 被遗弃的混合模式，即 PHP 和 HTML 代码写在一起。

◆ 不断缩小的 MVC 模式，即 PHP 和 HTML 代码部分分离。

◆ 大势所趋的分离模式，即 PHP 和 HTML 代码彻底分离。

7.1 被遗忘的混合模式

你中有我、我中有你、融为一体是对混合模式的真实写照。

如代码清单 7-1 所示，我们发现混合模式的代码逻辑非常混乱，一会是 PHP 代码，一会是 HTML 代码，并且整个逻辑都是这样实现的。这非常不利于代码维护，所以这种模式注定被淘汰。代码清单 7-1 的运行结果如图 7-1 所示。

代码清单 7-1　mix.php

```
1.  <!DOCTYPE html>
2.  <html lang="zh-CN">
3.  <head>
4.      <meta charset="utf-8">
5.      <title>混合模式例子</title>
6.  </head>
7.  <body>
8.      <ul>
9.          <?php for ($i = 1; $i <= 5; $i++) { ?>
10.         <li>第一个是:  <?php echo $i; ?></li>
11.         <?php } ?>
12.     </ul>
13. </body>
14. </html>
```

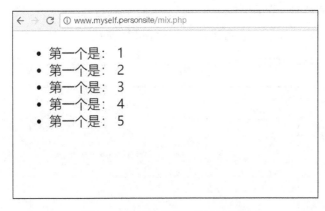

图 7-1　代码清单 7-1 的运行结果

7.2　Laravel 框架知识

目前大部分互联网企业都是基于框架进行项目开发，而 PHP 框架非常多，如 ThinkPHP、Yii 和 Laravel 框架。本书我们选择 Laravel，该框架被称为 Web 艺术家创造的 PHP 框架。

7.2.1　框架安装

学习任何 PHP 框架，都是从学习怎么安装它开始。打开 Laravel 的官方安装文档，Laravel

是通过 composer 来进行安装的, 如图 7-2 所示。

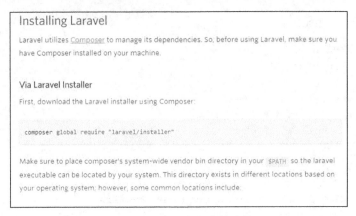

图 7-2　Laravel 官方安装文档

为了安装 Laravel 框架, 我们需要按照以下步骤操作。

（1）下载 Composer-Setup.exe。

（2）找到已下载的 Composer-Setup.exe 文件进行安装。

（3）在安装过程中, 需要选择 php.exe 的位置, 请按照图 7-3 所示的路径进行选择。

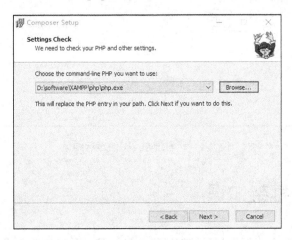

图 7-3　选择 php.exe 的位置

（4）在安装过程中, 有一个设置代理的对话框。该对话框可以不用设置, 保持默认就可以了, 如图 7-4 所示。

（5）单击 "Next>" 即可完成安装。

图 7-4 代理请求 URL 设置

（6）打开命令提示符窗口，输入 composer 命令，如果能够看到图 7-5 所示的效果，说明安装成功。

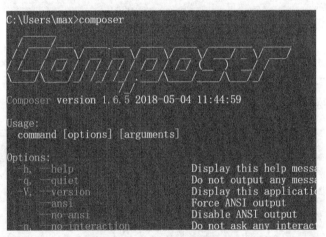

图 7-5 composer 命令执行结果

（7）由于用 composer 命令安装软件的时候，一般情况下，安装包的数据（主要是 zip 文件）是从 GitHub 上下载的，安装包的元数据是从 packagist 上下载的，所以国内访问很慢，甚至无法访问。为了解决这个问题，我们需要设置一个中国国内的镜像来提高速度。打开命令提示符窗口，执行下面的命令进行中国镜像设置。

```
composer config -g repo.packagist composer https://packagist.phpcomposer.com
```

（8）在命令提示符窗口里面，继续执行以下命令来下载 Laravel 框架的安装包。

```
composer global require "laravel/installer"
```

执行结果如图 7-6 所示。

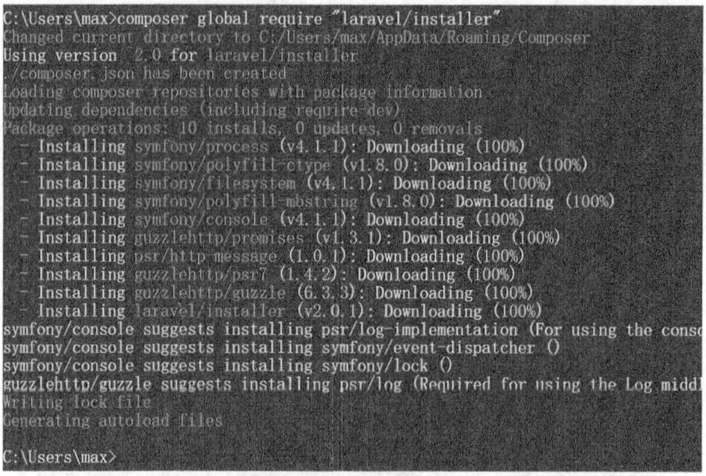

图 7-6　Laravel 安装包下载

依次执行命令 cd /d D:和 laravel new project，以创建一个基于 Laravel 框架的应用，执行部分结果如图 7-7 所示。这里需要注意一点，执行的时间有些长，需要耐心等待，直到出现图 7-8 所示的结果，这说明创建成功。

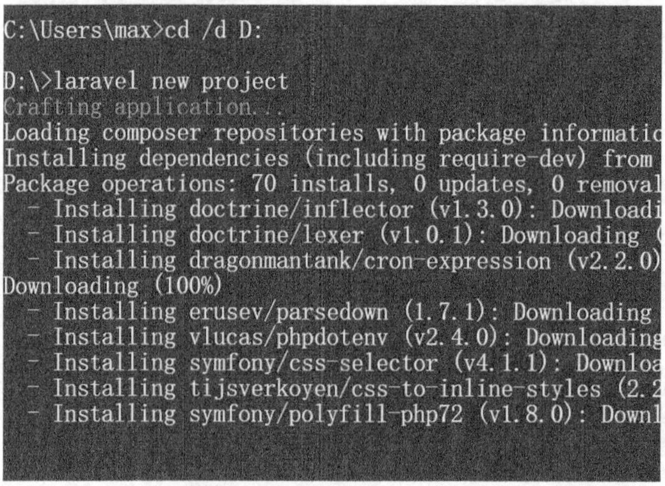

图 7-7　创建 Laravel 框架应用

```
phpunit/phpunit suggests installing ext-soap (*)
phpunit/phpunit suggests installing ext-xdebug (*)
phpunit/phpunit suggests installing phpunit/php-invoker
Generating optimized autoload files
> @php -r "file_exists('.env') || copy('.env.example',
> @php artisan key:generate
Application key [base64:TGCKW7luhYEzXoZMgNSYoIp7Q02Omr7
> Illuminate\Foundation\ComposerScripts::postAutoloadDu
> @php artisan package:discover
Discovered Package: fideloper/proxy
Discovered Package: laravel/tinker
Discovered Package: nunomaduro/collision
Package manifest generated successfully.
Application ready! Build something amazing.

D:\>
```

图 7-8　应用创建成功

（9）打开 D 盘的 project 目录查看其结构，如图 7-9 所示。

› 此电脑 › Data (D:) › project

名称	修改日期	类型	大小
app	2018/7/1 11:45	文件夹	
bootstrap	2018/7/1 11:45	文件夹	
config	2018/7/1 11:45	文件夹	
database	2018/7/1 11:45	文件夹	
public	2018/7/1 11:45	文件夹	
resources	2018/7/1 11:45	文件夹	
routes	2018/7/1 11:45	文件夹	
storage	2018/7/1 11:45	文件夹	
tests	2018/7/1 11:45	文件夹	
vendor	2018/7/1 11:59	文件夹	
.editorconfig	2018/7/1 11:45	EDITORCONFIG ...	1 KB
.env	2018/7/1 11:59	ENV 文件	1 KB
.env.example	2018/7/1 11:45	EXAMPLE 文件	1 KB
.gitattributes	2018/7/1 11:45	GITATTRIBUTES ...	1 KB
.gitignore	2018/7/1 11:45	GITIGNORE 文件	1 KB
artisan	2018/7/1 11:45	文件	2 KB
composer.json	2018/7/1 11:45	JSON File	2 KB
composer.lock	2018/7/1 11:45	LOCK 文件	141 KB
package.json	2018/7/1 11:45	JSON File	1 KB
phpunit.xml	2018/7/1 11:45	Maxthon Docum...	2 KB
server.php	2018/7/1 11:45	PHP 文件	1 KB
webpack.mix.js	2018/7/1 11:45	JavaScript 文件	1 KB
yarn.lock	2018/7/1 11:45	LOCK 文件	252 KB

图 7-9　project 目录结构

经过以上一系列的步骤，我们就成功地将基于 Laravel 框架的应用搭建好了。

7.2.2　环境配置

经过 7.2.1 节的学习，我们已经在 D 盘下面的 project 目录中创建了基于 Laravel 框架的应用。但是还有一个问题，就是该目录无法用浏览器访问，因为这个目录没有域名和对应的 Apache 配置。为了让浏览器可以通过域名访问这个目录，我们需要在 hosts 和

httpd-vhosts.conf 文件中执行代码清单 7-2 所示的操作。

代码清单 7-2   project.txt

```
1.    #在 hosts 文件中添加本地域名映射
2.    127.0.0.1 project.myself.personsite
3.    127.0.0.1 app.myself.personsite
4.    #在 httpd-vhosts.conf 文件中新增下面的配置
5.    #并且将该配置放在本地 www.myself.personsite 配置的上面
6.    <VirtualHost *:80>
7.        ServerAdmin 123456789@qq.com
8.        DocumentRoot "D:/project/public"
9.        ServerName project.myself.personsite
10.       serverAlias app.myself.personsite
11.       <Directory "D:/project/public">
12.           Options +FollowSymLinks
13.           AllowOverride All
14.           Require all granted
15.           RewriteEngine On
16.           RewriteCond %{REQUEST_FILENAME} !-d
17.           RewriteCond %{REQUEST_FILENAME} !-f
18.           RewriteRule ^ index.php [L]
19.       </Directory>
20.   </VirtualHost>
21.
22.   #下面是本地配置部分
23.   #本地 www.myself.personsite 配置
```

将上面的步骤完成之后，打开 XAMPP 重启 Apache 服务器，然后打开浏览器访问 http://project.myself.personsite，如果出现图 7-10 所示的结果，说明基于 Laravel 框架的项目搭建成功。

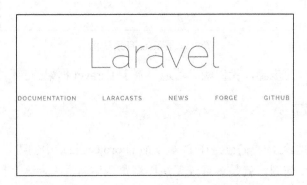

图 7-10   基于 Laravel 框架的项目默认首页显示效果

7.2.3　不断缩小的 MVC 模式与 Smarty 的辛酸史

混合模式之所以被淘汰，最根本的原因就是 PHP 代码和 HTML 代码彻底混在一起，导致维护成本很高。为了分离 PHP 和 HTML 代码，PHP 史上出现过一个非常出名的模板引擎 Smarty，但是该模板引擎不具备分离 PHP 代码的功能，后来渐渐地淡出我们的视野，取而代之的是各种 PHP 框架内置的模板引擎。不可否认的是，这些模板引擎大多数都是基于或者借鉴 Smarty 来开发的。

所谓分离 PHP 代码，就是将核心的 PHP 代码或者可以复用的代码与处理请求的代码进行分离。分离 PHP 代码后，整个 PHP 代码分成了 3 部分，一部分是接收和处理请求的代码，一部分是处理核心业务逻辑和复用的代码，还有一部分是处理显示的代码，从而组成了 MVC 模式。下面我们来看看 MVC 模式的组成部分。

◆ M 即模型，指核心业务逻辑代码、处理数据的代码。

◆ V 即视图，是 HTML 代码和部分模板语法代码，对控制器返回的数据进行各种显示处理。

◆ C 即控制器，用于接收请求，然后调用模型对请求进行处理，并将模型返回的数据返回给视图进行显示。

7.3　第一个 MVC 例子

在 7.2.3 节中，我们已经对 MVC 有了一个大致的印象，但 MVC 的概念还是非常抽象。为了让大家对 MVC 有更深的印象，本节我们将数据库 bill 中的所有用户数据读取出来并以 HTML 表格的形式展现。

7.3.1　连接 bill 数据库

因为需要查询数据库 bill 里面的 user_info 数据表，所以首先需要连接 bill 数据库，下面是连接步骤。

（1）在 PhpStorm 中打开 D:\project 目录，如图 7-11 所示。

（2）打开.env 文件，设置数据库名、用户名、数据库密码，如图 7-12 所示。

（3）打开数据库配置文件 database.php，设置 charset 和 collation，如图 7-13 所示。

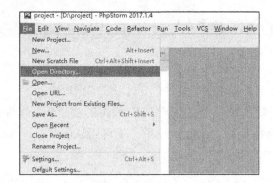

图 7-11   在 PhpStorm 中打开 project 目录

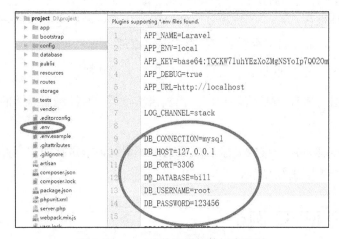

图 7-12   .env 文件里面的数据库配置

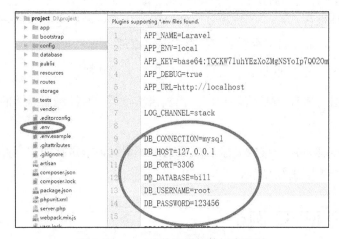

图 7-13   设置 database.php 中的字符集和排序规则

（4）由于我们生活在东八区，所以需要打开应用配置文件 app.php，将时区设置为中国，如图 7-14 所示。

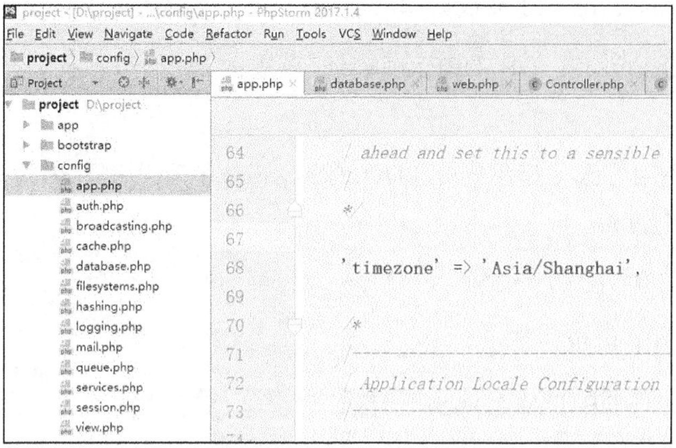

图 7-14 应用配置文件

经过以上几个步骤，我们就完成了 bill 数据库的连接。

> **注意**
>
> 设置数据库密码的时候，请设置为你自己的密码，123456 是本书的密码，切记。
>
> 字符集和排序规则的设置和第 4 章中创建数据库时的一样，如果乱设置，可能出现乱码。
>
> 如果不设置为东八区，有可能导致我们保存的日期时间是 8 小时以前的。

如图 7-12 和图 7-13 所示，文件中有很多配置选项，下面一一列出来进行说明。

◆ DB_CONNECTION：目前 Laravel 框架支持连接 MySQL、PostgreSQL、SQLite 和 SQL Server4 种数据库。而我们使用的是 MySQL 数据库，所以这里将其设置为 mysql。

◆ DB_HOST：数据库服务器所在的主机或 IP 地址，因为数据库在本机，所以将其设置为 127.0.0.1。

◆ DB_PORT：MySQL 数据库的默认连接端口是 3306。

◆ DB_DATABASE：表示默认连接的是哪一个数据库。因为我们操作的是 bill 数据库，所以这里设置为 bill。

◆ DB_USERNAME：连接数据库时的用户名，一般情况下都是 root。

◆ DB_PASSWORD：DB_USERNAME 设置的是用户，这个设置的是用户对应的密码。

◆ driver：不用修改，指定的是 PDO 的 MySQL 驱动程序，因为 Laravel 的内部是基于 PDO 扩展的。

◆ host：和 DB_HOST 一样。

◆ port：与 DB_PORT 一样。

◆ database：与 DB_DATABASE 一样。

◆ username：与 DB_USERNAME 一样。

◆ password：与 DB_PASSWORD 一样。

◆ unix_socket：该配置选项在 Linux 系统中有效，通过套接字来连接 MySQL。

◆ charset：连接字符集，由于在第 4 章中我们创建 bill 数据库的时候，用的是 UTF8 字符集，所以这里设置为 utf8。

◆ collation：和 charset 一样，由于创建数据库 bill 的时候用的是 utf8_general_ci，所以这里需要将其设置为 utf8_general_ci。

◆ prefix：这个是针对数据库中的表而言的，比如你的所有数据表都以 prefix_xxx 命名，那么你可以设置这个前缀，这样在代码中直接用 xxx 来进行访问数据表的操作。

◆ strict：是否开启 SQL 严格模式。该配置选项的底层其实是 MySQL 的系统变量 sql_mode，如果想深入了解关于 sql_mode 的知识，可查看官方文档。

◆ engine：从 MySQL5.5.5 开始，默认存储引擎是 INNODB，所以不需要设置这个选项。

7.3.2　.env 文件的意义

如图 7-12 和图 7-13 所示，你或许会问一个问题，DB_HOST 和 host、DB_PORT 和 port 有什么关系？它们都是一样的，不是重复了吗？

还记得 1.4 节提到的 4 个环境吗？如果没有.env 文件，那么配置文件在 4 个环境下面都是一样的。试问，如果你是技术总监，你会将生产环境的数据库账号信息给所有程序员吗？答案是肯定不会，所以每次发布代码到生产环境时，还需要将配置文件中的数据库连接信息修改为生产环境的，发完之后又得改回来，这非常麻烦。

为了解决这个问题，Laravel 框架引入了.env 文件，这样我们在 4 个环境中都保留一份属于自己的真实参数。发布代码的时候，不发布.env 文件就可以了。

同时从图 7-13 我们还可以看出，可以利用 env 函数来读取.env 文件中的值。其中，第二个参数指的是如果没有读取到，就设置一个默认值，以免报错。

7.3.3　设置请求 URL

在浏览器端将用户数据以 HTML 表格展示出来，肯定需要一个访问 URL，现在假设访问 URL 为 http://project.myself.personsite/view/all/user。为了能够响应这个请求 URL，我们需要做以下事情。

（1）进入到 routes 目录，然后打开 web.php 文件。

（2）在 web.php 文件中添加一个路由请求，如果 7-15 所示。

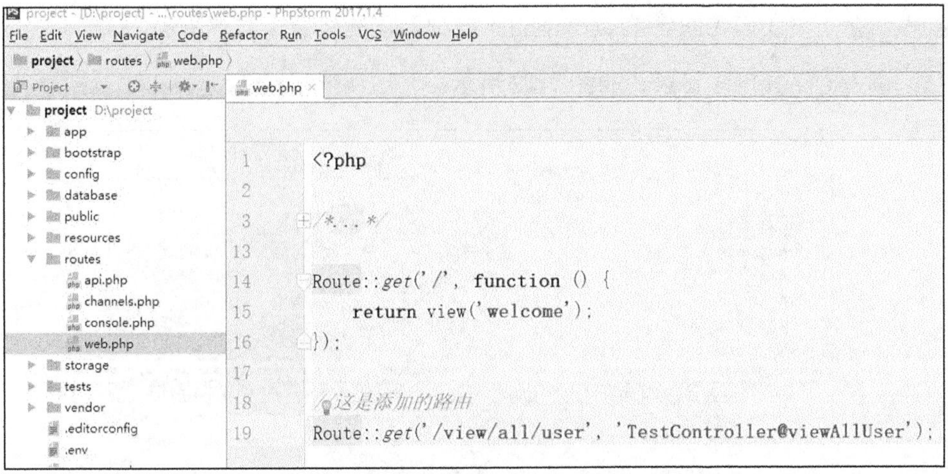

图 7-15　web.php 文件内容和添加的路由

经过以上步骤，现在用户数据可以用 URL 访问了，但会报图 7-16 所示的错误，因为 TestController.php 控制器文件还没有创建。

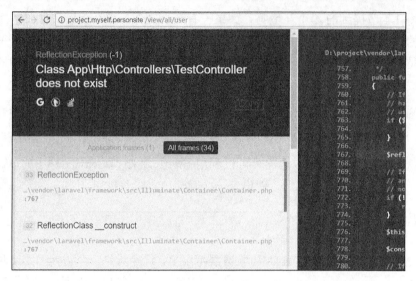

图 7-16　没有控制器时代码报错

7.3.4　控制器代码

当我们从浏览器访问 http://project.myself.personsite/view/all/user 时，首先 Laravel 框架将会寻找 web.php 文件里面的路由——/view/all/user。该路由会被控制器 TestController 的 viewAllUser 方法处理。接下来我们将创建 TestController 控制器，创建步骤如下所示。

（1）进入 Controllers 目录，如图 7-17 所示。

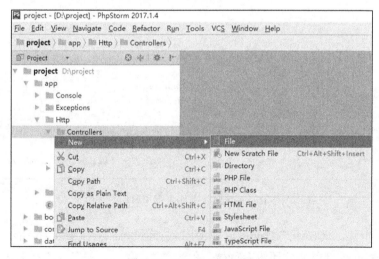

图 7-17　Controllers 目录

（2）在 Controllers 目录上单击鼠标右键，新建一个名为 TestController.php 的控制器文件，如图 7-18 所示。该命名方式是 Laravel 框架规定的，即名称+Controller。

图 7-18 新建控制器文件

（3）在 TestController.php 控制器文件中写入代码清单 7-3 所示的代码，由于我们第一次使用 Laravel 框架来进行数据表的查询，所以这里先用 print_r 来输出数据结构。

（4）打开 Chrome 浏览器，访问 view-source:project.myself.personsite/view/all/user，我们看到返回的数据是一个对象数组结构，如图 7-19 所示。

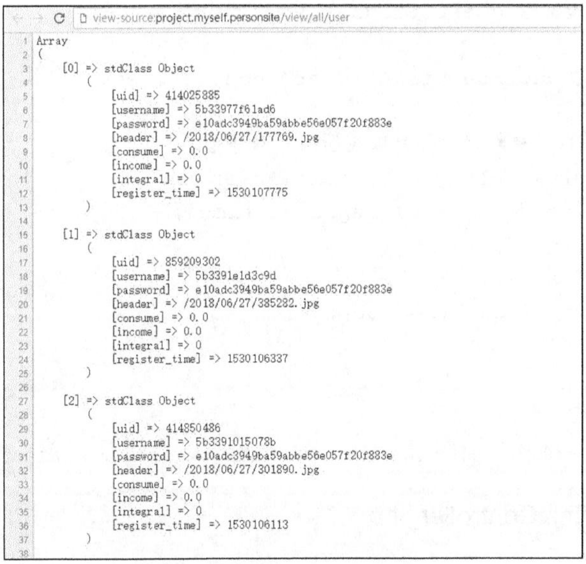

图 7-19 从数据表读取的数据结构

（5）将控制器和视图关联起来，并且将获取的数据传递到视图上以进行显示。这里我们假设视图文件名称为 view_all_user.blade.php。

如代码清单 7-3 所示，我们发现用 Laravel 框架操作数据库其实和用原生 SQL 操作差不多。只不过现在我们不再写原生的 SQL 语句，而是利用 PHP 代码来生成 SQL 语句，这样就将 PHP 代码和 SQL 语句彻底分开了。

代码清单 7-3　TestController.php

```php
1.  <?php
2.  namespace App\Http\Controllers;
3.
4.  use Illuminate\Http\Request;
5.  use Illuminate\Support\Facades\DB;
6.
7.  /**
8.   * 该控制器仅作测试示例代码使用
9.   * Class TestController
10.  * @package App\Http\Controllers
11.  */
12. class TestController extends Controller
13. {
14.     /**
15.      * 显示所有用户数据
16.      * @param Request $request
17.      */
18.     public function viewAllUser(Request $request)
19.     {
20.         //获取所有数据，并且以注册时间降序显示
21.         $queryResult = DB::table('user_info')
22.             ->orderByDesc('register_time')
23.             ->get()
24.             ->all();
25.         print_r($queryResult);
26.     }
27. }
```

为了实现关联，我们继续在代码清单 7-3 的基础之上进行完善，得到代码清单 7-4。

代码清单 7-4　TestController.php

```php
1.  <?php
2.  namespace App\Http\Controllers;
```

```
3.
4.  use Illuminate\Http\Request;
5.  use Illuminate\Support\Facades\DB;
6.
7.  /**
8.   * 该控制器仅作测试示例代码使用
9.   * Class TestController
10.  * @package App\Http\Controllers
11.  */
12. class TestController extends Controller
13. {
14.     /**
15.      * 显示所有用户数据
16.      * @param Request $request
17.      */
18.     public function viewAllUser(Request $request)
19.     {
20.         //获取所有数据，并且以注册时间降序显示
21.         $queryResult = DB::table('user_info')
22.             ->orderByDesc('register_time')
23.             ->get()
24.             ->all();
25.
26.         /**
27.          * 显示视图文件
28.          * 并且将查询数据赋予视图模板变量
29.          */
30.         return view('view_all_user', ['viewData' => $queryResult]);
31.     }
32. }
```

如代码清单 7-4 所示，我们已经将控制器代码文件全部搞定了。接下来需要创建视图代码文件，以将获取的数据展示出来。

7.3.5　视图代码

一般在写视图代码的时候，我们都是首先完成静态的 HTML 页面，对效果满意之后，才将数据和 HTML 页面结合起来得到最终的页面。创建视图代码的步骤如下。

（1）进入到 views 目录，如图 7-20 所示。

（2）在 views 目录上单击鼠标右键，新建一个名为 view_all_user.blade.php 的视图文件，如图 7-21 所示。该命名方式是 Laravel 框架规定的，即名称+blade。

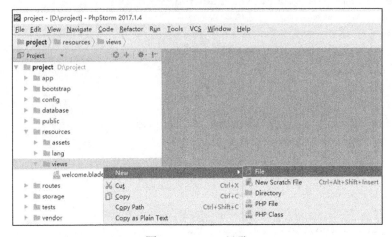

图 7-20 views 目录

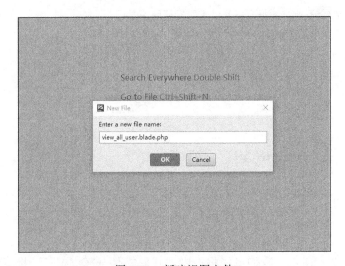

图 7-21 新建视图文件

（3）在 view_all_user.blade.php 视图文件中写入代码清单 7-5 中的代码，完成一个静态的 HTML 页面展示。

代码清单 7-5 view_all_user.blade.php

```
1.  <!DOCTYPE html>
2.  <html lang="zh-CN">
3.  <head>
```

```
4.      <meta charset="UTF-8">
5.      <title>所有用户数据显示</title>
6.      <!--css 部分设置-->
7.      <style>
8.          table,
9.          th,
10.         td {
11.             border: 1px solid #ddd;
12.         }
13.         th,
14.         td {
15.             border-top: none;
16.             border-left: none;
17.         }
18.         tr:last-child td {
19.             border-bottom: none;
20.         }
21.         th:last-child,
22.         td:last-child {
23.             border-right: none;
24.         }
25.     </style>
26. </head>
27. <body>
28.     <table>
29.         <!--表头部分-->
30.         <tr>
31.             <th>用户编号</th>
32.             <th>用户名</th>
33.             <th>总的消费金额</th>
34.             <th>总的收入</th>
35.             <th>积分</th>
36.             <th>注册时间</th>
37.         </tr>
38.         <!--表数据内容部分-->
39.         <tr>
40.             <td>123456789</td>
41.             <td>小明</td>
42.             <td>0</td>
43.             <td>0</td>
44.             <td>0</td>
45.             <td>2018-06-25</td>
46.         </tr>
```

```
47.        <tr>
48.          <td>123456789</td>
49.          <td>小明</td>
50.          <td>0</td>
51.          <td>0</td>
52.          <td>0</td>
53.          <td>2018-06-25</td>
54.        </tr>
55.      </table>
56.  </body>
57.  </html>
```

（4）打开浏览器，访问 project.myself.personsite/view/all/user，我们看到了一个静态的表格，如图 7-22 所示。

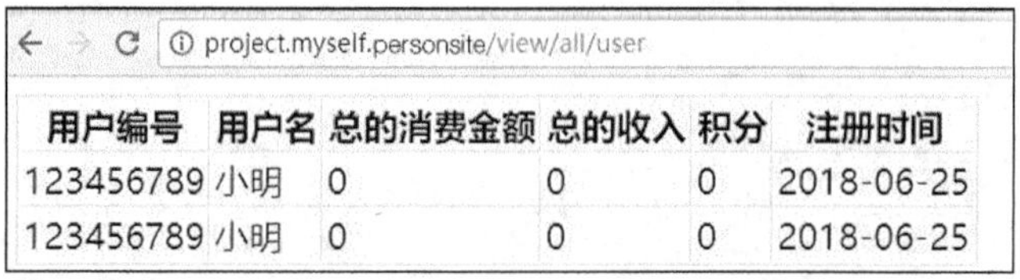

用户编号	用户名	总的消费金额	总的收入	积分	注册时间
123456789	小明	0	0	0	2018-06-25
123456789	小明	0	0	0	2018-06-25

图 7-22　静态 HTML 页面展示

（5）将控制器传过来的数据和静态 HTML 结合起来以形成最后的视图文件代码，如代码清单 7-6 所示。

代码清单 7-6　view_all_user.blade.php

```
1.  <!DOCTYPE html>
2.  <html lang="zh-CN">
3.  <head>
4.      <meta charset="UTF-8">
5.      <title>所有用户数据显示</title>
6.      <!--css 部分设置-->
7.      <style>
8.          table,
9.          th,
10.         td {
11.             border: 1px solid #ddd;
12.         }
13.         th,
14.         td {
15.             border-top: none;
```

```
16.        border-left: none;
17.      }
18.      tr:last-child td {
19.        border-bottom: none;
20.      }
21.      th:last-child,
22.      td:last-child {
23.        border-right: none;
24.      }
25.    </style>
26.  </head>
27.  <body>
28.  @if (!empty($viewData))
29.    <table>
30.      <!--表头部分-->
31.      <tr>
32.        <th>用户编号</th>
33.        <th>用户名</th>
34.        <th>总的消费金额</th>
35.        <th>总的收入</th>
36.        <th>积分</th>
37.        <th>注册时间</th>
38.      </tr>
39.      <!--数据表内容部分-->
40.      @foreach($viewData as $val)
41.      <tr>
42.        <td>{{$val->uid}}</td>
43.        <td>{{$val->username}}</td>
44.        <td>{{$val->consume}}</td>
45.        <td>{{$val->income}}</td>
46.        <td>{{$val->integral}}</td>
47.        <!--用 date 函数将注册时间格式化为日期时间-->
48.        <td>{{date('Y-m-d H:i:s', $val->register_time)}}</td>
49.      </tr>
50.      @endforeach
51.    </table>
52.  @else
53.    <h1>还没有用户注册</h1>
54.  @endif
55.  </body>
56.  </html>
```

（6）打开浏览器，访问 http://project.myself.personsite/view/all/user，我们看到了连接数据表之后的页面，如图 7-23 所示。

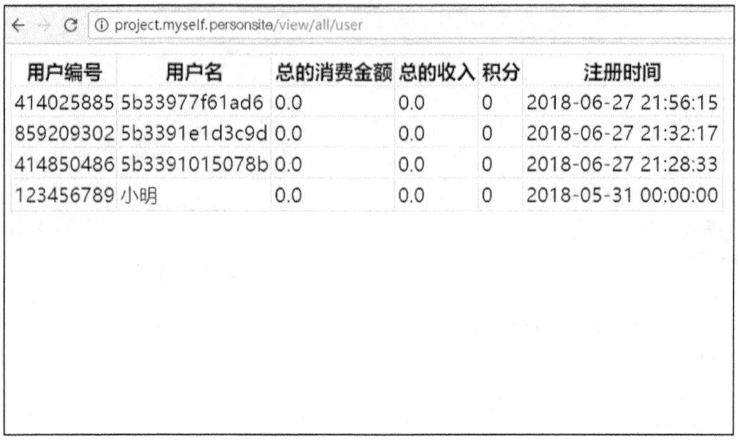

用户编号	用户名	总的消费金额	总的收入	积分	注册时间
414025885	5b33977f61ad6	0.0	0.0	0	2018-06-27 21:56:15
859209302	5b3391e1d3c9d	0.0	0.0	0	2018-06-27 21:32:17
414850486	5b3391015078b	0.0	0.0	0	2018-06-27 21:28:33
123456789	小明	0.0	0.0	0	2018-05-31 00:00:00

图 7-23 数据页面展示

经过上面 6 个步骤，我们完成了第一个任务，下面来总结一下。

- 控制器代码、视图代码的文件命名方式、位置等，Laravel 框架都是有约定的。
- 查询数据表的核心逻辑也就是 M（模型），Laravel 框架已经封装了，我们调用就可以了。
- 从控制器传递数据到视图是以 key => value 的方式进行的。即在控制器中，value 是具体的数据，将这个数据赋予给视图里面的变量 key，我们才能在视图中用 key 进行数据的处理。
- 在控制器中显示视图文件的时候，仅设置视图名就可以了，不需要 blade.php 后缀。
- 在视图文件里面显示数据的时候，用{{}}来进行。
- 我们应该先用静态 HTML 来实现效果，然后再融合控制器传递进来的数据，不要边融合边写 HTML 代码，这样效率非常低。当然在真实项目中，这个效果 HTML 页面或许是前端程序员在处理。
- 对于任何未知数据，都可以用 print_r 或者 var_dump 来输出数据结构。比如该任务，我们打印出来是对象数组，所以在视图文件里面能够用 foreach 循环来遍历每条数据，然后利用对象属性访问符->来获取具体的值。

◆ 控制器都应该继承 Controller。

◆ 在视图文件中，我们同样可以使用选择和循环结构等。更多详细信息请参看 Laravel 官方文档。

◆ 在视图文件中调用 PHP 函数的时候，不需要用 echo 就能够输出值，这可以从代码清单 7-6 中输出用户注册时间中看出。

7.3.6　分页浏览数据

经过前面几节的学习，我们已经具备了将 PHP、SQL 和 HTML 结合在一起的能力了。细细地想，似乎还有一个问题，就是如果用户数据表中有几十万条数据，试问，你一次读取所有的数据是不是没有必要呢？这个时候就必须对数据进行分页处理，下面我们继续对控制器、视图文件进行完善，让其支持分页显示。

如代码清单 7-7 和代码清单 7-8 所示，我们实现了分页浏览数据的功能。如果你还想更深入地了解分页知识，那么可以访问 Laravel 官方文档。

代码清单 7-7　TestController.php

```php
1.  <?php
2.  namespace App\Http\Controllers;
3.
4.  use Illuminate\Http\Request;
5.  use Illuminate\Support\Facades\DB;
6.
7.  /**
8.   * 该控制器仅供测试示例代码使用
9.   * Class TestController
10.  * @package App\Http\Controllers
11.  */
12. class TestController extends Controller
13. {
14.     /**
15.      * 显示所有用户数据
16.      * @param Request $request
17.      */
18.     public function viewAllUser(Request $request)
19.     {
20.         //获取所有数据，并且以注册时间降序显示，每页显示 2 条数据
21.         $queryResult = DB::table('user_info')
22.             ->orderByDesc('register_time')
```

```
23.          ->paginate(2);
24.
25.      /**
26.       * 显示视图文件
27.       * 并且将查询数据赋给视图模板变量
28.       */
29.      return view('view_all_user', ['viewData' => $queryResult]);
30.   }
31. }
```

代码清单 7-8　view_all_user.blade.php

```html
1.  <!DOCTYPE html>
2.  <html lang="zh-CN">
3.  <head>
4.      <meta charset="UTF-8">
5.      <title>所有用户数据显示</title>
6.      <!--css 部分设置-->
7.      <style>
8.          table,
9.          th,
10.         td {
11.             border: 1px solid #ddd;
12.         }
13.         th,
14.         td {
15.             border-top: none;
16.             border-left: none;
17.         }
18.         tr:last-child td {
19.             border-bottom: none;
20.         }
21.         th:last-child,
22.         td:last-child {
23.             border-right: none;
24.         }
25.     </style>
26. </head>
27. <body>
28. @if (!empty($viewData))
29.     <table>
30.         <!--表头部分-->
31.         <tr>
32.             <th>用户编号</th>
```

```
33.          <th>用户名</th>
34.          <th>总的消费金额</th>
35.          <th>总的收入</th>
36.          <th>积分</th>
37.          <th>注册时间</th>
38.      </tr>
39.      <!--数据表内容部分-->
40.      @foreach($viewData as $val)
41.      <tr>
42.          <td>{{$val->uid}}</td>
43.          <td>{{$val->username}}</td>
44.          <td>{{$val->consume}}</td>
45.          <td>{{$val->income}}</td>
46.          <td>{{$val->integral}}</td>
47.          <!--用 date 函数将注册时间格式化为日期时间-->
48.          <td>{{date('Y-m-d H:i:s', $val->register_time)}}</td>
49.      </tr>
50.      @endforeach
51.  </table>
52. <!--显示分页-->
53.      {{$viewData->links()}}
54. @else
55.      <h1>还没有用户注册</h1>
56. @endif
57. </body>
58. </html>
```

接下来继续用浏览器访问 http://project.myself.personsite/view/all/user，运行结果如图 7-24 所示。分页样式很丑？没关系，将这个交给 CSS 处理。

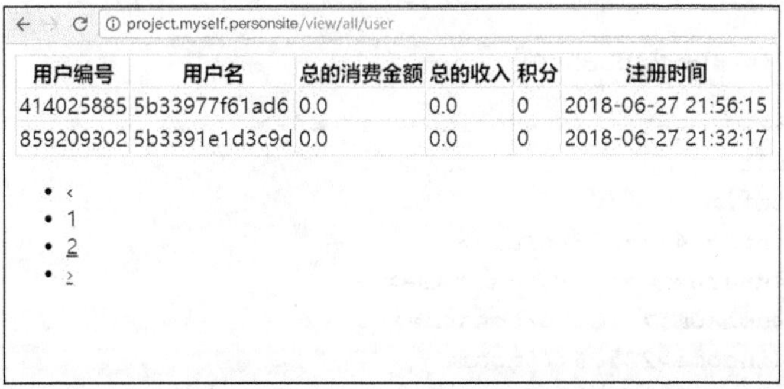

图 7-24　具备分页的页面展示

7.4 大势所趋的分离模式

所谓分离模式就是前端请求后端提供的接口，然后获取数据之后自己进行处理。这样做的好处是，前端程序员和后端程序员不再有任何交集，各自维护各自的代码。本节讲解的是基于 AJAX 实现的分离。

既然现在前端和后端变成了数据通信，那么对于需要传递的数据肯定要有一定的组织结构格式规范，这样才能够彼此进行解析并处理。目前常用的格式有 JSON 和 XML。

7.4.1 XML 基础知识

XML 是指可扩展标记语言，即你能够用自己的标记来组织数据。下面我们用它来表示一个用户信息和多个用户信息。如代码清单 7-9 所示，我们用 XML 来表示一个用户的信息。

代码清单 7-9　one_user.xml

```
1.  <?xml version="1.0" encoding="utf-8"?>
2.  <userinfo>
3.    <uid>147258369</uid>
4.    <username>小明</username>
5.    <consume>-12.5</consume>
6.    <income>235.6</income>
7.    <registertime>2018-06-20 10:00:06</registertime>
8.  </userinfo>
```

如代码清单 7-10 所示，我们用 XML 表示出了多个用户的信息。

代码清单 7-10　multi_user.xml

```
1.   <?xml version="1.0" encoding="utf-8"?>
2.   <userinfo>
3.     <detail>
4.       <uid>147258369</uid>
5.       <username>小明</username>
6.       <consume>-12.5</consume>
7.       <income>235.6</income>
8.       <registertime>2018-06-20 10:00:06</registertime>
9.     </detail>
10.    <detail>
```

```
11.        <uid>137258369</uid>
12.        <username>小红</username>
13.        <consume>-4.3</consume>
14.        <income>5.6</income>
15.        <registertime>2018-06-05 10:00:06</registertime>
16.     </detail>
17.     <detail>
18.        <uid>127258369</uid>
19.        <username>小花</username>
20.        <consume>-2.5</consume>
21.        <income>2.6</income>
22.        <registertime>2018-06-20 10:00:06</registertime>
23.     </detail>
24.     <detail>
25.        <uid>157258369</uid>
26.        <username>小江</username>
27.        <consume>0</consume>
28.        <income>25.6</income>
29.        <registertime>2018-04-20 10:00:06</registertime>
30.     </detail>
31.     <detail>
32.        <uid>107258369</uid>
33.        <username>小虎</username>
34.        <consume>-22.5</consume>
35.        <income>0</income>
36.        <registertime>2018-05-20 10:00:06</registertime>
37.     </detail>
38. </userinfo>
```

对比代码清单 7-9 和代码清单 7-10，我们来总结一下 XML 的基础知识。

◆　第一行声明 XML 的版本和编码。

◆　第一行下面是 XML 的根元素，一个 XML 只有一个根元素。

◆　<userinfo>元素是根元素的子元素，<detail>元素是<userinfo>的子元素。

打开浏览器访问 http://www.myself.personsite/multi_user.xml，运行结果如图 7-25 所示。

> **提示**
> 目前大多数主流浏览器（IE、火狐、谷歌、百度、360
> 等）都支持直接访问 XML 文件，并且都会对返回的
> XML 文件进行格式化渲染。

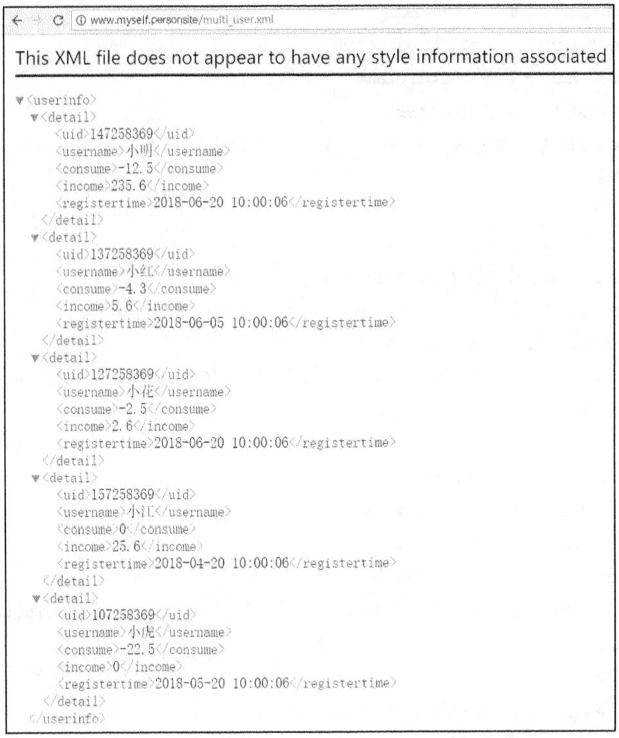

图 7-25 代码清单 7-10 的运行结果

7.4.2 用 PHP 生成和解析 XML

在 7.4.1 节中我们已经实现了用 XML 来表示一个用户和多个用户的信息。当我们通过 PHP 接口将 XML 数据返回给前端的时候，其实就是在生成 XML；当前端将 XML 数据传递给 PHP 时，其实就是在解析 XML。下面我们就来学习一下怎么用 PHP 生成 XML 和解析 XML。

如代码清单 7-11 所示，我们利用 PHP 的 SimpleXML 扩展生成了一个用户的 XML。打开浏览器访问 http://www.myself.personsite/generate_one_user_xml.php，代码清单 7-11 的运行结果如图 7-26 所示。

代码清单 7-11 generate_one_user_xml.php

```
1.  <?php
2.  /**
3.   * 调用 header 函数，输出一个响应头
4.   * 告诉浏览器这是一个 XML
5.   */
```

```
6.   header("Content-type:text/xml;charset=utf-8");
7.   //创建根元素
8.   $xmlObj = new SimpleXMLElement('<userinfo></userinfo>');
9.   //创建第一个子元素
10.  $xmlObj->addChild('uid', 147258369);
11.  $xmlObj->addChild('username', '小明');
12.  $xmlObj->addChild('consume', '-12.5');
13.  $xmlObj->addChild('income', '235.6');
14.  $xmlObj->addChild('registertime', '2018-06-20 10:00:06');
15.  //返回生成的 XML
16.  echo $xmlObj->asXML();
```

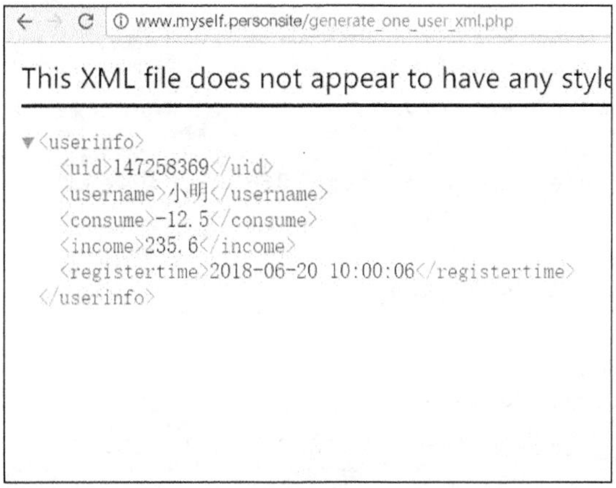

图 7-26 代码清单 7-11 的运行结果

如代码清单 7-12 所示，我们用 PHP 实现了多个用户信息的 XML 生成。代码清单 7-12 的运行结果如图 7-27 所示。

代码清单 7-12 generate_multi_user_xml.php

```
1.   <?php
2.   /**
3.    * 调用 header 函数，输出一个响应头
4.    * 告诉浏览器这是一个 XML
5.    */
6.   header("Content-type:text/xml;charset=utf-8");
7.   //将所有的用户数据用数组组合起来以循环遍历生成
8.   $multiUserArr = [
9.       [
10.          'uid' => 147258369,
11.          'username' => '小明',
```

```
12.          'consume' => -12.5,
13.          'income' => 235.6,
14.          'registertime' => '2018-06-20 10:00:06'
15.      ],
16.      [
17.          'uid' => 137258369,
18.          'username' => '小红',
19.          'consume' => -4.3,
20.          'income' => 5.6,
21.          'registertime' => '2018-06-05 10:00:06'
22.      ],
23.      [
24.          'uid' => 127258369,
25.          'username' => '小花',
26.          'consume' => -2.5,
27.          'income' => 2.6,
28.          'registertime' => '2018-06-20 10:00:06'
29.      ],
30.      [
31.          'uid' => 157258369,
32.          'username' => '小江',
33.          'consume' => 0,
34.          'income' => 25.6,
35.          'registertime' => '2018-04-20 10:00:06'
36.      ],
37.      [
38.          'uid' => 107258369,
39.          'username' => '小虎',
40.          'consume' => -22.5,
41.          'income' => 0,
42.          'registertime' => '2018-05-20 10:00:06'
43.      ]
44. ];
45. //创建根元素
46. $xmlObj = new SimpleXMLElement('<userinfo></userinfo>');
47. foreach ($multiUserArr as $val) {
48.     //创建每个列表中的 detail 元素
49.     $detailObj = $xmlObj->addChild('detail');
50.     foreach ($val as $key => $childVal) {
51.         $detailObj->addChild($key, $childVal);
52.     }
53. }
54. //返回生成的 XML
```

```
55. echo $xmlObj->asXML();
```

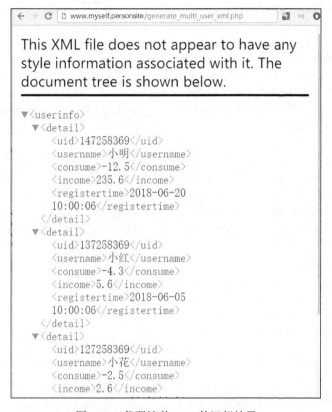

图 7-27 代码清单 7-12 的运行结果

如代码清单 7-13 所示，我们实现了对多个用户的 XML 需求的解析。对一个用户的 XML 解析原理同对多个的是一样的，这里就不说了。打开浏览器访问 view-source:http://www. myself.personsite/parse_multi_user_xml.php，运行结果如图 7-28 所示。

代码清单 7-13　parse_multi_user_xml.php

```php
1.  <?php
2.  //将被解析的用户的 XML
3.  $xmlStr = <<<XML
4.  <?xml version="1.0" encoding="utf-8"?>
5.  <userinfo>
6.      <detail>
7.          <uid>147258369</uid>
8.          <username>小明</username>
9.          <consume>-12.5</consume>
10.         <income>235.6</income>
```

```
11.         <registertime>2018-06-20 10:00:06</registertime>
12.     </detail>
13.     <detail>
14.         <uid>137258369</uid>
15.         <username>小红</username>
16.         <consume>-4.3</consume>
17.         <income>5.6</income>
18.         <registertime>2018-06-05 10:00:06</registertime>
19.     </detail>
20.     <detail>
21.         <uid>127258369</uid>
22.         <username>小花</username>
23.         <consume>-2.5</consume>
24.         <income>2.6</income>
25.         <registertime>2018-06-20 10:00:06</registertime>
26.     </detail>
27.     <detail>
28.         <uid>157258369</uid>
29.         <username>小江</username>
30.         <consume>0</consume>
31.         <income>25.6</income>
32.         <registertime>2018-04-20 10:00:06</registertime>
33.     </detail>
34.     <detail>
35.         <uid>107258369</uid>
36.         <username>小虎</username>
37.         <consume>-22.5</consume>
38.         <income>0</income>
39.         <registertime>2018-05-20 10:00:06</registertime>
40.     </detail>
41. </userinfo>
42. XML;
43. //将 XML 字符串转换为对象
44. $xmlObj = new SimpleXMLElement($xmlStr);
45. //将对象用 JSON 进行序列化
46. $xmlJsonStr = json_encode($xmlObj,JSON_UNESCAPED_UNICODE);
47. //将序列化的数据转换为数组，并输出其数据结构
48. print_r(json_decode($xmlJsonStr, true, 512, JSON_UNESCAPED_UNICODE));
```

如图 7-28 所示，我们能够看到，所有的 XML 数据都变成了数组。接下来就可以用 foreach 来遍历数组取出数据了。

```
←  →  ① view-source:www.myself.personsite/parse_multi_user_xml.php
1   Array
2   (
3       [detail] => Array
4           (
5               [0] => Array
6                   (
7                       [uid] => 147258369
8                       [username] => 小明
9                       [consume] => -12.5
10                      [income] => 235.6
11                      [registertime] => 2018-06-20 10:00:06
12                  )
13
14              [1] => Array
15                  (
16                      [uid] => 137258369
17                      [username] => 小红
18                      [consume] => -4.3
19                      [income] => 5.6
20                      [registertime] => 2018-06-05 10:00:06
21                  )
22
23              [2] => Array
24                  (
25                      [uid] => 127258369
26                      [username] => 小花
27                      [consume] => -2.5
28                      [income] => 2.6
29                      [registertime] => 2018-06-20 10:00:06
30                  )
31
32              [3] => Array
33                  (
34                      [uid] => 157258369
35                      [username] => 小江
36                      [consume] => 0
37                      [income] => 25.6
38                      [registertime] => 2018-04-20 10:00:06
39                  )
40
```

图 7-28　代码清单 7-13 的运行结果

> **提示**
>
> 本小节的所有代码清单其实都是应用 PHP 提供的各种内置扩展函数和一些基础的语法来完成的。请打开 PHP 手册仔细了解关于 SimpleXML 扩展的各个内置函数的作用。

7.4.3　用 JavaScript 生成和解析 XML

在 7.4.2 节中，我们已经介绍了 PHP 生成和解析 XML，但是由于交换数据是双方的，即 PHP 将 XML 数据传递给 JavaScript 的时候，JavaScript 需要解析这个 XML。反之，JavaScript 需要生成 XML 传递给 PHP。

如代码清单 7-14 所示，我们用 JavaScript 生成了一个用户信息的 XML。打开浏览器开发者工具，然后访问 http://www.myself.personsite/generate_one_user_xml.html，运行结果如图 7-29 所示。

代码清单 7-14   generate_one_user_xml.html

```
1.   <!DOCTYPE html>
2.   <html lang="zh-CN">
3.   <head>
4.       <meta charset="utf-8">
5.       <title>生成一个用户的 XML</title>
6.       <script>
7.           var doc = document.implementation.createDocument("", "", null);
8.           //创建根元素
9.           var rootElem = doc.createElement("userinfo");
10.          //创建 UID 元素
11.          var uidElem = doc.createElement("uid");
12.          //为 UID 元素赋值
13.          uidElem.appendChild(doc.createTextNode('147258369'));
14.          //将 UID 元素追加到根元素中
15.          rootElem.appendChild(uidElem);
16.          var userNameElem = doc.createElement("username");
17.          userNameElem.appendChild(doc.createTextNode('小明'));
18.          rootElem.appendChild(userNameElem);
19.          var consumeElem = doc.createElement("consume");
20.          consumeElem.appendChild(doc.createTextNode('-12.5'));
21.          rootElem.appendChild(consumeElem);
22.          var incomeElem = doc.createElement("income");
23.          incomeElem.appendChild(doc.createTextNode('235.6'));
24.          rootElem.appendChild(incomeElem);
25.          var registerTimeElem = doc.createElement("registertime");
26.          registerTimeElem.appendChild(
27.              doc.createTextNode('2018-06-20 10:00:06')
28.          );
29.          rootElem.appendChild(registerTimeElem);
30.          //将根元素追加到文档中
31.          doc.appendChild(rootElem);
32.          //将整个 XML 输出到浏览器的控制台
33.          console.log(doc);
34.      </script>
35.  </head>
36.  <body>
37.  </body>
38.  </html>
```

图 7-29 代码清单 7-14 的运行结果

如代码清单 7-15 所示，我们用 JavaScript 生成了多个用户信息的 XML。打开浏览器开发者工具，然后访问 http://www.myself.personsite/generate_multi_user_xml.html，部分运行结果如图 7-30 所示。

代码清单 7-15 generate_multi_user_xml.html

```
1.   <!DOCTYPE html>
2.   <html lang="zh-CN">
3.   <head>
4.     <meta charset="utf-8">
5.     <title>生成多个用户的 XML</title>
6.     <script>
7.       //将所有的用户信息保存到 JavaScript 的对象数组中
8.       var allUsrInfo = [
9.         {
10.            'uid' : 147258369,
11.            'username' : '小明',
12.            'consume' : -12.5,
13.            'income' : 235.6,
14.            'registertime' : '2018-06-20 10:00:06'
15.         },
16.         {
17.            'uid' : 137258369,
18.            'username' : '小红',
```

```
19.              'consume' : -4.3,
20.              'income' : 5.6,
21.              'registertime' : '2018-06-05 10:00:06'
22.          },
23.          {
24.              'uid' : 127258369,
25.              'username' : '小花',
26.              'consume' : -2.5,
27.              'income' : 2.6,
28.              'registertime' : '2018-06-20 10:00:06'
29.          },
30.          {
31.              'uid' : 157258369,
32.              'username' : '小江',
33.              'consume' : 0,
34.              'income' : 25.6,
35.              'registertime' : '2018-04-20 10:00:06'
36.          },
37.          {
38.              'uid' : 107258369,
39.              'username' : '小虎',
40.              'consume' : -22.5,
41.              'income' : 0,
42.              'registertime' : '2018-05-20 10:00:06'
43.          }
44.      ];
45.      var doc = document.implementation.createDocument("", "", null);
46.      //创建根元素
47.      var rootElem = doc.createElement("userinfo");
48.      //遍历所有数组元素
49.      allUsrInfo.forEach(
50.          function (val, key) {
51.              //创建每个列表中的 detail 元素
52.              var detailElem = doc.createElement("detail");
53.              //遍历每一个对象以创建相应的子元素
54.              for (var i in val) {
55.                  var itemElem = doc.createElement(i);
56.                  itemElem.appendChild(
57.                      doc.createTextNode(val[i])
58.                  );
59.                  detailElem.appendChild(itemElem);
```

```
60.                  }
61.                  rootElem.appendChild(detailElem);
62.              }
63.          );
64.

65.          //将根元素追加到文档
66.          doc.appendChild(rootElem);
67.          //将整个 XML 输出到浏览器的控制台
68.          console.log(doc);
69.      </script>
70.  </head>
71.  <body>
72.  </body>
73.  </html>
```

图 7-30　代码清单 7-15 的运行结果

如代码清单 7-16 所示，我们用 JavaScript 解析了多个用户信息的 XML 字符串，即抽取出了用户信息中的各个元素值，部分运行结果如图 7-31 所示。

代码清单 7-16 parse_multi_user_xml.html

```html
1.  <!DOCTYPE html>
2.  <html lang="zh-CN">
3.  <head>
4.      <meta charset="utf-8">
5.      <title>解析多个用户的 XML</title>
6.      <script>
7.          var xmlStr =
8.              '<?xml version="1.0" encoding="utf-8"?>' +
9.          '<userinfo>'+
10.            '<detail>' +
11.                '<uid>147258369</uid>' +
12.                '<username>小明</username>' +
13.                '<consume>-12.5</consume>' +
14.                '<income>235.6</income>' +
15.                '<registertime>' +
16.                    '2018-06-20 10:00:06' +
17.                '</registertime>' +
18.            '</detail>' +
19.            '<detail>' +
20.                '<uid>137258369</uid>' +
21.                '<username>小红</username>' +
22.                '<consume>-4.3</consume>' +
23.                '<income>5.6</income>' +
24.                '<registertime>' +
25.                    '2018-06-05 10:00:06' +
26.                '</registertime>' +
27.            '</detail>' +
28.            '<detail>' +
29.                '<uid>127258369</uid>' +
30.                '<username>小花</username>' +
31.                '<consume>-2.5</consume>' +
32.                '<income>2.6</income>' +
33.                '<registertime>' +
34.                    '2018-06-20 10:00:06' +
35.                '</registertime>' +
36.            '</detail>' +
37.            '<detail>' +
38.                '<uid>157258369</uid>' +
```

```
39.                '<username>小江</username>' +
40.                '<consume>0</consume>' +
41.                '<income>25.6</income>' +
42.                '<registertime>' +
43.                   '2018-04-20 10:00:06' +
44.                '</registertime>' +
45.             '</detail>' +
46.             '<detail>' +
47.                '<uid>107258369</uid>' +
48.                '<username>小虎</username>' +
49.                '<consume>-22.5</consume>' +
50.                '<income>0</income>' +
51.                '<registertime>' +
52.                   '2018-05-20 10:00:06'+
53.                '</registertime>' +
54.             '</detail>' +
55.          '</userinfo>';
56.       //将 XML 字符串转换为 XML 对象
57.       var doc = (new DOMParser()).parseFromString(xmlStr, 'text/xml');
58.       //得到所有的 detail 列表
59.       var allNode = doc.getElementsByTagName('detail');
60.       //所有标签列表
61.       var allLableNameArr = [
62.          'uid',
63.          'username',
64.          'consume',
65.          'income',
66.          'registertime'
67.       ];
68.       for (var i = 0; i < allNode.length; i++) {
69.          allLableNameArr.forEach(function ($val, $key) {
70.             console.log(
71.                allNode[i].getElementsByTagName($val)[0].textContent
72.             );
73.          });
74.       }
75.    </script>
76. </head>
77. <body>
78. </body>
79. </html>
```

图 7-31 代码清单 7-16 的运行结果

7.4.4 JSON 基础知识

JSON 是 ECMA-262 第 3 个版本的一个子集，而 ECMA-262 又是 JavaScript 等客户端脚本的标准，所以用 JSON 表示数据的方法和 JavaScript 的差不多，这也导致了 JavaScript 很容易就可以生成并解析 JSON 数据。和 XML 一样，用 JSON 表示数据时，很多内容都需要自己定义。

各大浏览器对于 JSON 的显示都没有作任何处理，为了美化 JSON 的显示，我们可以打开 Chrome 网上应用商店安装一个关于 JSON 格式化显示的插件：JSON Viewer，如图 7-32 所示。如果无法访问网上应用商店，你可以搜索一下谷歌访问助手。将 JSON Viewer 安装好之后，就能够在浏览器中看到非常漂亮的 JSON 数据了。

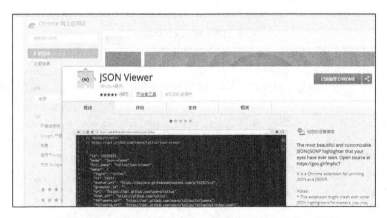

图 7-32 Chrome 网上应用商店之 JSON Viewer 插件扩展

和 7.4.1 节一样，我们在本节中将用 JSON 来表示一个用户信息和多个用户信息，看看 JSON 的表示和 XML 的表示有什么差别。

> **注意**
>
> 虽然 JSON 表示数据的语法和 JavaScript 的差不多，但是它独立于 JavaScript。换句话说，不仅 JavaScript 可以使用 JSON，PHP、Python、Java、C#等语言都是可以使用的，并且这些语言都提供了生成和解析 JSON 的函数或方法。

如代码清单 7-17 所示，我们用 JSON 将一个用户信息表示出来了，代码清单 7-17 的运行结果如图 7-33 所示。

代码清单 7-17　one_user.json

```
{
    "uid" : 147258369,
    "username" : "小明",
    "consume" : -12.5,
    "income" : 235.6,
    "registertime" : "2018-06-20 10:00:06"
}
```

```
← C  ① www.myself.personsite/one_user.json

1    // 20180708141820
2    // http://www.myself.com/one_user.json
3
4  ▼ {
5        "uid": 147258369,
6        "username": "小明",
7        "consume": -12.5,
8        "income": 235.6,
9        "registertime": "2018-06-20 10:00:06"
10   }
```

图 7-33　代码清单 7-17 的运行结果

如代码清单 7-18 所示，我们用 JSON 将多个用户信息表示出来了，部分运行结果如图 7-34 所示。

代码清单 7-18   multi_user.json

```
1.  [
2.    {
3.      "uid" : 147258369,
4.      "username" : "小明",
5.      "consume" : -12.5,
6.      "income" : 235.6,
7.      "registertime" : "2018-06-20 10:00:06"
8.    },
9.    {
10.     "uid" : 137258369,
11.     "username" : "小红",
12.     "consume" : -4.3,
13.     "income" : 5.6,
14.     "registertime" : "2018-06-05 10:00:06"
15.   },
16.   {
17.     "uid" : 127258369,
18.     "username" : "小花",
19.     "consume" : 2.5,
20.     "income" : 2.6,
21.     "registertime" : "2018-06-20 10:00:06"
22.   },
23.   {
24.     "uid" : 157258369,
25.     "username" : "小江",
26.     "consume" : 0,
27.     "income" : 25.6,
28.     "registertime" : "2018-04-20 10:00:06"
29.   },
30.   {
31.     "uid" : 107258369,
32.     "username" : "小虎",
33.     "consume" : -22.5,
34.     "income" : 0,
35.     "registertime" : "2018-05-20 10:00:06"
36.   }
37. ]
```

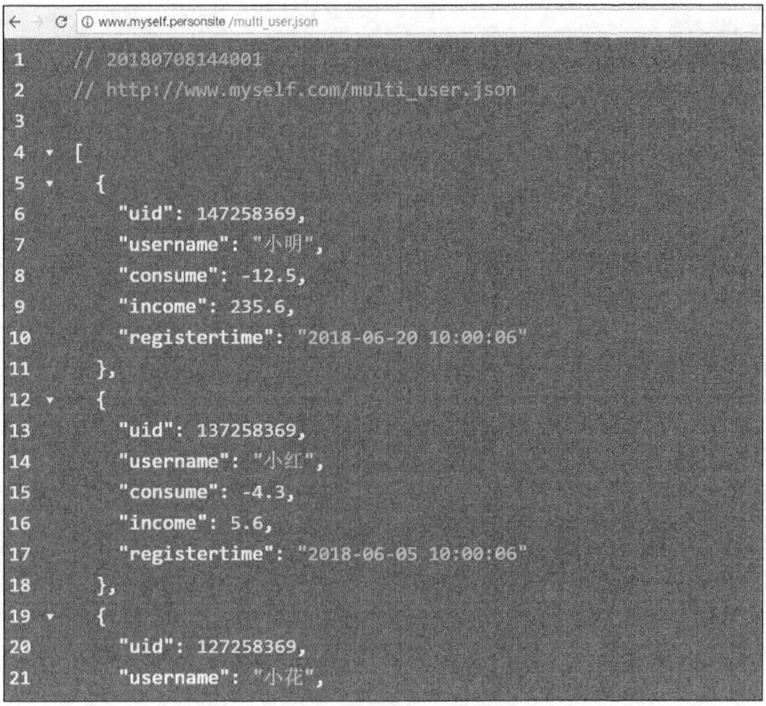

图 7-34　代码清单 7-18 的运行结果

7.4.5　用 PHP 生成和解析 JSON

在 7.4.4 节中，我们已经实现了用 JSON 来表示一个用户和多个用户的信息的功能。当我们通过 PHP 接口将 JSON 数据返回给前端的时候，其实就是在生成 JSON；当前端将 JSON 数据传递给 PHP 时，其实就是在解析 JSON。下面我们就来学习一下怎么用 PHP 生成并解析 JSON。

如代码清单 7-19 所示，我们用 PHP 生成了一个用户信息的 JSON。其中起作用的是 PHP 内置函数 json_encode，该函数的作用是将各种 PHP 数据转换为符合 JSON 规范的字符串，JSON_UNESCAPED_UNICODE 表示对多字节字符串不进行编码，原样输出。

代码清单 7-19　generate_one_user_json.php

```php
1.  <?php
2.  /**
3.   * 调用 header 函数，输出一个响应头
4.   * 告诉浏览器这是一个 XML
5.   */
6.  header("Content-type:application/json;charset=utf-8");
```

```
7.  $oneUser = [
8.      'uid' => 147258369,
9.      'username' => '小明',
10.     'consume' => -12.5,
11.     'income' => 235.6,
12.     'registertime' => '2018-06-20 10:00:06'
13. ];
14. //将数组转换为以 JSON 编码的字符串
15. echo json_encode($oneUser, JSON_UNESCAPED_UNICODE);
```

如代码清单 7-20 所示，我们用 PHP 生成了多个用户的 JSON。需要注意一点的是，因为多个用户的 JSON 格式对应于 JavaScript 中的对象数组，所以$multiUserArr 数组的 key 必须从 0 开始。

代码清单 7-20 generate_multi_user_json.php

```
1.  <?php
2.  /**
3.   * 调用 header 函数，输出一个响应头
4.   * 告诉浏览器这是一个 XML
5.   */
6.  header("Content-type:application/json;charset=utf-8");
7.  //将多个用户数据存储在数组中
8.  $multiUserArr = [
9.      [
10.         'uid' => 147258369,
11.         'username' => '小明',
12.         'consume' => -12.5,
13.         'income' => 235.6,
14.         'registertime' => '2018-06-20 10:00:06'
15.     ],
16.     [
17.         'uid' => 137258369,
18.         'username' => '小红',
19.         'consume' => -4.3,
20.         'income' => 5.6,
21.         'registertime' => '2018-06-05 10:00:06'
22.     ],
23.     [
24.         'uid' => 127258369,
25.         'username' => '小花',
26.         'consume' => -2.5,
27.         'income' => 2.6,
```

```
28.            'registertime' => '2018-06-20 10:00:06'
29.        ],
30.        [
31.            'uid' => 157258369,
32.            'username' => '小江',
33.            'consume' => 0,
34.            'income' => 25.6,
35.            'registertime' => '2018-04-20 10:00:06'
36.        ],
37.        [
38.            'uid' => 107258369,
39.            'username' => '小虎',
40.            'consume' => -22.5,
41.            'income' => 0,
42.            'registertime' => '2018-05-20 10:00:06'
43.        ]
44.    ];
45.    //将数组转换为以 JSON 编码的字符串
46.    echo json_encode($multiUserArr, JSON_UNESCAPED_UNICODE);
```

如代码清单 7-21 所示，我们用内置函数 json_decode 轻易地就将 JSON 字符串转换为数组了。对于有多个用户的 JSON 字符串，同样是利用该函数，这里就不再赘述了。

代码清单 7-21　parse_one_user_json.php

```php
1.  <?php
2.  $jsonStr = <<<JSON
3.  {
4.      "uid" : 147258369,
5.      "username" : "小明",
6.      "consume" : -12.5,
7.      "income" : 235.6,
8.      "registertime" : "2018-06-20 10:00:06"
9.  }
10. JSON;
11. /**
12.  * json_decode 函数:
13.  * 将 JSON 字符串转换为数组或对象，如果第二个参数为 true，则是数组
14.  */
15. print_r(json_decode($jsonStr, true, 512, JSON_UNESCAPED_UNICODE));
```

7.4.6　用 JavaScript 生成和解析 JSON

在 7.4.5 节中，我们已经讲解了 PHP 生成和解析 JSON 的方式，但是交换数据是双方

的，即 PHP 将 JSON 数据传递给 JavaScript 的时候，JavaScript 需要解析这个 JSON；反之，JavaScript 需要生成 JSON 然后将其传递给 PHP。下面我们就来学习一下怎么用 JavaScript 生成并解析 JSON。

如代码清单 7-22 所示，我们用 JavaScript 生成了一个用户信息的 JSON，其中 JSON.stringify 函数起到了关键作用。

代码清单 7-22　generate_one_user_json.html

```html
1.  <!DOCTYPE html>
2.  <html lang="zh-CN">
3.  <head>
4.      <meta charset="utf-8">
5.      <title>生成一个用户的 JSON</title>
6.      <script>
7.          //将用户信息放在对象中
8.          var oneUserObj = {
9.              "UID" : 147258369,
10.             "username" : "小明",
11.             "consume" : -12.5,
12.             "income" : 235.6,
13.             "registertime" : "2018-06-20 10:00:06"
14.         };
15.         /**
16.          * 将对象转换为 JSON 字符串
17.          * 并且输出到网页文档中
18.          */
19.         document.write(JSON.stringify(oneUserObj));
20.     </script>
21. </head>
22. <body>
23. </body>
24. </html>
```

如代码清单 7-23 所示，我们还是利用 JSON.stringify 函数来生成多个用户信息的 JSON 字符串。

代码清单 7-23　generate_multi_user_json.html

```html
1.  <!DOCTYPE html>
2.  <html lang="zh-CN">
3.  <head>
4.      <meta charset="utf-8">
5.      <title>生成多个用户的 JSON</title>
```

```
6.    <script>
7.        //将用户信息放在对象中
8.        var multiUserObj = [
9.            {
10.                   "uid" : 147258369,
11.                   "username" : "小明",
12.                   "consume" : -12.5,
13.                   "income" : 235.6,
14.                   "registertime" : "2018-06-20 10:00:06"
15.            },
16.            {
17.                   "uid" : 137258369,
18.                   "username" : "小红",
19.                   "consume" : -4.3,
20.                   "income" : 5.6,
21.                   "registertime" : "2018-06-05 10:00:06"
22.            },
23.            {
24.                   "uid" : 127258369,
25.                   "username" : "小花",
26.                   "consume" : 2.5,
27.                   "income" : 2.6,
28.                   "registertime" : "2018-06-20 10:00:06"
29.            },
30.            {
31.                   "uid" : 157258369,
32.                   "username" : "小江",
33.                   "consume" : 0,
34.                   "income" : 25.6,
35.                   "registertime" : "2018-04-20 10:00:06"
36.            },
37.            {
38.                   "uid" : 107258369,
39.                   "username" : "小虎",
40.                   "consume" : -22.5,
41.                   "income" : 0,
42.                   "registertime" : "2018-05-20 10:00:06"
43.            }
44.        ];
45.        /**
46.         * 将对象转换为 JSON 字符串
47.         * 并且输出到网页文档中
48.         */
49.        document.write(JSON.stringify(multiUserObj));
50.    </script>
```

```
51. </head>
52. <body>
53. </body>
54. </html>
```

如代码清单 7-24 所示，我们利用 JSON.parse 将一个用户信息的 JSON 字符串转换为
JavaScript 对象，从而方便地获取其数据以进行各种处理。对于多个用户的 JSON 字符串也
是一样，这里就不进行赘述了。

代码清单 7-24　parse_one_user_json.html

```
1.  <!DOCTYPE html>
2.  <html lang="zh-CN">
3.  <head>
4.     <meta charset="utf-8">
5.     <title>生成一个用户的 JSON</title>
6.     <script>
7.        //一个用户的 JSON 字符串
8.        var oneUserJsonStr = '{' +
9.           '"uid" : 147258369,' +
10.          '"username" : "小明",' +
11.          '"consume" : -12.5,' +
12.          '"income" : 235.6,' +
13.          '"registertime" : "2018-06-20 10:00:06"' +
14.       '}';
15.       /**
16.        * 将 JSON 字符串转换为 JavaScript 对象
17.        */
18.       var jsonObj = JSON.parse(oneUserJsonStr);
19.       console.log(jsonObj);
20.       //输出里面的 UID 值
21.       alert(jsonObj.uid)
22.    </script>
23. </head>
24. <body>
25. </body>
26. </html>
```

提示

经过 XML 和 JSON 的学习，我们发现不管是 PHP 还是
JavaScript 都能够很轻易地生成和解析 JSON。反之，
处理 XML 却异常麻烦，所以在 Web 编程中，JSON 的
应用范围不断壮大，而 XML 的应用范围却不断缩小。

7.4.7 第一个分离模式例子

经过前面的学习，我们已经具备实现前后端分离的能力了。下面就来完成一个分离的例子。

如代码清单 7-25 所示，我们在 HTML 里面调用 jQuery 来实现 AJAX 请求，将请求的数据进行循环遍历以组成 HTML 字符串并追加到表格后面。代码的运行结果如图 7-35 所示。

代码清单 7-25   separate.html

```
1.   <!DOCTYPE html>
2.   <html lang="zh-CN">
3.   <head>
4.       <meta charset="utf-8">
5.       <title>前后端分离例子</title>
6.       <style>
7.           table,
8.           th,
9.           td {
10.              border: 1px solid #ddd;
11.          }
12.      </style>
13.      <!--引入 JavaScript 框架，调用封装好的 AJAX 方法-->
14.      <script src="http://code.jquery.com/jquery-3.3.1.min.js"></script>
15.      <script>
16.          $(function () {
17.              var dataStr = '';
18.              //通过 AJAX 请求 PHP 脚本以获取数据
19.              $.getJSON('generate_multi_user_json.php', function(rdata) {
20.                  //对获取的数据进行轮询遍历
21.                  $.each(rdata, function (index, val) {
22.                      dataStr += '<tr><td>' + val.uid + '</td>';
23.                      dataStr += '<td>' + val.username + '</td>';
24.                      dataStr += '<td>' + val.consume + '</td>';
25.                      dataStr += '<td>' + val.income + '</td>';
26.                      dataStr += '<td>' + val.registertime + '</td></tr>';
27.                  });
28.                  //将生成的字符串追加到表格中
29.                  $("#datalist").append(dataStr);
30.              })
31.          })
```

```
32.        </script>
33.    </head>
34.    <body>
35.        <table id="datalist">
36.          <tr>
37.              <th>用户编号</th>
38.              <th>用户名</th>
39.              <th>总支出</th>
40.              <th>总收入</th>
41.              <th>注册时间</th>
42.          </tr>
43.        </table>
44.    </body>
45.    </html>
```

用户编号	用户名	总支出	总收入	注册时间
147258369	小明	-12.5	235.6	2018-06-20 10:00:06
137258369	小红	-4.3	5.6	2018-06-05 10:00:06
127258369	小花	-2.5	2.6	2018-06-20 10:00:06
157258369	小江	0	25.6	2018-04-20 10:00:06
107258369	小虎	-22.5	0	2018-05-20 10:00:06

图 7-35 代码清单 7-25 的运行结果

如代码清单 7-25 所示,我们发现 PHP 和 HTML 彻底分离了,在 HTML 代码里面已经完全看不到 PHP 的身影了,而这一切的功劳应该归功于 AJAX。

AJAX 就是不用跳转页面或者刷新浏览器就能够实现请求的一种技术。利用 AJAX 我们能够实现很多非常棒的功能。

◆ 用户注册的时候,如果手机号已经注册了,系统会直接提示该手机号已经注册了,而不需要再单击“注册”按钮发送请求到服务端去判断。

◆ 每隔一段时间请求服务端会获取到消息,然后消息会以弹出框的形式被显示给用户看,让用户第一时间知道发生了什么事情。

◆ 每隔几秒将股票的信息动态更新到折线图上，让用户能够一眼看到股票的变化情况。

7.5 习题

作业 1：第一个 MVC 例子非常重要。在今后的项目开发中，PHP 程序员经常会做很多后台管理系统，而这些系统就是基于 MVC 模式进行开发的，反复练习第一个 MVC 例子。

作业 2：Laravel 框架的安装及环境搭建是一个 PHP 程序员必知必会的。今后如果你进入互联网公司后，会发现大部分项目都是基于框架来开发的，所以会安装框架及配置框架是很有必要的。

第 8 章
实现记账网站应用

在第 7 章中我们已经实现了第一个 MVC 例子，有了这个实现基础，我们现在可以完成记账网站的所有功能了。由于记账网站的功能众多，本章仅仅选择以下几个典型的功能进行实现。

◆ 用户注册。

◆ 用户登录。

◆ 用户添加记账记录。

◆ 用户查看个人记账历史记录。

◆ 用户公开记账记录。

◆ 系统查看所有记账记录。

◆ 系统查看所有注册用户。

记账网站应用的很多功能必须登录之后才能够使用，为了保存用户的登录数据，我们需要了解 Session 和 Cookie 的相关知识。

> **提示**
> 本章涉及 HTML 和 CSS 知识，所以对这两部分知识不了解的读者可以先自学。对于 HTML，重点看表格和表单；对于 CSS，重点看选择器和基础的属性。

8.1　开发环境约定

为了实现这个记账网站应用，现在作表 8-1 所示的约定。

表 8-1 URL、控制器、处理方法等约定

功能	请求 URL	处理控制器	处理方法
注册	显示页面：http://project.myself.personsite/reg 处理注册：http://project.myself.personsite/reg/action	Pc/Register Controller.php	index action
登录	显示页面：http://project.myself.personsite/login 处理登录：http://project.myself.personsite/login/ action	Pc/Login Controller.php	index action
添加记账记录	显示页面：http://project.myself.personsite/user/bill/add 处理添加：http://project.myself.personsite/user/bill/add/ action	Pc/UserBill Controller.php	add addAction
用户查看记账记录	显示页面：http://project.myself.personsite/user/bill/list	Pc/UserBill Controller.php	dataList
用户公开记账记录	处理公开：http://project.myself. personsite/user/bill/publish	Pc/UserBill Controller.php	publish
系统查看所有记账记录	显示页面：http://project.myself.personsite/admin/view/all/bill	Pc/Admin Controller.php	viewAllBill
系统查看所有注册用户	显示页面：http://project.myself.personsite/admin/view/all/user	Pc/Admin Controller.php	viewAllUser

超级管理员用户信息约定：用户名为 admin，密码为 123456。系统查看所有的记账记录和注册用户的意思就是超级管理员能够查看所有的记账记录和注册用户。

如表 8-1 所示，我们已经将每个功能对应的请求 URL、处理控制器和处理方法都进行了约定。依据这个约定，我们应该先创建一个目录，然后在该目录下建 4 个控制器，目录结构如图 8-1 所示，控制器代码框架分别如代码清单 8-1～代码清单 8-4 所示。同时我们还需要完善路由文件 web.php，让其支持各个请求 URL，完善之后的路由文件如代码清单 8-5 所示。

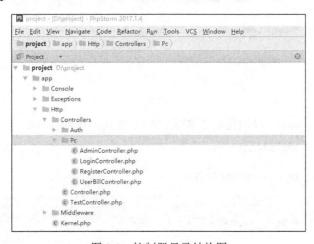

图 8-1 控制器目录结构图

如代码清单 8-1 所示，我们已经将注册的控制器代码框架搭建好了，并且在 index 方法中指明了视图文件为 register.blade.php。

代码清单 8-1　RegisterController.php

```php
1.  <?php
2.  namespace App\Http\Controllers\Pc;
3.
4.  use App\Http\Controllers\Controller;
5.  use Illuminate\Http\Request;
6.  use Illuminate\Support\Facades\DB;
7.
8.  /**
9.   * 用户注册相关控制器
10.  * Class RegisterController
11.  * @package App\Http\Controllers
12.  */
13. class RegisterController extends Controller
14. {
15.     /**
16.      * 显示注册页面
17.      */
18.     public function index(Request $request)
19.     {
20.         return view('Pc/register');
21.     }
22.
23.     /**
24.      * 当用户单击“注册”按钮之后的逻辑
25.      */
26.     public function action(Request $request)
27.     {
28.
29.     }
30. }
```

如代码清单 8-2 所示，我们已经将登录的控制器代码框架搭建好了，并且在 index 方法中指明了视图文件为 login.blade.php。

代码清单 8-2　LoginController.php

```php
1.  <?php
2.  namespace App\Http\Controllers\Pc;
3.
4.  use App\Http\Controllers\Controller;
```

```
5.  use Illuminate\Http\Request;
6.  use Illuminate\Support\Facades\DB;
7.
8.  /**
9.   * 登录相关的控制器
10.  * Class LoginController
11.  * @package App\Http\Controllers\Pc
12.  */
13. class LoginController extends Controller
14. {
15.     /**
16.      * 显示登录页面
17.      */
18.     public function index(Request $request)
19.     {
20.         return view('Pc/login');
21.     }
22.
23.     /**
24.      * 当用户单击 "登录" 按钮之后的逻辑
25.      */
26.     public function action(Request $request)
27.     {
28.
29.     }
30. }
```

如代码清单 8-3 所示，我们已经将用户记账的控制器代码框架搭建好了，并且在 add 和 dataList 方法中指明了视图文件为 user_bill_add.blade.php 和 user_bill_list.blade.php。

代码清单 8-3　UserBillController.php

```
1.  <?php
2.  namespace App\Http\Controllers\Pc;
3.
4.  use App\Http\Controllers\Controller;
5.  use Illuminate\Http\Request;
6.  use Illuminate\Support\Facades\DB;
7.
8.  /**
9.   * 用户记账相关的控制器
10.  * Class UserBillController
11.  * @package App\Http\Controllers\Pc
12.  */
13. class UserBillController extends Controller
```

```
14. {
15.     /**
16.      * 显示添加记账记录页面
17.      */
18.     public function add(Request $request)
19.     {
20.         return view('Pc/user_bill_add');
21.     }
22.
23.     /**
24.      * 当用户单击"添加记账"按钮之后的逻辑
25.      */
26.     public function addAction(Request $request)
27.     {
28.
29.     }
30.
31.     /**
32.      * 用户查看自己的历史记账记录
33.      */
34.     public function dataList(Request $request)
35.     {
36.         return view('Pc/user_bill_list');
37.     }
38.
39.     /**
40.      * 用户公开某条记账记录
41.      */
42.     public function publish(Request $request)
43.     {
44.
45.     }
46. }
```

如代码清单 8-4 所示，我们已经将超级管理员的控制器代码框架搭建好了，并且在 viewAllbill 和 viewAllUser 方法中指明了视图文件为 all_bill.blade.php 和 all_user.blade.php。

代码清单 8-4　AdminController.php

```
1.  <?php
2.  namespace App\Http\Controllers\Pc;
3.
4.  use App\Http\Controllers\Controller;
```

```
5.   use Illuminate\Http\Request;
6.   use Illuminate\Support\Facades\DB;
7.
8.   /**
9.    * 管理员相关控制器
10.   * Class AdminController
11.   * @package App\Http\Controllers\Pc
12.   */
13.  class AdminController extends Controller
14.  {
15.      /**
16.       * 显示所有记账记录
17.       */
18.      public function viewAllBill(Request $request)
19.      {
20.          return view('Pc/all_bill');
21.      }
22.
23.      /**
24.       * 显示所有注册用户
25.       */
26.      public function viewAllUser(Request $request)
27.      {
28.          return view('Pc/all_user');
29.      }
30.  }
```

如代码清单 8-1～8-5 所示，所有的请求 URL 及对应的控制器方法都已经定义好了。剩下的事情就是完善代码框架逻辑和视图文件了，此刻整个视图目录结构如图 8-2 所示。

代码清单 8-5　web.php

```
1.   <?php
2.
3.   /*
4.   |--------------------------------------------------------------------
5.   | Web Routes
6.   |--------------------------------------------------------------------
7.   |
8.   | Here is where you can register web routes for your application. These
9.   | routes are loaded by the RouteServiceProvider within a group which
10.  | contains the "web" middleware group. Now create something great!
11.  |
12.  */
```

```
13.
14. Route::get('/', function () {
15.     return view('welcome');
16. });
17.
18. //这是添加的路由
19. Route::get('/view/all/user', 'TestController@viewAllUser');
20.
21. /**
22.  * 注册和登录处理
23.  */
24. Route::get('/reg', 'Pc\RegisterController@index');
25. Route::post('/reg/action', 'Pc\RegisterController@action');
26. Route::get('/login', 'Pc\LoginController@index');
27. Route::get('/login/action', 'Pc\LoginController@action');
28. /**
29.  * 用户添加记账记录
30.  * 用户查看自己的记账记录
31.  * 用户公开某条记账记录
32.  */
33. Route::get('/user/bill/add', 'Pc\UserBillController@add');
34. Route::post('/user/bill/add/action', 'Pc\UserBillController@addAction');
35. Route::get('/user/bill/list', 'Pc\UserBillController@dataList');
36. Route::get('/usr/bill/publish', 'Pc\UserBillController@publish');
37. /**
38.  * 显示所有记账记录和用户
39.  */
40. Route::get('/admin/view/all/bill', 'Pc\AdminController@viewAllBill');
41. Route::get('/admin/view/all/user', 'Pc\AdminController@viewAllUser');
```

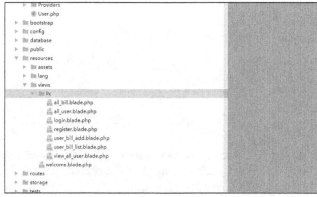

图 8-2　视图目录结构图

8.2 理不清的 Session 与 Cookie

Session 是什么？Cookie 又是什么？为什么 Session 和 Cookie 合作能够完成用户登录的验证？Session 和 Cookie 之间有什么关系？用 Laravel 框架怎么实现关于 Session 的配置和操作？本节为你一一解答。

8.2.1　一个简单而内涵丰富的例子

在 D:\site 目录下面，新建两个 PHP 文件：set_test.php 和 get_test.php，如代码清单 8-6 和代码清单 8-7 所示。

代码清单 8-6　set_test.php

```
1.  <?php
2.  //定义一个将被传递到其他 PHP 脚本中的变量
3.  $setStr = '将被传递到其他 PHP 脚本';
4.  echo $setStr;
```

代码清单 8-7　get_test.php

```
1.  <?php
2.  //输出 set_test.php 文件中定义的变量
3.  echo $setStr;
```

在代码清单 8-6 中，我们定义了一个变量并赋予给它一个初值。在代码清单 8-7 中，我们试图访问代码清单 8-6 中定义的变量。打开浏览器访问两个 PHP 文件，代码清单 8-6 的运行结果如图 8-3 所示，代码清单 8-7 的运行结果如图 8-4 所示。

图 8-3　代码清单 8-6 的运行结果

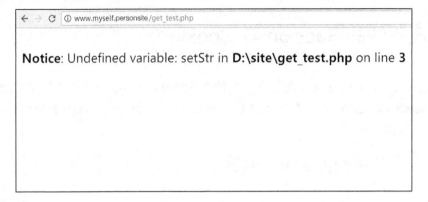

图 8-4 代码清单 8-7 的运行结果

通过对比，我们发现代码清单 8-6 成功输出了变量的值，而代码清单 8-7 却报错了，报错原因就是没有定义变量 sctStr，也就是说我们在代码清单 8-7 中是不能够直接获取代码清单 8-6 中定义的变量的。

8.2.2　两个请求之间怎么传递数据

现在将代码清单 8-6 和代码清单 8-7 进行二次加工，继续在 D:\site 目录下面新建两个 PHP 文件：set_deep_test.php 和 get_deep_test.php，如代码清单 8-8 和代码清单 8-9 所示。

代码清单 8-8　set_deep_test.php

```php
1.  <?php
2.  //获取用户提交的用户名和密码，然后查询用户数据表
3.  $dsn = 'mysql:dbname=bill;host=127.0.0.1;charset=utf8';
4.  $user = 'root';
5.  $password = '123456';
6.  $dbh = new PDO($dsn, $user, $password);
7.  $querySql = <<<SQL
8.  SELECT
9.     `uid`,
10.    `username`,
11.    `register_time`
12. FROM
13.    `user_info`
14. WHERE
15.    `username` = ?
16. AND
17.    `password` = ?
```

```
18.    LIMIT
19.      1
20.    SQL;
21.    $pdoStateObj = $dbh->prepare($querySql);
22.    //获取用户提交的用户名和密码
23.    $pdoStateObj->execute(array($_GET['username'], md5($_GET['password'])));
24.    $queryResult = $pdoStateObj->fetch(PDO::FETCH_ASSOC);
25.    //从数据表查询结果得到用户编号和用户名
26.    $uid = $queryResult['uid'];
27.    $userName = $queryResult['username'];
28.    $registerTime = $queryResult['register_time'];
29.    //分别输出 3 个变量到浏览器
30.    echo $uid . PHP_EOL;
31.    echo $userName . PHP_EOL;
32.    echo $registerTime;
```

如代码清单 8-8 所示，我们用 GET 请求方式实现了一个简单的登录逻辑处理。浏览器访问 view-source:http://www.myself.personsite/set_deep_test.php?username=xiaoming&password=123456，运行结果如图 8-5 所示。

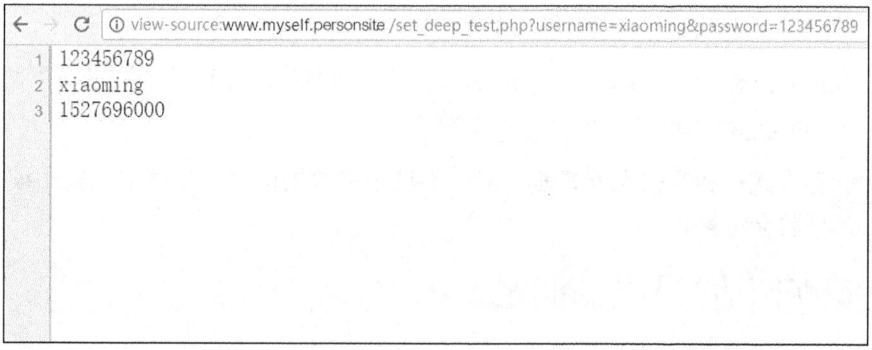

图 8-5　代码清单 8-8 的运行结果

代码清单 8-9　get_deep_test.php

```
1.  <?php
2.  /**
3.   *  通过检测 set_deep_test.php 文件中的变量，判断用户是否登录
4.   */
5.  if (empty($uid)) {
6.      //如果用户没有登录，重定向到网站主页
7.      header('Location: http://www.ptpress.com.cn');
8.      //因为虽然页面重定向了，但是后面的代码还会执行，所以需要用 exit 执行退出
9.      exit;
```

```
10. } else {
11.     echo '登录成功';
12. }
```

仔细分析代码清单 8-8 和代码清单 8-9，我们会得到以下信息。

◆　代码清单 8-8 是一个处理登录逻辑的 PHP 文件。

◆　代码清单 8-9 是一个登录之后才能够使用的页面。

如果现在能够实现在代码清单 8-9 中获取代码清单 8-8 定义的变量，那么关于登录验证的需求自然就解决了。

经过上面的分析，我们发现只要在两个请求之间能够传递数据，就能够完成登录验证的需求。目前常用下面 4 种方法来传递数据。

◆　Get 请求：比如采用 http://www.myself.personsite/get_deep_test.php?uid=xxxx，这样就能够在 get_deep_test.php 里面通过$_GET 获取 UID 请求参数值了。

◆　文件方式：即在 set_deep_test.php 文件中将数据存储在某个文件中，然后在 get_deep_test.php 中读取这个文件的数据。

◆　数据表方式：即在 set_deep_test.php 文件中将数据保存在某个数据表里面，然后在 get_deep_test.php 文件中读取这个数据表。

◆　缓存方式：和数据表方式差不多，不过是将数据保存在缓存中，关于缓存的知识后面将会讲解。

8.2.3　记账网站引入的新问题

在 8.2.2 节中我们讲解了 4 种传递数据的方法。回到记账网站，我们发现有两个问题还需要解决，一个是需要验证登录的请求太多，远远超过两个请求，即需要在更多请求之间传递数据；另一个是记账网站不是给一个用户使用的，而是给很多用户使用的。

对于第一个问题——需要在很多请求之间传递数据，如果采用 Get 请求方式的话，因为需要在很多个 URL 上添加传递的数据，这样势必会导致 URL 变得很复杂，所以这种方式被排除。

为了解决第二个问题，我们需要为存储的数据增加一个身份证，这样才能够知道它是谁的数据。

增加身份证之后，虽然能够满足基于文件、数据表和缓存的方式，但是又引入了另一个问题，就是这个身份证怎么传递给另一个请求呢？另一个请求对应的 PHP 文件需要获取这个身份证才能够读取里面的数据。到这里，似乎问题陷入了死循环。

8.2.4　Cookie 相关知识

打开 PHP 参考手册，找到 setcookie 函数，如图 8-6 所示。

```
bool setcookie ( string $name [, string $value = "" [,
int $expire = 0 [, string $path = "" [, string $domain
= "" [, bool $secure = FALSE [, bool $httponly = FALSE
]]]]]] )

setcookie() defines a cookie to be sent along with the rest of the
HTTP headers. Like other headers, cookies must be sent before
```

图 8-6　PHP 参考手册中的 setcookie 函数

该函数的作用就是定义一个 Cookie 数据并将其增加到 HTTP 响应头中以传递到用户代理（如浏览器），下面来分析该函数的每个参数。

◆ name 表示 Cookie 的名称。

◆ value 表示 Cookie 的值。

◆ expire 表示 Cookie 的过期时间，如果浏览器发现 Cookie 过期了，就不会再将其发送到服务端了。

◆ path。当用户通过浏览器访问服务端的路径与 path 所指的路径相同时，浏览器才会将 Cookie 发送到服务端，这样服务端才可以用$_COOKIE 来获取该 Cookie 值。

◆ domain。当用户访问的域名与 domain 所指的域名相同时，浏览器才会将这个 Cookie 发送到服务端，默认是目前请求的域名。

◆ secure 仅针对 HTTPS 使用。

◆ httponly。如果将其设置为 true，表示 JavaScript 不能够访问该 Cookie。

为了实践这个函数，我们在 D:\site 目录下面新建 2 个 PHP 文件：set_cookie.php（如代码清单 8-10 所示）和 get_cookie.php（如代码清单 8-11 所示）。

代码清单 8-10　set_cookie.php

```
1.  <?php
2.  //设置 Cookie 存储天数为 30 天
3.  $storeDays = time() + 60 * 60 * 24 * 30;
4.  //将用户编号存储到 Cookie 中
5.  setcookie('uid', 123456789, $storeDays);
6.  //将用户名存储到 Cookie 中
7.  setcookie('userName', 'xiaoming', $storeDays);
8.  //将注册时间存储到 Cookie 中
9.  setcookie('registerTime', 1527696000, $storeDays);
```

代码清单 8-11　get_cookie.php

```
1.  <?php
2.  /**
3.   * 输出所有从浏览器端传递过来的 Cookie 数据
4.   */
5.  print_r($_COOKIE);
```

如代码清单 8-10 所示，我们将用户编号 UID、用户名 userName 和注册时间 registerTime 都存储到 Cookie 中。现在打开浏览器开发者工具观察请求头（Request Header）和响应头（Response Header），然后访问 http://www.myself.personsite/set_cookie.php，运行结果如图 8-7 所示。

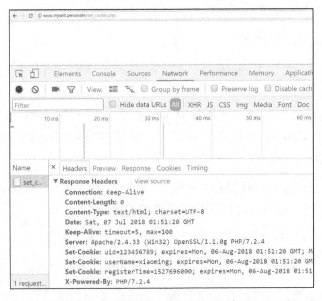

图 8-7　代码清单 8-10 的运行结果

如图 8-7 所示，我们发现在响应头中有 3 个 Set-Cookie 头。它们的作用就是告诉浏览器你需要将这几个 Cookie 数据存储起来。

如图 8-8 所示，我们能够清楚地通过浏览器开发者工具看到具体的 Cookie 数据，包括名称、值、域、路径和过期时间。

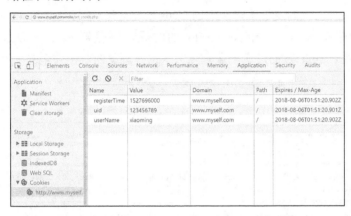

图 8-8　存储在 Chrome 浏览器中的 Cookie 数据

除此之外，我们还能够通过 X-Powered-By 响应头知道 PHP 的版本是 7.2.4，通过 Server 响应头知道 Apache 的版本是 2.4.33。

继续打开浏览器开发者工具观察请求头（Request Header）和响应头（Response Header），然后开始访问 http://www.myself.personsite/get_cookie.php，运行结果如图 8-9 所示。

图 8-9　代码清单 8-11 的运行结果

如图 8-9 所示，我们发现在请求头中有一个 Cookie 头，而这个头的作用就是将浏览器中存储的、域是 www.myselfe.personsite 的、没有过期的 Cookie 数据传递到服务端。为了深刻理解什么是域，下面继续进行实践。看看访问百度官网时，程序会不会将这些 Cookie 数据传递给百度的服务器。

如图 8-10 所示，我们发现请求头中的 Cookie 头没有 UID、userName 和 registerTime。仅在用户访问域名 www.myself.personsite 的时候，浏览器才会将 UID、userName 和 registerTime 这些 Cookie 数据发送到服务端，这也是浏览器对于安全的一种考虑。

图 8-10　访问百度时的请求头

通过对代码清单 8-10 和代码清单 8-11 的运行和分析，我们发现可以利用 Cookie 来实现多个请求之间数据的传递，同时还知道，Cookie 数据是存储在浏览器端的。

8.2.5　Session 相关知识

经过前面的学习，我们已经可以自行实现登录验证了。但是"聪明"的 PHP 肯定没有这么"笨"，它早就将一切规划好了，我们仅调用几个内置的函数就能够完成之前所有的一切。

如代码清单 8-12 所示，我们试图将一个数组数据保存到 Session 中，然后打开浏览器开发者工具，开始访问 http://www.myself.personsite/set_session.php。

代码清单 8-12　set_session.php

```php
1.  <?php
2.  /**
3.   * session_start 函数:
```

```
4.     * 只有调用了这个函数，程序才会进行保存或者读取数据的操作
5.     */
6.   session_start();
7.   $saveArr = [
8.     'uid' => 56678923,
9.     'userName' => 'test',
10.     'registerTime' => time(),
11.     'userType' => '管理员'
12.   ];
13.   //将一个数组保存进去
14.   $_SESSION['userInfo'] = $saveArr;
```

如图 8-11 所示，我们能够看到响应头中也有一个 Set-Cookie 头，只不过 Cookie 的名称是 PHPSESSID，而对应的值是一个看不懂的数据。

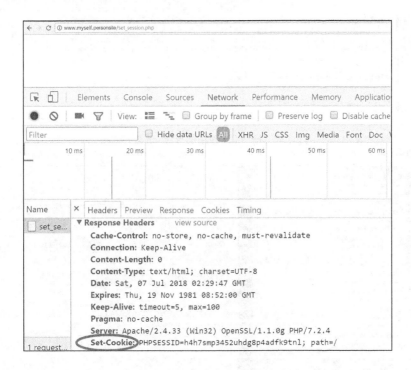

图 8-11　代码清单 8-12 的运行结果

通过观察代码清单 8-12 和图 8-11，我们产生了很多的疑问。

◆　数组数据被保存到哪里了？

◆　为什么 Cookie 的名称为 PHPSESSID？

◆ 为什么 Cookie 的值是一系列的字母数字，它的真正意义是什么？

为了解开这一系列的疑问，我们用 Notepad++打开 D:\software\XAMPP\php 目录下面的 php.ini 文件，同时也打开 PHP 参考手册的 Session 配置部分，如图 8-12 和图 8-13 所示。

```
[Session]
; Handler used to store/retrieve data.
; http://php.net/session.save-handler
session.save_handler=files

; Argument passed to save_handler.  In the case of files, this is the path
; where data files are stored. Note: Windows users have to change this
; variable in order to use PHP's session functions.
;
; The path can be defined as:
;
;     session.save_path = "N;/path"
;
; where N is an integer.  Instead of storing all the session files in
; /path, what this will do is use subdirectories N-levels deep, and
; store the session data in those directories.  This is useful if
; your OS has problems with many files in one directory, and is
; a more efficient layout for servers that handle many sessions.
;
; NOTE 1: PHP will not create this directory structure automatically.
;         You can use the script in the ext/session dir for that purpose.
; NOTE 2: See the section on garbage collection below if you choose to
;         use subdirectories for session storage
;
; The file storage module creates files using mode 600 by default.
; You can change that by using
;
;     session.save_path = "N;MODE;/path"
;
```

图 8-12　php.ini 文件中的 Session 配置部分

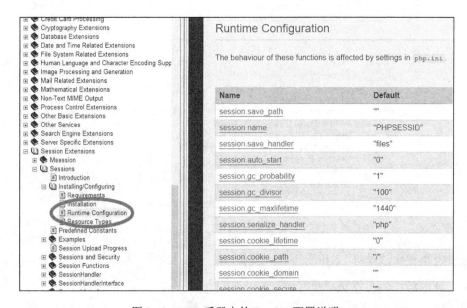

图 8-13　PHP 手册中的 Session 配置说明

在 PHP 参考手册中，我们看到了很多 Session 配置选项，而 php.ini 文件中的 Session 部分的配置正是这些选项。下面来解释一些常用的配置选项。

◆ session_name：用于设置 Cookie 的名称，默认是 PHPSESSID，这也就解释了为什么 Cookie 的值是 PHPSESSID 了。

◆ session.save_handler：表示 Session 存储的方式，默认是 files，即将 Session 的数据存储在文件中；session.save_path 配置选项指定了存储数据的路径，所以我们可以在这个路径下面找到保存的 Session 数据。图 8-14 所示的就是本机的存储数据目录结构。

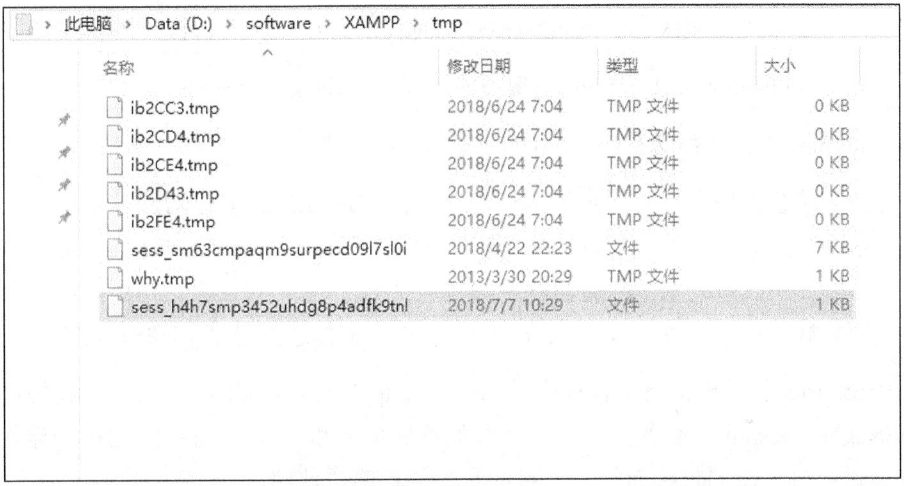

图 8-14 Session 数据存储目录结构

从图 8-14 我们可以看到，有一个名字和 Cookie 值相似的文件，只不过它增加了一个 sess_，这也就说明了 Cookie 值的作用了。

打开 sess_h4h7smp3452uhdg8p4adfk9tnl 文件，看看里面的内容是不是我们存储的数据，结果如图 8-15 所示。

如图 8-15 所示，我们可以看到，虽然里面存储的数据有我们存储进去的数据，但是也有其他的数据。之所以这样，是因为我们无法直接将数组存储到文件中，必须对数组进行序列化之后才可以。采用什么算法对数组进行系列化，取决于配置选项 session.serialize_handler。

关于 Session 的配置选项还有很多，PHP 也提供了很多内置函数来处理 Session，我们在 PHP 代码中可以直接用 print_r 或 var_dump 来输出全局变量$_SESSION 的数据结构。

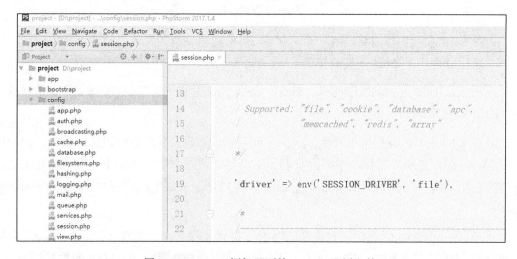

```
1   userInfo|a:4:{s:3:"uid";i:
    56678923;s:8:"userName";s:4:
    "test";s:12:"registerTime";i:
    1530930587;s:8:"userType";s:9
    :"管理员";}
```

图 8-15   sess_h4h7smp3452uhdg8p4adfk9tnl 文件的内容

关于 Session 的基础知识已经介绍得差不多了，下面来总结一下。

◆   Session 数据是存储在服务端的。

◆   服务端会为每个访问用户生成一个唯一的 PHPSESSID 值对应的文件，然后将数据保存到这个文件中，同时将 PHPSESSID 值作为 Cookie 传递到浏览器。这样对于之后的其他请求，浏览器就能够将这个 Cookie 传递回来，从而能够找到文件中的数据。换句话说，Session 借助了 Cookie 来传递身份证 PHPSESSID。

在 PhpStorm 中打开 config 目录中的 session.php 文件，如图 8-16 所示。我们可以看到 Laravel 框架中 Session 的配置。切记，这些配置还是要和 PHP 手册中的配置一样，只不过 Laravel 会进行进一步的封装而已，其目的是方便程序员使用。

图 8-16   Laravel 框架里面的 Session 配置文件

如图 8-16 所示，我们发现 Laravel 框架已经实现了将 Session 数据存储到 file（文件）、Cookie、数据库、缓存等地方的功能。

8.3　实现注册

实现注册分为两部分，一部分是提供注册页面给用户以填写注册信息，另一部分就是对用户填写的注册信息进行处理。从 8.1 节的开发环境的约定得知，我们需要实现注册控制器 RegisterController.php 中的 index 和 action 方法。

8.3.1　显示注册页面

打开用户数据表，我们发现注册的时候仅仅需要填写用户名和密码、然后再次填写密码就可以了，这里之所以需要再次填写密码是因为用户看不到填写的密码，所以需要再次填写密码来进行验证。为了完成显示注册页面的逻辑，我们需要依次执行以下操作。

（1）在视图目录中新建一个公共视图文件 common.blade.php，该文件用于引入一些公共的 HTML 结构、CSS、JavaScript 文件等，具体代码如代码清单 8-13 所示。

（2）打开注册视图文件 register.blade.php，然后加入注册页面的 HTML 结构，如代码清单 8-14 所示。

（3）由于注册视图文件只有 HTML，所以显示效果非常丑，于是我们利用 CSS 对其进行一些简单的美化。在 public/css 目录下面新建一个 bill.css 文件，然后写上关于注册页面的 CSS 代码，如代码清单 8-15 所示。

（4）打开浏览器访问 http://project.myself.personsite/reg，运行结果如图 8-17 所示。

（5）完成注册页面的显示。

代码清单 8-13　common.blade.php

```
1.   <!DOCTYPE html>
2.   <html lang="zh-CN">
3.   <head>
4.       <meta charset="UTF-8">
5.       <!--这里的 title 将在继承页面中进行赋予-->
6.       <title>记账网站应用——@yield('title')</title>
7.       <!--引入 CSS 样式表-->
8.       <link rel="stylesheet" href="{{URL::asset('css/bill.css')}}">
9.   </head>
```

```
10.  <body>
11.     <div>
12.         <!--这里的内容将在继承页面中进行赋予-->
13.         @yield('content')
14.     </div>
15.  </body>
16.  </html>
```

利用公共视图文件是为了避免在每个视图文件中重复同样的 HTML 代码。读者可以通过后面的一系列视图文件慢慢体会。

如代码清单 8-14 所示，我们已经将注册视图文件 HTML 结构完成了，并且还发现，由于继承了公共视图文件，所以不用再写 HTML 和 title 等元素。

代码清单 8-14　register.blade.php

```
1.   <!--继承公共视图文件-->
2.   @extends('Pc.common')
3.     <!--赋予页面新的标题-->
4.   @section('title', '用户注册')
5.     <!--将公共视图文件中的 content 部分替换为下面的 HTML 代码-->
6.   @section('content')
7.   <form action="/reg/action" method="post">
8.     <ul id="reg_login_form_list">
9.        <li>
10.           <input type="text" name="uname" placeholder="用户名">
11.        </li>
12.        <li>
13.           <input type="password" name="pass" placeholder="登录密码">
14.        </li>
15.        <li>
16.           <input type="password" name="confirm" placeholder="确认密码">
17.        </li>
18.        <li>
19.           <!--
20.               Laravel 框架为 POST 请求提供了
21.               跨站请求伪造（CSRF）攻击的简单方法
22.               所以对于 POST 请求，必须调用 csrf_field
23.           -->
24.           {{csrf_field()}}
25.           <button type="submit">注册</button>
26.        </li>
27.     </ul>
```

```
28. </form>
29. @endsection
```

如代码清单 8-15 所示，我们将注册部分的 CSS 代码也完成了。

代码清单 8-15　bill.css

```
html,
body {
    background-color: #1c7430;
    color: white;
}
ul,
ol {
    list-style: none;
    margin: 0;
    padding: 0;
}
#reg_login_form_list {
    background-color: white;
    position: absolute;
    width: 360px;
    height: 280px;
    left: 50%;
    top: 50%;
    margin-left: -180px;
    margin-top: -140px;
    border: 1px solid white;
    padding: 32px;
}
li {
    border: 1px solid #666;
    height: 32px;
    margin: 16px 0;
}
li:last-child {
    border: none;
}
/**
针对所有 input 类型表单进行设置
 */
input {
    display: block;
    width: 100%;
```

```
    border: none;
    height: 30px;
    outline: none;
    line-height: 32px;
}
/**
仅仅针对提交按钮进行 CSS 样式设置
 */
input[type='submit'] {
    background-color: #1c7430;
    color: white;
    cursor: pointer;
    height: 36px;
    line-height: 36px;
}
```

运行代码清单 8-15，其结果如图 8-17 所示。

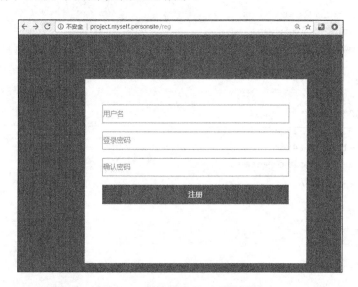

图 8-17　最终的注册页面效果图

8.3.2　处理用户注册

如图 8-17 所示，我们已经将注册页面显示出来了。当用户单击注册的时候，浏览器就会提交注册信息到 URL http://project.myself.personsite/reg/action 进行处理，而这个 URL 对应于 RegisterController.php 的 action 方法。本节就来实现 action 方法，将注册信息保存到用户数据表是该方法的具体实现，如代码清单 8-16 所示。

代码清单 8-16　RegisterController.php

```php
1.  <?php
2.  namespace App\Http\Controllers\Pc;
3.
4.  use App\Http\Controllers\Controller;
5.  use Illuminate\Http\Request;
6.  use Illuminate\Support\Facades\DB;
7.
8.  /**
9.   * 用户注册相关控制器
10.  * Class RegisterController
11.  * @package App\Http\Controllers
12.  */
13. class RegisterController extends Controller
14. {
15.     /**
16.      * 显示注册页面
17.      */
18.     public function index(Request $request)
19.     {
20.         return view('Pc/register');
21.     }
22.
23.     /**
24.      * 当用户单击注册之后的逻辑
25.      */
26.     public function action(Request $request)
27.     {
28.         /**
29.          * 将返回信息放入一个数组里中
30.          */
31.         $retMessage = [
32.             '用户名、密码和确认密码必须填写',
33.             '两次输入密码不一样',
34.             '该用户名已经被注册',
35.             '注册成功'
36.         ];
37.         //判断用户名、密码、确认密码是否都已填写
38.         if (
39.             empty($request->input('uname')) ||
40.             empty($request->input('pass')) ||
41.             empty($request->input('confirm'))
```

```
42.        ) return $retMessage[0];
43.
44.        //将两个密码小写
45.        $pass = strtolower($request->input('pass'));
46.        $confirm = strtolower($request->input('confirm'));
47.        //判断两次密码是否一样
48.        if ($pass != $confirm) return $retMessage[1];
49.
50.        //开始事务
51.        DB::beginTransaction();
52.        //查询用户名是否已经被注册
53.        $checkUser = DB::table('user_info')
54.            ->where('username', '=', $request->input('uname'))
55.            ->first();
56.        if (!empty($checkUser)) {
57.            //回滚事务
58.            DB::rollBack();
59.            return $retMessage[2];
60.        }
61.
62.        //生成用户 UID
63.        $uid = mt_rand(100000, 999999);
64.        while (
65.            !empty(
66.                DB::table('user_info')
67.                    ->where('uid', '=', $uid)
68.                    ->first()
69.            )
70.        ) $uid = mt_rand(100000, 999999);
71.
72.        //将用户插入到数据表中
73.        DB::table('user_info')->insert(
74.            [
75.                'uid' => $uid,
76.                'username' => $request->input('uname'),
77.                'password' => md5($pass),
78.                'register_time' => time()
79.            ]
80.        );
81.        //提交事务
82.        DB::commit();
83.        return $retMessage[3];
84.    }
85. }
```

8.4 实现登录

和注册一样，实现登录也分为两部分，一部分是提供登录页面给用户以进行登录信息填写，另一部分就是对用户填写的登录信息进行处理。从 8.1 节的开发环境约定得知，我们需要实现登录控制器 LoginController.php 中的 index 和 action 方法。

8.4.1 显示登录页面

依据需求，登录仅填写用户名和密码就可以了。为了完成显示登录页面的逻辑，我们需要依次执行以下操作。

（1）打开登录视图文件 login.blade.php，然后写入登录页面的 HTML 结构，如代码清单 8-17 所示。

（2）打开浏览器访问 http://project.myself.personsite/login，运行结果如图 8-18 所示。

（3）完成登录页面的显示。

代码清单 8-17　login.blade.php

```
1.    <!--继承公共视图文件-->
2.    @extends('Pc.common')
3.        <!--赋予页面新的标题-->
4.    @section('title', '用户登录')
5.        <!--将公共视图文件中的 content 部分替换为下面的 HTML 代码-->
6.    @section('content')
7.    <form action="/login/action" method="post">
8.        <ul id="reg_login_form_list">
9.            <li>
10.               <input type="text" name="uname" placeholder="用户名">
11.           </li>
12.           <li>
13.               <input type="password" name="pass" placeholder="登录密码">
14.           </li>
15.           <li>
16.               <!--
17.                   Laravel 框架为 POST 请求提供了
18.                   跨站请求伪造（CSRF）攻击的简单方法
19.                   所以对于 POST 请求，必须调用 csrf_field
20.               -->
```

```
21.              {{csrf_field()}}
22.              <input type="submit" value="登录">
23.          </li>
24.      </ul>
25.  </form>
26. @endsection
```

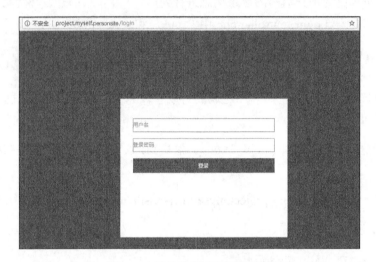

图 8-18　最终的登录页面效果图

8.4.2　处理用户登录

如图 8-18 所示，我们已经将登录页面显示出来了。当用户单击登录的时候，浏览器就会提交登录信息到 URL：http://project.myself.personsite/login/action 进行处理，而这个 URL 对应于 LoginController.php 的 action 方法。本节就来实现 action 方法以完成用户登录，该方法的具体实现如代码清单 8-18 所示。

代码清单 8-18　LoginController.php

```
1.  <?php
2.  namespace App\Http\Controllers\Pc;
3.
4.  use App\Http\Controllers\Controller;
5.  use GuzzleHttp\Psr7\Response;
6.  use Illuminate\Http\Request;
7.  use Illuminate\Support\Facades\DB;
8.
9.  /**
```

```php
10.    * 登录相关的控制器
11.    * Class LoginController
12.    * @package App\Http\Controllers\Pc
13.    */
14.   class LoginController extends Controller
15.   {
16.       /**
17.        * 显示登录页面
18.        */
19.       public function index(Request $request)
20.       {
21.           return view('Pc/login');
22.       }
23.
24.       /**
25.        * 当用户单击登录之后的逻辑
26.        */
27.       public function action(Request $request)
28.       {
29.           /**
30.            * 将返回信息放入一个数组中
31.            */
32.           $retMessage = [
33.               '用户名和密码必须填写',
34.               '错误的用户名和密码'
35.           ];
36.
37.           //保存到 Session 的数据及结构
38.           $sessionDataArr = [
39.               'uid' => 0,
40.               'uname' => 'admin',
41.               'utype' => 1 //1 为超级管理员，2 为普通用户
42.           ];
43.
44.           //检查用户名和密码是否已填写
45.           if (
46.               empty($request->input('uname')) ||
47.               empty($request->input('pass'))
48.           ) return $retMessage[0];
49.
50.           if (
51.               $request->input('uname') == 'admin' &&
52.               $request->input('pass') == '123456'
```

```
53.          ) {
54.              //如果是超级管理员
55.              $openUrl = '/admin/view/all/bill';
56.          } else {
57.              //查询用户是否存在
58.              $pass = md5(strtolower($request->input('pass')));
59.              $checkUser = DB::table('user_info')
60.                  ->where(
61.                      [
62.                          ['username', '=', $request->input('uname')],
63.                          ['password', '=', $pass]
64.                      ]
65.                  )->first();
66.              if (empty($checkUser)) return $retMessage[1];
67.              $sessionDataArr['uid'] = $checkUser->uid;
68.              $sessionDataArr['uname'] = $checkUser->username;
69.              $sessionDataArr['utype'] = 2;
70.              $openUrl = '/user/bill/list';
71.          }
72.          //保存数据到 Session
73.          $request->session()->put('uinfo', $sessionDataArr);
74.          /**
75.           * 登录成功之后，浏览器将打开
76.           * 超级管理员页面
77.           * 或者用户中心页面
78.           */
79.          return redirect($openUrl);
80.      }
81. }
```

8.5   Laravel 中间件

到现在为止，我们已经将注册和登录的所有逻辑都实现了，剩下的其他功能都需要判断用户是否已登录。对于超级管理员的功能，还需要判断目前登录用户是否是超级管理员。为了解决这两个判断，我们引入 Laravel 的中间件。

由于创建中间件的操作都是一样的，本节仅仅实现第一个判断，即用户是否已登录。

如代码清单 8-18 所示，在用户登录成功之后，程序便将一些用户信息及用户类型保存到了 Session 中，所以判断用户是否登录其实就是检查这个 Session 是否存在。为了完成这个判断，我们需要进行以下操作。

（1）打开命令提示符窗口，进入到 D:\project 目录，如图 8-19 所示。

（2）执行命令 php artisan make:middleware CheckLogin 以创建一个名称为 CheckLogin 的中间件，如图 8-19 所示。

```
C:\Users\max>
C:\Users\max>
C:\Users\max>
C:\Users\max>
C:\Users\max>cd /d D:\project

D:\project>php artisan make:middleware CheckLogin
Middleware created successfully.

D:\project>
```

图 8-19　创建中间件

（3）在 PhpStorm 中打开 D:\project 目录，并且展开中间件部分，如图 8-20 所示。

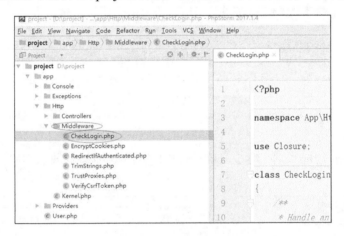

图 8-20　找到创建的中间件

（4）实现中间件 CheckLogin，如代码清单 8-19 所示。

代码清单 8-19　CheckLogin.php

```php
1.  <?php
2.
3.  namespace App\Http\Middleware;
4.
5.  use Closure;
6.
7.  class CheckLogin
```

```
8.  {
9.      /**
10.      * Handle an incoming request.
11.      *
12.      * @param  \Illuminate\Http\Request  $request
13.      * @param  \Closure  $next
14.      * @return mixed
15.      */
16.     public function handle($request, Closure $next)
17.     {
18.         $userInfo = $request->session()->get('uinfo');
19.         if (!is_array($userInfo) || empty ($userInfo['uid'])) {
20.             //如果用户没有登录，就重定向到首页
21.             return redirect('http://www.myself.personsite');
22.         }
23.         /**
24.          * 将读取的 Session 保存到请求参数中，
25.          * 方便控制器直接读取
26.          */
27.         $request->offsetSet('uname', $userInfo['uname']);
28.         $request->offsetSet('uid', $userInfo['uid']);
29.         $request->offsetSet('utype', $userInfo['utype']);
30.         return $next($request);
31.     }
32. }
```

（5）打开 Kernel.php 文件，将 CheckLogin 中间件注册到路由，即仅对路由有效，如图 8-21
所示。

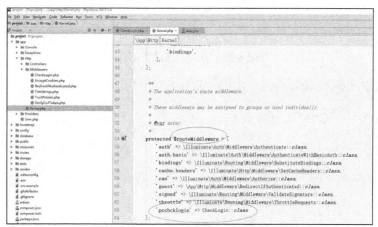

图 8-21　注册中间件到路由

（6）打开 web.php 文件进行完善，为所有登录的路由条目添加中间件，如代码清单 8-20 所示。

代码清单 8-20　web.php

```php
1.  <?php
2.
3.  /*
4.  |--------------------------------------------------------------------
5.  | Web Routes
6.  |--------------------------------------------------------------------
7.  |
8.  | Here is where you can register web routes for your application. These
9.  | routes are loaded by the RouteServiceProvider within a group which
10. | contains the "web" middleware group. Now create something great!
11. |
12. */
13.
14. Route::get('/', function () {
15.     return view('welcome');
16. });
17.
18. //这是添加的路由
19. Route::get('/view/all/user', 'TestController@viewAllUser');
20.
21. /**
22.  * 注册和登录处理
23.  */
24. Route::get('/reg', 'Pc\RegisterController@index');
25. Route::post('/reg/action', 'Pc\RegisterController@action');
26. Route::get('/login', 'Pc\LoginController@index');
27. Route::post('/login/action', 'Pc\LoginController@action');
28. /**
29.  * 用户添加记账记录
30.  * 用户查看自己的记账记录
31.  * 用户公开某条记账记录
32.  */
33. Route::get(
34.     '/user/bill/add',
35.     'Pc\UserBillController@add'
36. )->middleware('pcchcklogin');
37. Route::post(
38.     '/user/bill/add/action',
39.     'Pc\UserBillController@addAction'
```

```
40. )->middleware('pcchcklogin');
41. Route::get(
42.     '/user/bill/list',
43.     'Pc\UserBillController@dataList'
44. )->middleware('pcchcklogin');
45. Route::get(
46.     '/usr/bill/publish',
47.     'Pc\UserBillController@publish'
48. )->middleware('pcchcklogin');
49. /**
50.  * 显示所有记账记录和用户
51.  */
52. Route::get(
53.     '/admin/view/all/bill',
54.     'Pc\AdminController@viewAllBill'
55. )->middleware('pcchcklogin');
56. Route::get(
57.     '/admin/view/all/user',
58.     'Pc\AdminController@viewAllUser'
59. )->middleware('pcchcklogin');
```

（7）完成登录判断。

8.6　实现其他功能

由于普通登录用户和超级管理员的功能一样，都是显示页面、处理用户提交的信息，所以这里就不一一详细讲解了。完整的控制器和视图文件内容分别如代码清单 8-21～代码清单 8-29 所示。

代码清单 8-21　UserBillController.php

```php
1.  <?php
2.  namespace App\Http\Controllers\Pc;
3.
4.  use App\Http\Controllers\Controller;
5.  use Illuminate\Http\Request;
6.  use Illuminate\Support\Facades\DB;
7.
8.  /**
9.   * 用户记账相关的控制器
10.  * Class UserBillController
11.  * @package App\Http\Controllers\Pc
```

```
12.   */
13.   class UserBillController extends Controller
14.   {
15.       /**
16.        * 显示添加记账记录页面
17.        */
18.       public function add(Request $request)
19.       {
20.           return view('Pc/user_bill_add', [
21.               'uname' => $request->input('uname'),
22.               'vtype' => 'add'
23.           ]);
24.       }
25.
26.       /**
27.        * 当用户单击添加记账之后的逻辑
28.        */
29.       public function addAction(Request $request)
30.       {
31.           //判断用户名、密码是否正确，确认密码已填写
32.           if (
33.               empty($request->input('money')) ||
34.               !is_numeric($request->input('money'))
35.           ) return '请填写正确的金额';
36.
37.           DB::beginTransaction();
38.           //修改该用户的总收入和总支出金额
39.           if ($request->input('money') > 0) {
40.               DB::table('user_info')
41.                   ->where('uid', '=', $request->input('uid'))
42.                   ->increment('income', $request->input('money'));
43.           } else {
44.               DB::table('user_info')
45.                   ->where('uid', '=', $request->input('uid'))
46.                   ->increment('consume', abs($request->input('money')));
47.           }
48.           //向数据表插入记账
49.           DB::table('bill_info')->insert(
50.               [
51.                   'add_time' => time(),
52.                   'money' => $request->input('money'),
53.                   'remark' => $request->input('remark', '未填写'),
54.                   'status' => $request->input('status'),
```

```
55.                            'relate_uid' => $request->input('uid')
56.                        ]
57.                    );
58.                    DB::commit();
59.                    //重定向到历史记录列表
60.                    return redirect('/user/bill/list');
61.            }
62.
63.            /**
64.             * 用户查看自己的历史记账记录
65.             */
66.            public function dataList(Request $request)
67.            {
68.                    $queryResult = DB::table('bill_info')
69.                        ->where('relate_uid', '=', $request->input('uid'))
70.                        ->orderByDesc('add_time')
71.                        ->paginate(10);
72.                    return view('Pc/user_bill_list', [
73.                        'viewData' => $queryResult,
74.                        'uname' => $request->input('uname'),
75.                        'vtype' => 'history'
76.                    ]);
77.            }
78.
79.            /**
80.             * 用户公开某条记账记录
81.             */
82.            public function publish(Request $request)
83.            {
84.                    $retMessage = [
85.                        '请提供正确的记账记录编号',
86.                        '公开成功'
87.                    ];
88.                    if (
89.                        empty($request->input('id')) ||
90.                        !ctype_digit($request->input('id'))
91.                    ) return $retMessage[0];
92.                    //修改该记录的公开状态
93.                    DB::table('bill_info')->where(
94.                        [
95.                            ['bid', '=', $request->input('id')],
96.                            ['relate_uid', '=', $request->input('uid')]
97.                        ]
```

```
98.          )->update(
99.             [
100.                'status' => 1
101.            ]
102.         );
103.         return $retMessage[1];
104.     }
105. }
```

代码清单 8-22 user_center_common.blade.php

```
1.  <!DOCTYPE html>
2.  <html lang="zh-CN">
3.  <head>
4.      <meta charset="UTF-8">
5.      <!--这里的 title 将在继承页面中进行赋予-->
6.      <title>记账网站应用——@yield('title')</title>
7.      <!--引入 CSS 样式表-->
8.      <link rel="stylesheet" href="{{URL::asset('css/center_bill.css')}}">
9.  </head>
10. <body>
11. <div id="center_content">
12.     <div id="center_left">
13.         <p>您好: {{$uname}}</p>
14.         <ul>
15.             <li>
16.                 <a href="/user/bill/list"
17.                     @if ($vtype == 'history')
18.                     style="color: blue;"
19.                     @endif
20.                 >历史记账记录</a>
21.             </li>
22.             <li>
23.                 <a href="/user/bill/add"
24.                     @if ($vtype == 'add')
25.                     style="color: blue;"
26.                     @endif>添加记账记录</a>
27.             </li>
28.         </ul>
29.     </div>
30.     <div id="center_right">
31.         <div>
32.             <!--这里的内容将在继承页面中进行赋予-->
```

```
33.            @yield('content')
34.         </div>
35.      </div>
36.   </div>
37.   </body>
38.  </html>
```

代码清单 8-23　center_bill.css

```
1.  * {
2.      margin: 0;
3.      padding: 0;
4.  }
5.  html,
6.  body {
7.      height: 100%;
8.  }
9.  input,
10. textarea {
11.      font-size: 16px;
12. }
13. ul,
14. ol {
15.      list-style: none;
16. }
17. #center_content {
18.      height: 100%;
19. }
20. #center_left {
21.      height: 100%;
22.      background-color: #1c7430;
23.      width: 210px;
24.      float: left;
25. }
26. #center_left p {
27.      color: white;
28.      text-align: center;
29.      margin-top: 64px;
30. }
31. #center_right {
32.      float: left;
33.      height: 100%;
34.      min-width: 920px;
```

```
35. }
36. #center_right > div {
37.     padding: 32px;
38. }
39. #center_right li {
40.     margin: 16px;
41. }
42. #center_left li {
43.     margin: 16px;
44.     margin-right: 0;
45. }
46. #center_left a {
47.     display: block;
48.     height: 48px;
49.     line-height: 48px;
50.     color: black;
51.     text-align: center;
52.     text-decoration: none;
53.     font-size: 18px;
54.     background-color: white;
55.     border: 1px solid #ddd;
56.     border-right: none;
57. }
58. table {
59.     font-size:12px;
60.     color:#333;
61.     border: 1px solid #666;
62.     border-collapse: collapse;
63. }
64. table th {
65.     padding: 12px 32px;
66.     background-color: #dedede;
67.     border: 1px solid #666;
68. }
69. table td {
70.     padding: 8px;
71.     background-color: #ffffff;
72.     border: 1px solid #666;
73. }
```

代码清单 8-24　user_bill_list.blade.php

```
1.  <!--继承公共视图文件-->
2.  @extends('Pc.user_center_common')
```

```
3.      <!--赋予页面新的标题-->
4.      @section('title', '历史记账记录')
5.      <!--将公共视图文件里面的 content 部分替换为下面的 HTML 代码-->
6.      @section('content')
7.      @if (!empty($viewData))
8.          <table>
9.              <!--表头部分-->
10.             <tr>
11.                 <th>记账时间</th>
12.                 <th>金额</th>
13.                 <th>备注</th>
14.                 <th>是否公开</th>
15.                 <th></th>
16.             </tr>
17.             <!--表数据内容部分-->
18.             @foreach($viewData as $val)
19.                 <tr>
20.                     <td>{{date('Y-m-d H:i:s', $val->add_time)}}</td>
21.                     <td>{{$val->money}}</td>
22.                     <td>{{$val->remark}}</td>
23.                     <td>
24.                         @if ($val->status == 1)
25.                             公开
26.                         @else
27.                             未公开
28.                         @endif
29.                     </td>
30.                     <td>
31.                         @if ($val->status == 2)
32.                             <a href="/usr/bill/publish?id={{$val->bid}}"
33.                               target="_blank">
34.                                 公开
35.                             </a>
36.                         @endif
37.                     </td>
38.                 </tr>
39.             @endforeach
40.         </table>
41.     <!--显示分页-->
42.     {{$viewData->links()}}
43.     @else
44.         <h1>还没有用户注册</h1>
45.     @endif
```

```
46.   @endsection
```

代码清单 8-25　user_bill_add.blade.php

```
1.       <!--继承公共视图文件-->
2.    @extends('Pc.user_center_common')
3.       <!--赋予页面新的标题-->
4.    @section('title', '添加记账记录')
5.       <!--将公共视图文件中的content部分替换为下面的HTML代码-->
6.    @section('content')
7.       <form action="/user/bill/add/action" method="post">
8.          <ul id="reg_login_form_list">
9.             <li>
10.                <input type="text" name="money" placeholder="金额">
11.             </li>
12.             <li>
13.                <textarea name="remark"
14.                          placeholder="备注"
15.                          rows="6"
16.                          cols="48"></textarea>
17.             </li>
18.             <li>
19.                <select name="status" title="">
20.                   <option value="1">公开</option>
21.                   <option value="2">不公开</option>
22.                </select>
23.             </li>
24.             <li>
25.                <!--
26.                   Laravel框架为POST请求提供了
27.                   跨站请求伪造（CSRF）攻击的简单方法，
28.                   所以对于POST请求，必须调用csrf_field
29.                -->
30.                {{csrf_field()}}
31.                <input type="submit" value="保存">
32.             </li>
33.          </ul>
34.       </form>
35.    @endsection
```

如代码清单 8-21～代码清单 8-25 所示，我们将普通登录用户的功能实现了，其效果如图 8-22 和图 8-23 所示。

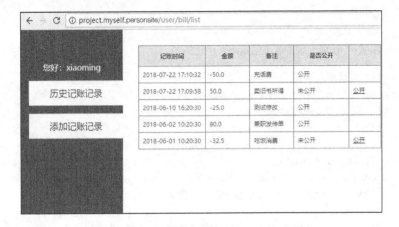

图 8-22　显示登录用户的历史记账记录

图 8-23　登录用户添加记账记录

如代码清单 8-26～代码清单 8-29 所示，我们将超级管理员的功能都实现了，其结果如图 8-24 和图 8-25 所示。

代码清单 8-26　AdminController.php

```php
1.  <?php
2.  namespace App\Http\Controllers\Pc;
3.
4.  use App\Http\Controllers\Controller;
5.  use Illuminate\Http\Request;
6.  use Illuminate\Support\Facades\DB;
7.
8.  /**
9.   * 管理员相关控制器
```

```
10.    * Class AdminController
11.    * @package App\Http\Controllers\Pc
12.    */
13.  class AdminController extends Controller
14.  {
15.      /**
16.       * 显示所有记账记录
17.       */
18.      public function viewAllBill(Request $request)
19.      {
20.          $queryResult = DB::table('bill_info')
21.              ->join('user_info', 'relate_uid', '=', 'uid')
22.              ->orderByDesc('add_time')
23.              ->paginate(10);
24.          return view('Pc/all_bill', [
25.              'viewData' => $queryResult,
26.              'uname' => $request->input('uname'),
27.              'vtype' => 'bill'
28.          ]);
29.      }
30.
31.      /**
32.       * 显示所有注册用户
33.       */
34.      public function viewAllUser(Request $request)
35.      {
36.          $queryResult = DB::table('user_info')
37.              ->orderByDesc('register_time')
38.              ->paginate(10);
39.          return view('Pc/all_user', [
40.              'viewData' => $queryResult,
41.              'uname' => $request->input('uname'),
42.              'vtype' => 'user'
43.          ]);
44.      }
45.  }
```

代码清单 8-27　admin_center_common.blade.php

```
1.  <!DOCTYPE html>
2.  <html lang="zh-CN">
3.  <head>
4.      <meta charset="UTF-8">
5.      <!--这里的 title 将在继承页面中进行赋予-->
```

```
6.        <title>记账网站应用——@yield('title')</title>
7.        <!--引入 CSS 样式表-->
8.        <link rel="stylesheet" href="{{URL::asset('css/center_bill.css')}}">
9.      </head>
10.     <body>
11.       <div id="center_content">
12.         <div id="center_left">
13.           <p>您好: {{$uname}}</p>
14.           <ul>
15.             <li>
16.               <a href="/admin/view/all/user"
17.                 @if ($vtype == 'user')
18.                   style="color: blue;"
19.                 @endif
20.               >所有注册用户</a>
21.             </li>
22.             <li>
23.               <a href="/admin/view/all/bill"
24.                 @if ($vtype == 'bill')
25.                   style="color: blue;"
26.                 @endif>所有记账记录</a>
27.             </li>
28.           </ul>
29.         </div>
30.         <div id="center_right">
31.           <div>
32.             <!--这里的内容将在继承页面中进行赋予-->
33.             @yield('content')
34.           </div>
35.         </div>
36.       </div>
37.     </body>
38.   </html>
```

代码清单 8-28 all_user.blade.php

```
1.  <!--继承公共视图文件-->
2.  @extends('Pc.admin_center_common')
3.    <!--赋予页面新的标题-->
4.  @section('title', '所有注册用户')
5.    <!--将公共视图文件中的 content 部分替换为下面的 HTML 代码-->
6.  @section('content')
7.    @if (!empty($viewData))
8.        <table>
```

```
9.              <!--表头部分-->
10.             <tr>
11.                 <th>用户编号</th>
12.                 <th>用户名</th>
13.                 <th>注册时间</th>
14.                 <th>总支出</th>
15.                 <th>总收入</th>
16.                 <th>积分</th>
17.             </tr>
18.             <!--表的内容部分-->
19.             @foreach($viewData as $val)
20.                 <tr>
21.                     <td>{{$val->uid}}</td>
22.                     <td>{{$val->username}}</td>
23.                     <td>{{date('Y-m-d H:i:s', $val->register_time)}}</td>
24.                     <td>{{$val->consume}}</td>
25.                     <td>{{$val->income}}</td>
26.                     <td>{{$val->integral}}</td>
27.                 </tr>
28.             @endforeach
29.         </table>
30.     <!--显示分页-->
31.         {{$viewData->links()}}
32.     @else
33.         <h1>还没有用户注册</h1>
34.     @endif
35. @endsection
```

代码清单 8-29 all_bill.blade.php

```
1.  <!--继承公共视图文件-->
2.  @extends('Pc.admin_center_common')
3.      <!--赋予页面新的标题-->
4.  @section('title', '所有注册用户')
5.      <!--将公共视图文件中的 content 部分替换为下面的 HTML 代码-->
6.  @section('content')
7.      @if (!empty($viewData))
8.          <table>
9.              <!--表头部分-->
10.             <tr>
11.                 <th>用户编号/用户名</th>
12.                 <th>记账编号</th>
13.                 <th>记账时间</th>
14.                 <th>金额</th>
```

```
15.            <th>备注</th>
16.            <th>是否公开</th>
17.        </tr>
18.        <!--表数据内容部分-->
19.        @foreach($viewData as $val)
20.            <tr>
21.                <td>
22.                    {{$val->uid}}<br>
23.                    {{$val->username}}
24.                </td>
25.                <td>{{$val->bid}}</td>
26.                <td>{{date('Y-m-d H:i:s', $val->add_time)}}</td>
27.                <td>{{$val->money}}</td>
28.                <td>{{$val->remark}}</td>
29.                <td>
30.                    @if ($val->status == 1)
31.                        公开
32.                    @else
33.                        未公开
34.                    @endif
35.                </td>
36.            </tr>
37.        @endforeach
38.        </table>
39.    <!--显示分页-->
40.        {{$viewData->links()}}
41.    @else
42.        <h1>还没有用户注册</h1>
43.    @endif
44. @endsection
```

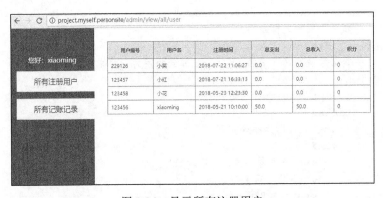

图 8-24　显示所有注册用户

图 8-25　显示所有记账记录

8.7　习题

本章内容非常多，希望你重点掌握以下知识点。

◆　Session 和 Cookie 的原理，彻底掌握它们。

◆　Laravel 中间件的使用，深入理解如何用中间件来完成用户登录验证。

◆　将数据库里的数据和视图文件关联起来的方法。

第 9 章
APP 接口开发

　　随着记账网站的对外开放，注册人数越来越多，现在人们对手机的依赖性也越来越高，就这样，一个新的需求出现在我们面前——制作一款 APP 记账应用。以下是该 APP 一系列可能的需求。

◆ 用户可以在 APP 上使用 PC 账号进行登录。

◆ 用户可以在 APP 上看到自己的个人信息和记账记录历史信息。

◆ 用户可以在 APP 上添加、修改和删除自己的记账记录信息。

◆ 用户可以看到所有的公开记账记录及评论。

◆ 用户可以评论公开记账记录。

◆ 用户可以对公开记账记录及评论进行点赞。

◆ 用户可以分享自己的记账记录到朋友圈或者微博等。

　　面对 APP 接口开发，我们应该准备些什么，是否需要搭建环境，怎么用 PHP 开发，怎么测试 APP 接口，写好 APP 接口后还应该做些什么后续事情？这些将在本章一一为你解答。

9.1　开发环境搭建

　　开发 APP 接口其实就是 PHP 程序员和 Android、iOS 程序员打交道，而 PHP 和 APP 的通信是通过接口进行的，也就是前后端分离，所以在开发接口的时候难免会出现以下场景。

◆ APP 程序员总是说传递给他们的数据不对导致页面显示错误或者 APP 崩溃。

◆ APP 程序员因为某种原因进度很慢，导致你开发完的接口无法及时测试。

◆ 遇到一个接口问题，但是始终不知道什么地方错了，需要将 APP 接口 URL 改到本地开发环境，这样能够更好地测试，从而找到问题所在。

面对这一系列的场景，作为 PHP 程序员的我们，应该怎么办呢？本节就来解决这些场景中的问题。

9.1.1 让手机可以访问本地开发环境

让手机可以访问本地开发环境，从某种程度上来说，就是让手机可以访问我们本地的计算机，即手机通过计算机上网，这样手机就会受到计算机中的 hosts 文件的影响，从而达到访问本地开发环境的目的。

为了让手机通过计算机上网，我们只需要在计算机上安装一个代理软件，请依次执行下面的步骤。

（1）将手机和计算机置于同一个路由器下面，并且手机通过 Wi-Fi 上网，这样做的目的是为了让二者处于同一个 IP 地址网段，保证正常的通信。

（2）打开命令提示符窗口执行命令 ipconfig 查看计算机的 IP 地址，如图 9-1 所示。打开手机无线网络中已连接的网络查看手机的 IP 地址，如图 9-2 和图 9-3 所示，从而确定是否是同一个 IP 地址网段。

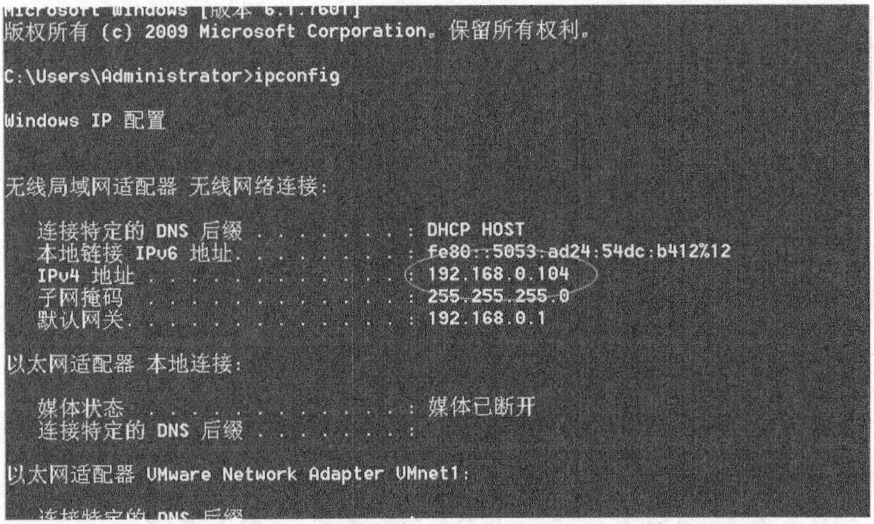

图 9-1　分配给计算机的 IP 地址

图 9-2　手机无线网络列表　　　　　图 9-3　手机已连接无线网络 IP 地址信息

（3）在 D:\software 目录下面新建一个目录 Charles。

（4）下载抓包软件 Charles 的安装包，如图 9-4 所示。

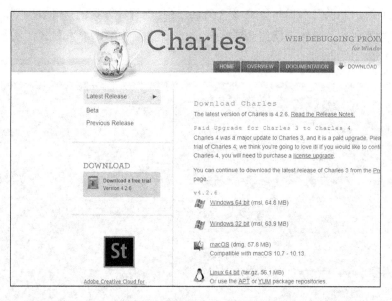

图 9-4　Charles 官方网站

（5）运行下载的安装包进行安装，将其安装在 D:\software\Charles 下。

（6）安装完成并运行 Charles 软件，运行结果如图 9-5 所示。

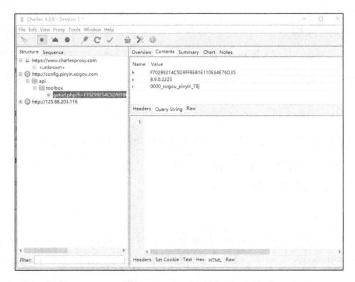

图 9-5　Charles 的运行

（7）打开手机的无线网络，进入到已经连接的网络，开始设置手机的代理，如图 9-6 所示。将服务器设置为你计算机的 IP 地址，端口设置为 8888。

（8）打开手机的浏览器，访问 http://www.myself.personsite/，如果出现图 9-7 所示的结果，说明手机成功通过计算机上网了。

图 9-6　设置手机上网代理

图 9-7　手机上访问本地域名

注意

手机和计算机的 IP 地址尽可能在一个网段，虽然通过其他方式也可以达到不同网段之间可以彼此通信，但这不是我们需要的。

如图 9-1 和图 9-3 所示，我们发现计算机的 IP 地址是 192. 168.0.104，而手机的 IP 地址是 192.168.0.100。这两个 IP 地址都是 C 类私有 IP 地址，并且默认网关都是 192. 168.0.1，说明现在计算机和手机已经处于同一个网段了。

注意

由于每个人的 IP 地址分配不同，有可能你的是 192.168.0.100、192.168.0.33、192.168.1.100 或 192.168.1.33 等，所以这里仅仅需要确定是不是同一个网段就可以了。

如图 9-5 所示，我们发现 Charles 不仅是一个代理工具，还是一个抓包工具。通过它，我们能够清楚地看到目前手机或者计算机正在访问哪些 URL。利用这个功能，我们可以观察每个 APP 接口到底返回了什么数据给 APP，从而快速地测试和解决问题。

注意

由于每个人的手机不同，所以设置手机代理的步骤和图 9-6 会有所区别，不过大部分手机从设置或者长按顶部的 Wi-Fi 图标即可进入。

9.1.2 不用写任何代码来测试 APP 接口

好不容易将接口写好了，而接口又有 GET 和 POST 请求，仅仅用浏览器模拟 POST 请求是非常麻烦的。如果自己编程去测试 POST 请求，那时间成本更高了。为了对 APP 接口进行测试，我们可以安装 Postman 软件，该软件是专为 API 接口而生的，下面是该软件的安装步骤。

（1）打开 Postman 官网下载安装包，如图 9-8 所示。

（2）将下载的安装包进行安装。

（3）安装完成后打开 Postman 运行，运行界面如图 9-9 所示。

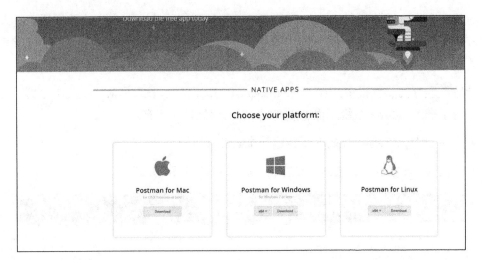

图 9-8　Postman 官方网站

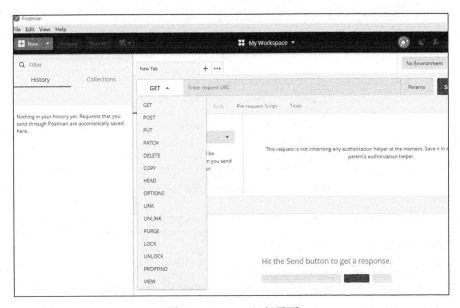

图 9-9　Postman 运行界面

　　如图 9-9 所示，我们可以看到 Postman 支持 GET、POST、PUT、DELETE、HEAD、OPTIONS 等请求方法，所以 Postman 对于 APP 接口的测试完全足够了。

9.1.3　Redis 缓存安装

　　由于 APP 对用户体验的要求比 PC 网站的还要高很多，所以为了提高 APP 接口的性能，很多时候，我们需要将经过多次计算的或一些不常变化的情况下产生的数据缓存起来。这样 APP 下一次请求的时候，就可以直接从缓存里面读数据了，而不用再重复计算或者从数据表等地方读取。这对提高 APP 的响应速度非常有效的。

能够做缓存的软件很多，比如 Memcached、Redis，本书选择 Redis 来作为我们的缓存工具。为了在 Windows 系统下面安装 Redis，需要做以下事情。

◆　在 D 盘 software 目录下面新建一个 redis 目录。

◆　在 Redis 官网下载 Redis 安装包，如图 9-10 所示。

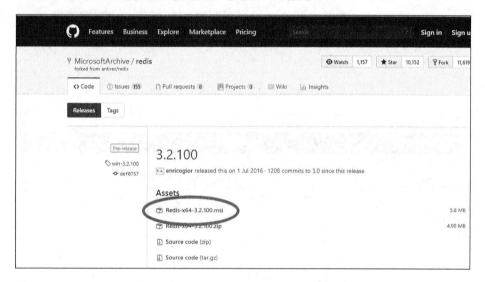

图 9-10　Redis Windows 安装包下载网站

◆　安装下载的安装包，将其安装在 D:\software\redis 下。

◆　在安装过程中，有一个勾选增加环境变量的操作，建议勾选，这样我们就可以在任何目录下使用 Redis 的各种命令行工具了，如图 9-11 所示。

◆　安装完成。

◆　右键单击"我的计算机"，然后选择管理，接着单击"服务和应用程序"，最后双击"服务"，看看有没有 Redis，并且看看是否开启了，如图 9-12 所示。

图 9-11　增加 Redis 安装路径到环境变量

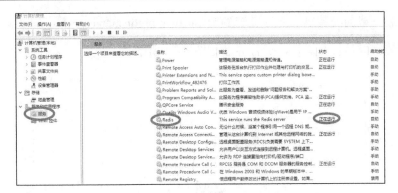

图 9-12 Windows 系统服务列表中的 Redis

◆ 如果服务列表里面有 Redis，并且是运行状态，说明 Redis 服务端已经成功安装了。

9.1.4 Redis 桌面端管理软件安装

在 9.1.3 节中，我们已经安装了 Redis 的服务端，虽然可以将数据存储到 Redis 中，但是有时候，我们或许会想看看存储到 Redis 里面的数据是什么，比如一个紧急的在线 BUG。这个时候我们可以用程序去读取、用 Redis 的命令行工具去读取，但是这些都没有用鼠标操作来得快。

为了可视化管理 Redis，我们需要做以下事情。

◆ 在 D:\software 下面新建一个 redismanager 目录。

◆ 在 Redis 官网下载 Redis Desktop Manager 安装包，如图 9-13 所示。

图 9-13 Redis 桌面端管理软件下载官方网站

- 安装下载的安装包，将其安装到 D:\software\redismanager 下。
- 安装完成后打开运行，运行界面如图 9-14 所示。

图 9-14　Redis 桌面端管理软件运行图

- 连接我们在 9.1.3 节中安装的本地 Redis 服务端，看看是否可以对其进行管理，如图 9-15 和图 9-16 所示。

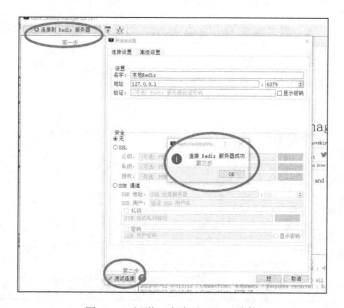

图 9-15　新增一个本地 Redis 连接

图 9-16 连接本地 Redis 服务端成功后

◆ 如图 9-16 所示，我们能够看到连接本地 Redis 服务端成功了，并且其中有 16 个库。我们可以为 PC 网站分配一个库，为 APP 接口分配一个库，让二者缓存的数据互不干扰。

利用这个可视化管理工具，我们可以删除、修改、查询缓存数据。它也能够执行原生的 Redis 命令，并且我们手动的任何操作都有一个面板显示对应的原生命令，总而言之，使用它非常方便。

9.1.5　在 Laravel 中使用 Redis

经过 9.1.3 节的学习，我们已经将 Redis 服务端安装好了；经过 9.1.4 节的学习，我们已经有了一个能够手动操作 Redis 服务端的工具。现在离自动将数据缓存进去还有一步，就是利用 PHP 来将数据保存进去。为此，我们需要依次做以下几件事情。

（1）从命令提示符窗口进入到 D:\project 下面。

（2）执行命令 composer require predis/predis 进行安装，如图 9-17 所示。

（3）查看项目的缓存配置是否正确，如图 9-18 所示。

（4）完成安装。

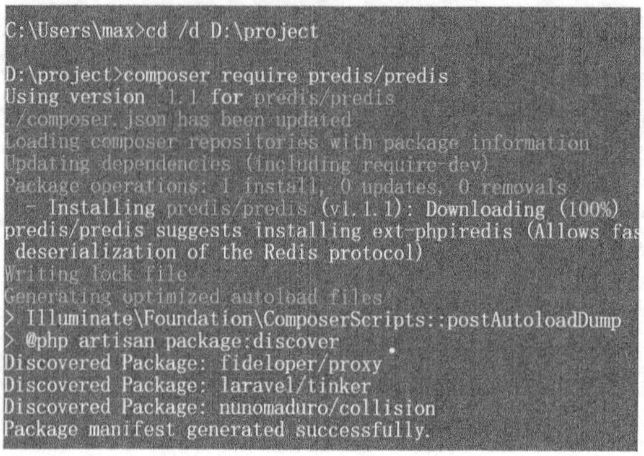

图 9-17 安装 PHP 的 Redis 扩展

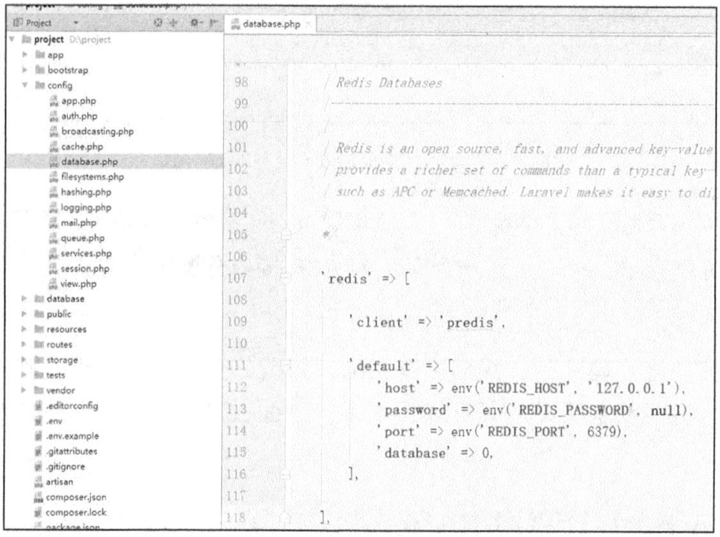

图 9-18 项目中连接 Redis 服务端默认配置

9.2 登录接口实现

在 9.1 节中，我们已经将所有的接口开发环境都搭建好了，接下来我们将用 PC 账号登录 APP 的登录接口，并了解接口的开发流程。

9.2.1 APP 登录状态保存

和 PC 记账网站一样，APP 登录也需要保存登录状态。不同的是，PC 记账网站的所有代码都在服务器上，而 APP 的显示页面是在 APP 端，这也就决定了 APP 登录状态的保存和 PC 端的有些许不同。目前一致公认的 APP 登录状态保存是采用 token 机制。

token 生成常有两种方案，一种是 token->用户信息，另一种是 token 本身就包括用户信息。

9.2.2　开发环境约定

为了方便知识的讲解，现在作表 9-1 所示的约定。

表 9-1　　　　　　　　　　　　URL 控制器和方法等约定

功能	请求 URL	处理控制器	处理方法
APP 登录	http://app.myself.personsite/api/account/login	App/LoginController.php	account

如表 9-1 所示，我们已经将 APP 用户登录功能对应的请求 URL、处理控制器、控制器所在目录和处理方法都进行了约定。依据这个约定，我们应该先创建一个 App 目录，然后在该目录下新建一个控制器 LoginController.php，其目录结构如图 9-19 所示。控制器代码框架如代码清单 9-1 所示。同时还需要完善路由文件 api.php 让其支持请求 URL，完善之后的路由文件如代码清单 9-2 所示。

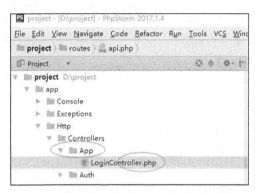

图 9-19　新建的 App 目录和 Login 控制器位置

代码清单 9-1　LoginController.php

```php
1.  <?php
2.  namespace App\Http\Controllers\App;
3.
4.  use App\Http\Controllers\Controller;
5.  use Illuminate\Http\Request;
6.  use Illuminate\Support\Facades\DB;
7.  use Illuminate\Support\Facades\Redis;
8.
9.  /**
10.  * 各种 APP 登录处理
11.  * Class LoginController
12.  * @package App\Http\Controllers\App
13.  */
14. class LoginController extends  Controller
15. {
```

```
16.       /**
17.        * 这种登录方式对应 PC 用户账号登录
18.        * @param Request $request
19.        */
20.       public function account(Request $request)
21.       {

23.       }
24. }
```

代码清单 9-2　api.php

```
1.  <?php
2.
3.  use Illuminate\Http\Request;
4.
5.  /*
6.  |--------------------------
7.  | API Routes
8.  |--------------------------
9.  |
10. | Here is where you can register API routes for your application. These
11. | routes are loaded by the RouteServiceProvider within a group which
12. | is assigned the "api" middleware group. Enjoy building your API!
13. |
14. */
15.
16. Route::middleware('auth:api')->get('/user', function (Request $request) {
17.     return $request->user();
18. });
19. Route::post('/account/login', 'App\LoginController@account');
```

9.2.3　登录接口实现

如代码清单 9-1 和代码清单 9-2 所示，所有的请求 URL 及对应的控制器方法都已经准备好了。剩下的事情就是实现控制器方法 account，该方法的具体实现如代码清单 9-3 所示。

代码清单 9-3　LoginController.php

```
1.  <?php
2.  namespace App\Http\Controllers\App;
3.
4.  use App\Http\Controllers\Controller;
```

```
5.  use Illuminate\Http\Request;
6.  use Illuminate\Support\Facades\DB;
7.  use Illuminate\Support\Facades\Redis;
8.
9.  /**
10.   * APP 登录处理
11.   * Class LoginController
12.   * @package App\Http\Controllers\App
13.   */
14. class LoginController extends  Controller
15. {
16.     /**
17.      * 这种登录方式对应 PC 用户账号登录
18.      * @param Request $request
19.      */
20.     public function account(Request $request)
21.     {
22.         $retArr = [
23.             'code' => 500,
24.             'desc' => '错误的用户名和密码',
25.             'data' => [],
26.             'url' => ''
27.         ];
28.         if (
29.             empty($request->input('username')) ||
30.             empty($request->input('pass'))
31.         ) return response()->json($retArr);
32.         //查询数据表
33.         $userInfo = DB::table('user_info')->where(
34.             [
35.                 ['username', '=', $request->input('username')],
36.                 ['password', '=', md5($request->input('pass'))]
37.             ]
38.         )->first();
39.         if (empty($userInfo)) return response()->json($retArr);
40.         $retArr['code'] = 200;
41.         $retArr['desc'] = '登录成功';
42.         $retArr['data']['uid'] = $userInfo->uid;
43.         /**
44.          * 将用户数据保存在数组中
45.          */
46.         $tokenArr = [
47.             'uid' => $userInfo->uid,
```

```
48.            'registerTime' => $userInfo->register_time,
49.            'username' => $userInfo->username,
50.            'generateTime' => time()
51.        ];
52.        //利用用户数据和目前时间戳生成 token 返回给 APP
53.        //decrypt 是和 encrypt 相反的操作
54.        $retArr['data']['token'] = encrypt($tokenArr);
55.        //将 token 存入 Redis
56.        $redisObj = Redis::resolve('app');
57.        $redisObj->set(
58.            'login_' . $userInfo->uid,
59.            $retArr['data']['token']
60.        );
61.        //将登录数据返回给 APP 端
62.        return response()->json($retArr);
63.    }
64. }
```

如代码清单 9-3 所示，我们已经完成了基于 PC 账号登录的 APP 接口。现在打开 Postman 以测试该接口，如图 9-20 所示。

图 9-20　测试登录接口

9.3　接口文档编写

为了深刻理解接口文档的重要性，下面来模拟一个场景对话。

安卓 APP 程序员 A：某某接口的 URL 是什么？请求参数是什么？响应结果是什么？

你：等我看看，稍等，一会 QQ 发给你。

苹果 APP 程序员 B：某某接口的 URL 是什么？请求参数是什么？响应结果是什么？

你：等我看看，稍等，一会 QQ 发给你。

安卓 APP 程序员 C：A 辞职了，我不知道某某接口的意思，可以给我讲解一下吗？

你：稍等，这个接口已经写了很长时间了，我现在也忘记了，需要看看代码才知道。一会我发 QQ 信息或者过去找你。

苹果 APP 程序员 D：B 辞职了，我不知道某某接口的意思，可以给我讲解一下吗？

你：稍等，这个接口已经写了很长时间了，我现在也忘记了，需要看看代码才知道。一会我发 QQ 信息或者过去找你。

上面的场景对话经常会在开发中出现。为了彻底解决这个问题，我们需要为已经完成的接口编写文档，这样之后需要的人直接查看文档就可以了。

编写接口文档的工具有很多，有在线的、有本地的，这里推荐阿里妈妈团队出品的一个工具 RAP。

9.3.1　安装 Java 运行环境 JRE

由于 RAP 运行于 Tomcat 服务器中，所以需要先启动 Tomcat，然后打开 XAMPP 控制面板并单击 Tomcat 的 start 按钮。如果出现图 9-21 所示的错误，说明你没有 Java 运行环境，需要安装。

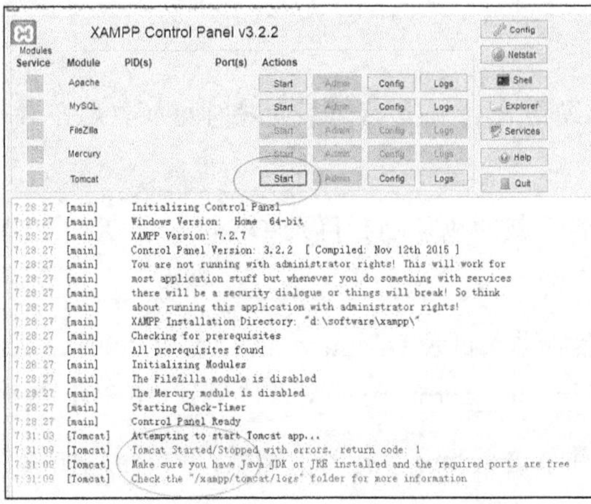

图 9-21　启动 Tomcat 服务器报错误

如图 9-21 所示，当启动 Tomcat 时，程序报错，提示需要安装 JDK 或者 JRE。我们选择安装 JRE，下面是其安装步骤。

（1）在 Oracle 官网下载对应系统的 JRE。

（2）安装下载的 JRE 软件包，在安装的时候所有选项默认即可。

（3）安装完成。再次单击 Tomcat 的 start 按钮，发现 Tomcat 可以启动了，如图 9-22 所示。

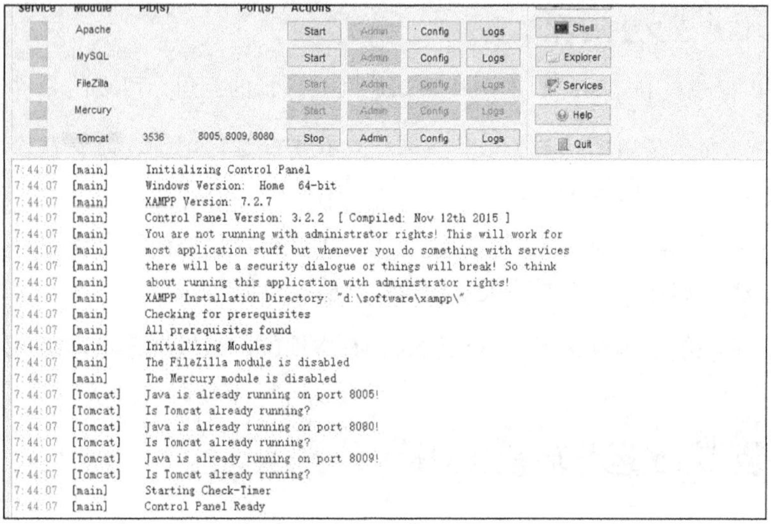

图 9-22　成功启动 Tomcat

9.3.2　安装 RAP

在 9.3.1 节中我们已经将 RAP 的运行环境都搭建好了，现在进行 RAP 的安装，下面是其安装步骤。

（1）下载 war 包，将下载的包复制到目录 D:\software\XAMPP\tomcat\webapps 下面，并且将其重命名为 ROOT.war。

（2）重启 Tomcat，然后进入目录 D:\software\XAMPP\tomcat\webapps\ROOT\WEB-INF\classes，用 Notepad++打开 config.properties 文件以修改 MySQL 数据库配置。

（3）重启 Tomcat，并单击 Admin，打开 RAP 管理页面，如图 9-23 和图 9-24 所示。

（4）打开 phpMyAdmin 数据库管理工具，如图 9-25 所示。

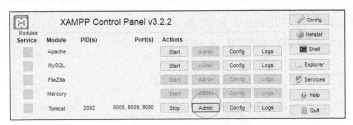

图 9-23 打开管理页面

图 9-24 本地 RAP

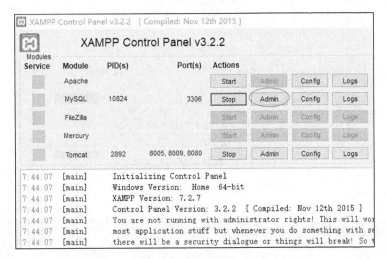

图 9-25 打开网页版 MySQL 数据库管理工具

（5）打开浏览器访问 GitHub/thx/RAP 页面，复制所有的 RAP SQL 语句，然后在 PhpMy Admin 管理工具中粘贴执行，如图 9-26 和图 9-27 所示。

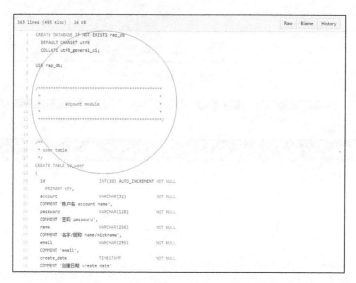

图 9-26　所有的 RAP SQL 语句

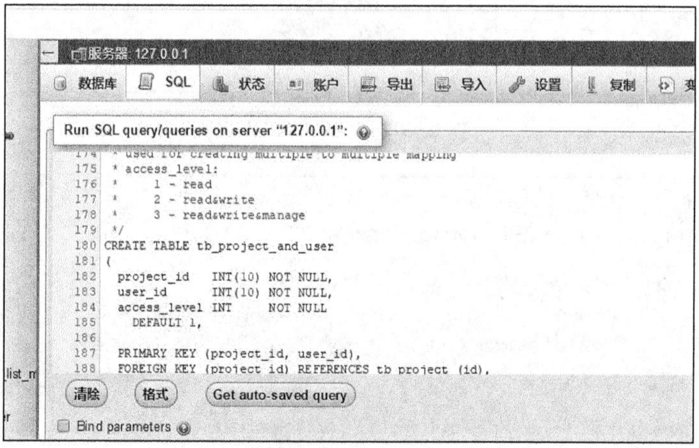

图 9-27　执行复制的 SQL 语句

（6）完成安装。

9.3.3　使用 RAP

经过 8.3.2 节我们已经将 RAP 安装好了，现在利用它来完成登录接口文档的编写。为了完成接口文档的编写，我们需要依次执行以下的步骤。

（1）打开本地 RAP 管理页面，并且注册一个账号，如图 9-28 所示。

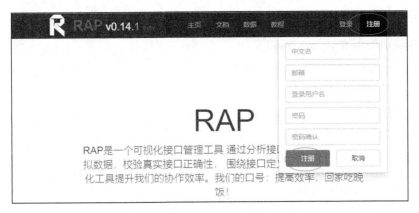

图 9-28 注册本地 RAP 账号

（2）用注册账号登录，然后依次创建团队、产品线和分组。

（3）开始写接口文档，如图 9-29 所示。

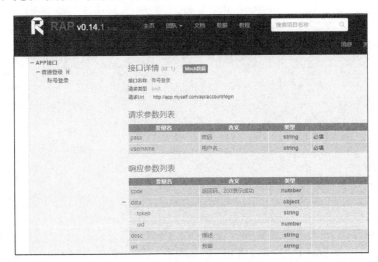

图 9-29 写登录接口文档

9.4 习题

前后端分离是一种趋势，PHP 会逐渐变成接口"提供商"，提供接口给 Web 前端、APP

端、第三方网站等，所以希望你重点掌握以下知识点。

◆ 非常熟练地搭建手机访问本地开发环境的环境，为抓包分析错误作好技术储备。

◆ 非常熟练地用 Postman 来完成各种请求。

◆ 熟练地使用 RAP 来写接口文档。

第 10 章
微信开发那些事

全民皆微信，到处都是基于微信开发的应用，如微信分享、微信扫码登录、微信支付、微信二维码分享、小程序等，你的上司也在不断地被这些应用诱惑着。终于有一天，他忍不住将你叫进了办公室，告诉你他密谋已久的一件大事，就是为记账应用新增一些基于微信开发的功能，以下是可能的功能列表。

◆ 为 PC 网站提供一个微信扫码登录的功能。

◆ 为 APP 提供微信快捷登录的功能。

◆ 为 APP 提供微信支付功能，为下一步的付费功能作准备。

◆ 提供微信公众号关键词回复功能，比如用户输入"记账历史"，然后公众号就将他的记账记录信息返回到微信中。

以上的功能列表其实都是基于微信的开发，本章我们就来实现前面 3 个功能。

10.1　开发环境约定

为了方便知识的讲解，现在做表 10-1 和表 10-2 所示的约定。

表 10-1　　　　　　　　　　　　URL 控制器和方法等约定

功能	请求 URL	处理控制器	处理方法
PC 网站登录	显示页面：http://project.myself.personsite/wx/login 处理登录：http://project.myself.personsite/wx/login/notify	Common/WeiXin Controller.php	pcLogin pcLoginNotify
APP 登录	处理登录：http://app.myself.personsite/api/wx/login	Common/WeiXin Controller.php	wxLogin

续表

功能	请求 URL	处理控制器	处理方法
APP 支付	APP 端发起支付：http://app.myself.personsite/api/wx/pay 通知支付结果：http://app.myself.personsite/api/wx/pay/notify	Common/WeiXin Controller.php	wxPay wxPayNotify

表 10-2　　　　　　　　　　　　　　名称约定

名称	说明
服务端程序	指服务器上的 PHP 程序
微信端服务程序	指微信开放平台、公众平台等提供的一系列接口
微信客户端	指安装在手机中的微信
APP 端	指记账 APP
微信 SDK	指微信提供给安卓或者 iOS 调用的开发包

如表 10-1 所示，我们已经将每个功能对应的请求 URL、处理控制器、控制器所在目录和处理方法都进行了约定。依据这个约定，我们应该先创建一个 Common 目录，然后在该目录下新建一个控制器，目录结构如图 10-1 所示，控制器代码框架如代码清单 10-1 所示。同时我们还需要完善路由文件 web.php 和 api.php，让其支持各个请求 URL，完善之后的路由文件如代码清单 10-2 和代码清单 10-3 所示。

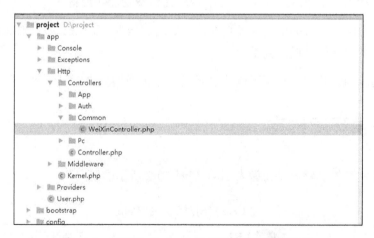

图 10-1　新建的 Common 目录和微信控制器位置

如代码清单 10-1 所示，我们已经将控制器代码框架搭建好了，并且在 pcLogin 方法中已经指明了微信扫码登录页面的视图为 wx_login.blade.php，它位于视图文件目录的 PC 目录下。

代码清单 10-1 WeiXinController.php

```php
1.  <?php
2.  namespace App\Http\Controllers\Common;
3.
4.  use App\Http\Controllers\Controller;
5.  use Illuminate\Http\Request;
6.  use Illuminate\Support\Facades\DB;
7.
8.  /**
9.   * 微信相关
10.  * Class WeiXinController
11.  * @package App\Http\Controllers\Common
12.  */
13. class WeiXinController extends Controller
14. {
15.     /**
16.      * 显示微信扫码登录页面
17.      * @param Request $request
18.      */
19.     public function pcLogin(Request $request)
20.     {
21.         return view('Pc/wx_login');
22.     }
23.
24.     /**
25.      * 用户扫码登录后微信将信息发送到这儿
26.      * @param Request $request
27.      */
28.     public function pcLoginNotify(Request $request)
29.     {
30.
31.     }
32.
33.     /**
34.      * 微信 APP 登录处理
35.      * @param Request $request
36.      */
37.     public function wxLogin(Request $request)
38.     {
39.
40.     }
```

```
41.
42.    /**
43.     * APP 端发起微信支付请求
44.     * @param Request $request
45.     */
46.    public function wxPay(Request $request)
47.    {
48.
49.    }
50.
51.    /**
52.     * 接收微信支付通知结果
53.     * @param Request $request
54.     */
55.    public function wxPayNotify(Request $request)
56.    {
57.
58.    }
59. }
```

如代码清单 10-1～代码清单 10-3 所示,所有的请求 URL 及对应的控制器方法都已经设置好了。剩下的事情就是实现每个控制器方法和视图文件了。

代码清单 10-2　web.php

```
1.  <?php
2.
3.  /*
4.  |--------------------------------------------------------------------------
5.  | Web Routes
6.  |--------------------------------------------------------------------------
7.  |
8.  | Here is where you can register web routes for your application. These
9.  | routes are loaded by the RouteServiceProvider within a group which
10. | contains the "web" middleware group. Now create something great!
11. |
12. */
13.
14. Route::get('/', function () {
15.     return view('welcome');
16. });
17.
18. //这是添加的路由
```

```
19. Route::get('/view/all/user', 'TestController@viewAllUser');
20.
21. /**
22.  * 注册和登录处理
23.  */
24. Route::get('/reg', 'Pc\RegisterController@index');
25. Route::post('/reg/action', 'Pc\RegisterController@action');
26. Route::get('/login', 'Pc\LoginController@index');
27. Route::post('/login/action', 'Pc\LoginController@action');
28. /**
29.  * 用户添加记账记录
30.  * 用户查看自己的记账记录
31.  * 用户公开某条记账记录
32.  */
33. Route::get(
34.     '/user/bill/add',
35.     'Pc\UserBillController@add'
36. )->middleware('pcchcklogin');
37. Route::post(
38.     '/user/bill/add/action',
39.     'Pc\UserBillController@addAction'
40. )->middleware('pcchcklogin');
41. Route::get(
42.     '/user/bill/list',
43.     'Pc\UserBillController@dataList'
44. )->middleware('pcchcklogin');
45. Route::get(
46.     '/usr/bill/publish',
47.     'Pc\UserBillController@publish'
48. )->middleware('pcchcklogin');
49. /**
50.  * 显示所有记账记录和用户
51.  */
52. Route::get(
53.     '/admin/view/all/bill',
54.     'Pc\AdminController@viewAllBill'
55. )->middleware('pcchcklogin');
56. Route::get(
57.     '/admin/view/all/user',
58.     'Pc\AdminController@viewAllUser'
59. )->middleware('pcchcklogin');
60.
61. /**
```

```
62.    *  微信扫码登录页面
63.    *  处理微信扫码通知
64.    */
65.  Route::get(
66.      '/wx/login',
67.      'Common\WeiXinController@pcLogin'
68.  );
69.  Route::get(
70.      '/wx/login/notify',
71.      'Common\WeiXinController@pcLoginNotify'
72.  );
```

代码清单 10-3   api.php

```
1.   <?php
2.
3.   use Illuminate\Http\Request;
4.
5.   /*
6.   |--------------------------
7.   | API Routes
8.   |--------------------------
9.   |
10.  | Here is where you can register API routes for your application. These
11.  | routes are loaded by the RouteServiceProvider within a group which
12.  | is assigned the "api" middleware group. Enjoy building your API!
13.  |
14.  */
15.
16.  Route::middleware('auth:api')->get('/user', function (Request $request) {
17.      return $request->user();
18.  });
19.  Route::post('/account/login', 'App\LoginController@account');
20.  /**
21.   * 依次是:
22.   * APP 微信登录
23.   * 微信支付
24.   * 微信支付通知
25.   */
26.  Route::post('/wx/login', 'Common\WeiXinController@wxLogin');
27.  Route::post('/wx/pay', 'Common\WeiXinController@wxPay');
28.  Route::post('/wx/pay/notify', 'Common\WeiXinController@wxPayNotify');
```

10.2 安装 Guzzle

在基于微信的功能开发中，服务端程序总是会通过 GET 或者 POST 来请求微信端服务程序以完成各种事情。虽然在第 5 章中我们已经介绍了用 Curl 来完成 GET 和 POST 请求，但是对于初学者来说，用 Curl 来实现对微信端服务程序的请求，门槛有些高。本章引入了一个专门的 HTTP 客户端 Guzzle，利用它可以简单、快速地完成 GET 和 POST 请求，依次执行以下步骤即可安装 Guzzle。

（1）打开命令提示符窗口，进入到 D 盘 project 目录。

（2）执行命令 `composer require guzzlehttp/guzzle:~6.0`。

如图 10-2 所示，我们已经完成了 Guzzle 的安装。

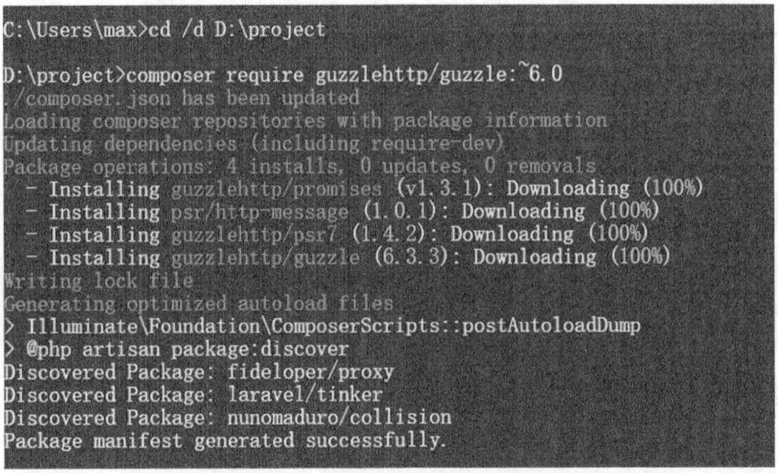

```
C:\Users\max>cd /d D:\project

D:\project>composer require guzzlehttp/guzzle:~6.0
./composer.json has been updated
Loading composer repositories with package information
Updating dependencies (including require-dev)
Package operations: 4 installs, 0 updates, 0 removals
  - Installing guzzlehttp/promises (v1.3.1): Downloading (100%)
  - Installing psr/http-message (1.0.1): Downloading (100%)
  - Installing guzzlehttp/psr7 (1.4.2): Downloading (100%)
  - Installing guzzlehttp/guzzle (6.3.3): Downloading (100%)
Writing lock file
Generating optimized autoload files
> Illuminate\Foundation\ComposerScripts::postAutoloadDump
> @php artisan package:discover
Discovered Package: fideloper/proxy
Discovered Package: laravel/tinker
Discovered Package: nunomaduro/collision
Package manifest generated successfully.
```

图 10-2　安装 Guzzle

10.3 PC 记账网站应用的微信扫码登录

图 10-3 所示的是一个微信扫码登录的网站。当用微信扫描该二维码的时候，手机就会执行登录操作（在本书出版时，此二维码已过期）。这种用户体验肯定比通过输入账号和密码进行登录的方式方便多了，本节就来实现这个扫码功能。

图 10-3　PC 网站微信扫码登录示例

10.3.1　登录页面显示微信二维码

既然是扫码登录，那么首先需要显示二维码。微信将显示二维码这件事情变得超级简单，引入一个 JavaScript 文件并实例化一个对象就可以了。代码清单 10-4 实现了一个简单的扫码登录页面。

代码清单 10-4　wx_login.blade.php

```
1.   <!DOCTYPE html>
2.   <html lang="zh-CN">
3.   <head>
4.     <title>微信扫码登录</title>
5.     <!--引入 jQuery 库和微信登录 JavaScript 文件-->
6.     <script src="http://code.jquery.com/jquery-3.3.1.min.js"></script>
7.     <script src="http://res.wx.qq.com/connect/zh_CN/htmledition/js/wx
Login.js"></script>
8.     <script>
9.       $notifyUrl = "http://project.myself.personsite/wx/login/notify";
10.      $(function () {
11.        var obj = new WxLogin({
12.          id:"login_container",
```

```
13.              appid: "微信开放平台提供的 appid",
14.              scope: "snsapi_login",
15.              redirect_uri: $notifyUrl
16.          });
17.      })
18.  </script>
19.  </head>
20.  <body>
21.      <div id="login_container"></div>
22.  </body>
23.  </html>
```

如代码清单 10-4 所示，我们已经将 PC 网站微信扫码登录的视图文件完成了。打开浏览器访问 http://project.myself.personsite/wx/login，运行结果如图 10-4 所示。

图 10-4　PC 网站微信扫码登录的运行结果

10.3.2　申请 AppID

如图 10-4 所示，页面提示"AppID 参数错误"，也就是代码清单 10-4 提供的 AppID 参数不正确。下面是获取正确的 AppID 参数的步骤。

（1）打开微信开放平台官网，然后注册一个账号。

（2）登录进去后单击账号中心进行开发者资质认证。目前该平台仅支持企业认证，且认证费是 300 元（仅认证一次就可以了）。

（3）待认证通过之后单击管理中心创建一个网站应用并提交审核，如图 10-5 所示。

（4）审核通过之后就能够得到 AppID 了，也就是说只有审核通过，我们才能够显示二维码。

小程序、移动应用（APP）等都是通过这种方式获得 AppID 的。

图 10-5　在微信开发平台中添加网站应用

10.3.3　PC 浏览器、微信客户端、微信端服务程序之间的关系

当将审核通过后的网站应用对应的 AppID 填入到代码清单 10-4 中后，用浏览器访问 http://project.myself.personsite/wx/login 将看到微信二维码，那么浏览器怎么知道用户已经扫码了呢？本节就来探讨这个问题。

首先打开浏览器访问微信网页版，并且打开浏览器开发者工具观察一下请求的情况。我们会发现每隔一段时间浏览器就会和微信端服务程序进行通信，如图 10-6 所示。

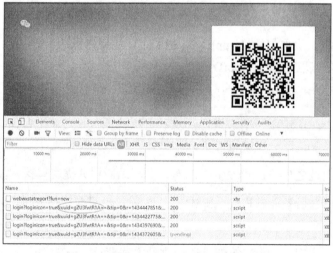

图 10-6　网页版微信与服务端请求情况

如图 10-6 所示，我们发现浏览器每次都会传递一个参数 uuid。接下来用支付宝或者其他扫码工具（不要用微信客户端）扫描一下你计算机上的微信二维码，看看它是什么，扫码结果如图 10-7 所示。

如图 10-7 所示，我们单击"复制链接"，得到链接 URL 为 https://login.weixin.qq.com/l/gZU3fwtR1A==，将这个请求 URL 和图 10-6 中的请求 URL 进行对比，发现都有 gZU3fwtR1A==，下面就来说说这个公共请求参数 "gZU3fwtR1A==" 的作用。

◆　浏览器端传递这个请求参数的目的是查询用户是否扫码。

◆　扫码端传递这个查询参数是为了告诉微信端服务程序用户已扫码。由于用的是支付宝，微信端服务程序检查到是非微信客户端扫码，所以就得到图 10-7 所示的图。

由于微信客户端扫码之后，微信端服务程序就可以知道 "gZU3fwtR1A==" 对应的微信用户是谁。同

图 10-7　用支付宝扫描微信二维码

时，浏览器端通过请求微信端服务程序就可以知道 "gZU3fwtR1A==" 对应的用户是否扫码，并且是谁扫的码。也就是说微信用户是通过扫码才和这个查询参数绑定在一起的。

10.3.4　微信端服务程序与服务端程序交流

通过 10.3.3 节的学习，我们知道了 PC 浏览器、微信客户端、微信端服务程序的关系。但是还有一个问题，就是服务端程序怎么知道是哪个微信用户扫描了这个二维码，只有知道是谁之后，我们才能够实现注册或者查询用户是否存在的逻辑操作。

重新看代码清单 10-4，我们发现有一个配置参数 redirect_uri，这个参数的作用就是当微信端服务程序收到用户微信扫码请求后，就将通知发送到这个参数对应的 URL，而这个 URL 正好对应服务端程序，这样就知道是谁在扫码了。

经过上面的分析，我们将问题转换成了微信端服务程序到底传递了什么数据给服务端程序。为了弄清楚这个问题，现在将代码清单 10-1 中的 pcLoginNotify 方法接收到的所有数据保存到文件中，如代码清单 10-5 所示。

代码清单 10-5　WeiXinController.php

```php
1.   <?php
2.   namespace App\Http\Controllers\Common;
3.
4.   use App\Http\Controllers\Controller;
5.   use Illuminate\Http\Request;
6.   use Illuminate\Support\Facades\DB;
7.
8.   /**
9.    * 微信相关
10.   * Class WeiXinController
11.   * @package App\Http\Controllers\Common
12.   */
13.  class WeiXinController extends Controller
14.  {
15.      /**
16.       * 用户扫码登录后微信将信息发送到这儿
17.       * @param Request $request
18.       */
19.      public function pcLoginNotify(Request $request)
20.      {
21.          /**
22.           * 将微信端服务程序传递过来的请求数据保存到文件中
23.           */
24.          file_put_contents('pcwx.txt', json_encode($request->all()));
25.      }
26.
27.      /**
28.       * 其他方法
29.       */
30.  }
```

现在继续进行扫码操作，最终生成了 pcwx.txt 文件。打开该文件查看内容，具体如图 10-8 所示。

如图 10-8 所示，发现只有 code，并没有任何微信用户数据，这个 code 是什么？有什么作用？看来只能从微信官方文档去找答案了。

如图 10-9 和图 10-10 所示，我们从官方文档找到了通过 code 获取微信用户信息的方法，并且可以看出，两个方法都是基于 GET 请求的。所以接下来可以用 Curl 或者 Guzzle 来实现请求以获取用户信息，从而也就完成了 PC 网站微信扫码登录的大部分功能。剩下的都是一些基础操作，就不作详细介绍了。

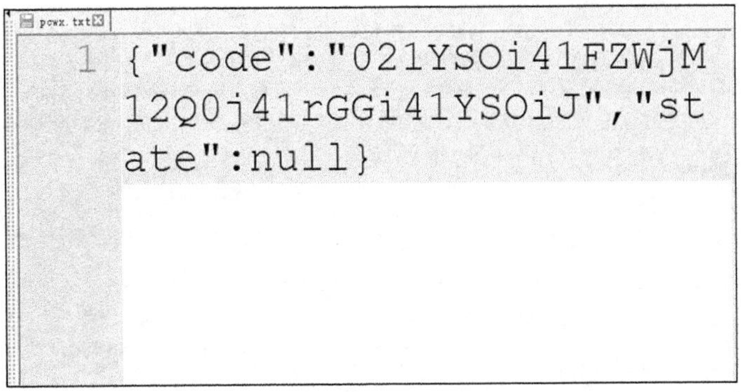

{"code":"021YSOi41FZWjM12Q0j41rGGi41YSOiJ","state":null}

图 10-8　微信端服务程序传递过来的数据

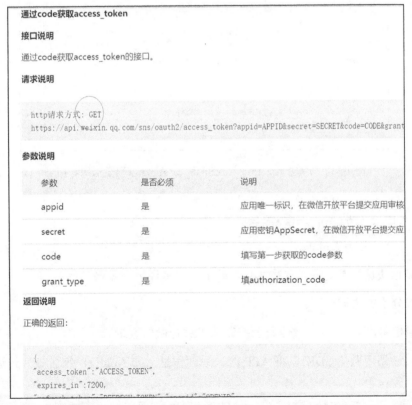

图 10-9　通过 code 获取用户的 openid 和 access_token

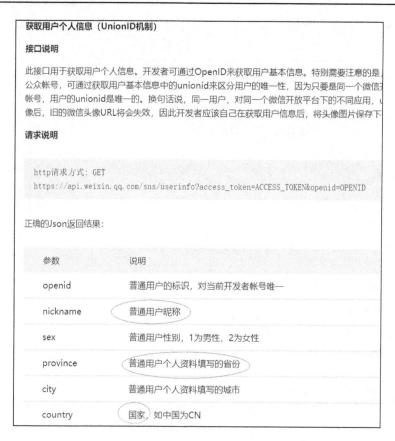

获取用户个人信息（UnionID机制）

接口说明

此接口用于获取用户个人信息。开发者可通过OpenID来获取用户基本信息。特别需要注意的是，公众帐号，可通过获取用户基本信息中的unionid来区分用户的唯一性，因为只要是同一个微信开帐号，用户的unionid是唯一的。换句话说，同一用户，对同一个微信开放平台下的不同应用，u像后，旧的微信头像URL将会失效，因此开发者应该自己在获取用户信息后，将头像图片保存下

请求说明

```
http请求方式: GET
https://api.weixin.qq.com/sns/userinfo?access_token=ACCESS_TOKEN&openid=OPENID
```

正确的Json返回结果:

参数	说明
openid	普通用户的标识，对当前开发者帐号唯一
nickname	普通用户昵称
sex	普通用户性别，1为男性，2为女性
province	普通用户个人资料填写的省份
city	普通用户个人资料填写的城市
country	国家，如中国为CN

图 10-10　通过 `access_token` 和 `openid` 获取微信用户信息

10.4　APP 微信快捷登录

APP 微信快捷登录的原理如图 10-11 所示，更多详情参见微信官网。

下面来分步骤讲解一下。

◆　用户单击 APP 中的微信登录按钮请求进行微信登录。

◆　APP 调用微信 SDK 以将 APP 的一系列信息（如 AppID、包名等）传递给微信端服务程序。

◆　微信端服务程序检查该 APP 是否已经审核，并将结果返回微信 SDK。

◆　微信 SDK 获取数据并确定其是合法 APP 后，将调用微信客户端的登录授权页面。

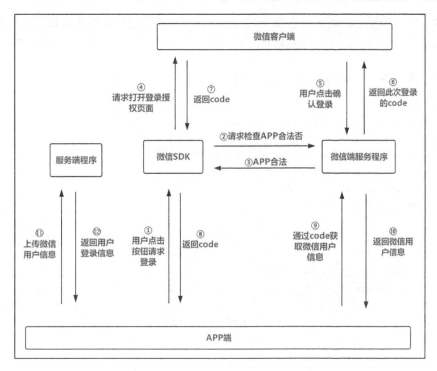

图 10-11　微信 APP 快捷登录原理

◆ 当用户单击确认登录之后，微信客户端将一些信息传给微信端服务程序。

◆ 微信端服务程序根据上传的信息生成一个 code 字符串并返回给微信客户端。

◆ 微信客户端将这个 code 返回给微信 SDK。

◆ 微信 SDK 将这个 code 返回给 APP 端。

◆ APP 端通过 code 请求微信端服务程序获取微信用户信息（从 10.3 节可以知道，我们也可以将 code 传递给服务端程序，由服务端程序获取微信用户信息，这样就不用进行第⑩～⑪步了）。

◆ 微信端服务程序将微信用户信息（如昵称、头像、openid 等）返回给 APP 端。

◆ APP 端将微信用户信息上传到服务端程序。

◆ 服务端程序收到上传数据后进行登录处理，并返回登录信息。

◆ 完成登录。

通过以上步骤，我们发现 PHP 程序员做的事情相对在 PC 端扫码少了很多，只需要在代码清单 10-1 中用 **wxLoign** 方法来接收 APP 上传的微信用户信息就可以了。如代码清单 10-6 所示，它是一个简单的处理逻辑。

代码清单 10-6　WeiXinController.php

```php
1.  <?php
2.  namespace App\Http\Controllers\Common;
3.
4.  use App\Http\Controllers\Controller;
5.  use Illuminate\Http\Request;
6.  use Illuminate\Http\Response;
7.  use Illuminate\Support\Facades\DB;
8.
9.  /**
10.  * 微信相关
11.  * Class WeiXinController
12.  * @package App\Http\Controllers\Common
13.  */
14. class WeiXinController extends Controller
15. {
16.     /**
17.      * 微信 APP 登录处理
18.      * @param Request $request
19.      */
20.     public function wxLogin(Request $request)
21.     {
22.         $retArr = [
23.             'uid' => 0,
24.             'uname' => '',
25.             'logo' => ''
26.         ];
27.         //微信用户 openid
28.         $openid = $request->input('openid');
29.         //微信用户 unionid
30.         $unionid = $request->input('unionid');
31.         //微信用户昵称
32.         $wxNickName = $request->input('nickname');
33.         //微信用户个人资料填写的市、省、国家
34.         $province = $request->input('province');
35.         $city = $request->input('city');
36.         $country = $request->input('country');
37.         //微信用户头像
38.         $logo = $request->input('headimgurl');
```

```
39.        //微信用户性别
40.        $sex = $request->input('sex');
41.        //通过 openid 或者 unionid 查询数据表以判断用户是否登录
42.        //将用户登录信息返回给 APP
43.        return response()->json($retArr);
44.    }
45.
46.    /**
47.     * 其他方法
48.     */
49. }
```

10.5　微信 APP 支付

微信 APP 支付的原理如图 10-12 所示，下面来分步骤解析一下。

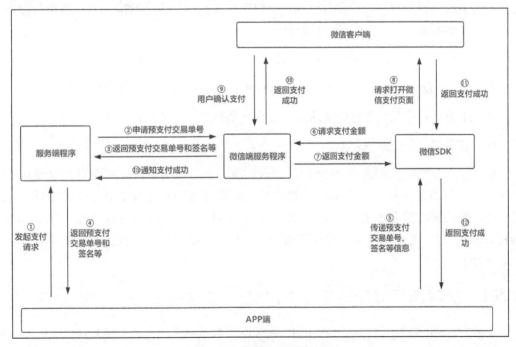

图 10-12　微信 APP 支付原理

◆　用户在 APP 中购买东西后选择微信支付结算，然后请求服务端程序进行支付金额
　　计算。

◆　服务端进行支付金额计算之后，利用微信端服务程序提供的统一下单接口将本次

交易的金额、商品名称、生成的订单号、支付成功后的回调 URL 等信息传递过去。

◆ 微信端服务程序根据传递过来的信息生成一个预支付交易单号，并且带上签名信息等。

◆ 服务端程序收到预支付交易单号、签名等信息之后，对其进行相应的处理，然后将其传递给 APP 端。

◆ APP 端收到预支付交易单号、签名等信息后调用微信 SDK。

◆ 微信 SDK 根据这些信息从微信端服务程序获取支付金额等信息。

◆ 微信端服务程序将支付金额返回给微信 SDK。

◆ 微信 SDK 通过金额调用微信客户端打开微信支付页面。

◆ 用户确认支付，微信客户端请求微信端服务程序进行支付。

◆ 微信端服务程序处理支付请求，并将支付成功信息返回给微信客户端和第②步设置的回调 URL 以通知服务端程序。

◆ 微信客户端收到支付成功后告知微信 SDK 已经支付成功。

◆ 微信 SDK 将支付成功的通知告知 APP 端，APP 端弹出支付成功信息告知用户。

◆ 服务端程序收到支付成功通知，进行一系列的逻辑处理。

◆ 整个微信支付完成。

经过以上分析，我们发现 PHP 程序员做的事情还是非常多的，主要有获取预支付交易单号及签名等并将其返回给 APP，接收微信端服务程序发送过来的支付成功通知。也就是说，我们现在需要实现代码清单 10-1 中的 wxPay 方法和 wxPayNotify 方法，其中 wxPayNotify 方法用于接收支付成功通知，而 wxPay 方法用于获取预支付订单号并将其传递给 APP。

10.5.1　获取预支付交易单号等信息

从微信 APP 支付原理我们已经知道，预支付交易单号是通过服务端程序请求微信端服务程序的统一下单接口获取的。关于该接口的更多详细信息请参见微信官方文档。该接口的部分文档说明如图 10-13 所示。

如图 10-13 所示，我们能够清楚地看到统一下单的接口 URL 是什么，所需要的参数有哪些。下面我们用 Guzzle 来实现统一下单的框架逻辑代码，具体代码如代码清单 10-7 所示。

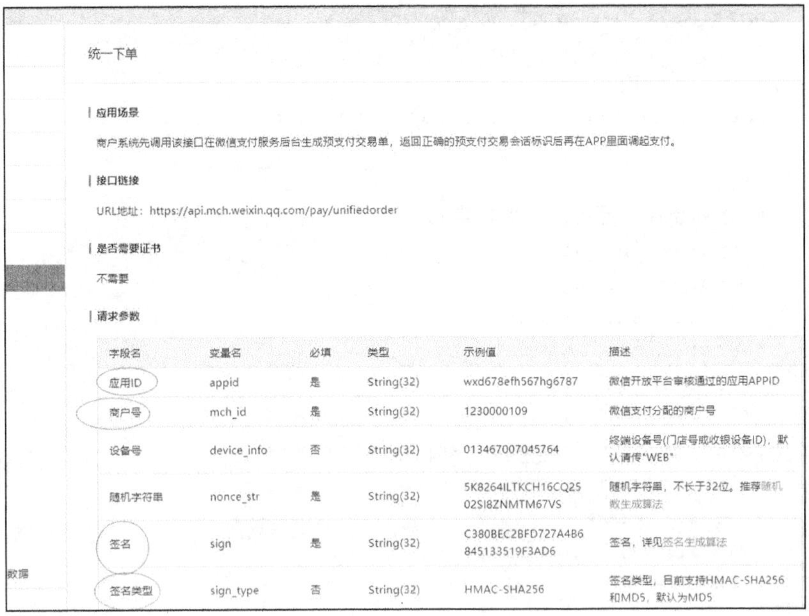

图 10-13　统一下单接口的部分文档

代码清单 10-7　WeiXinController.php

```php
1.  <?php
2.  namespace App\Http\Controllers\Common;
3.
4.  use App\Http\Controllers\Controller;
5.  use Illuminate\Http\Request;
6.  use Illuminate\Http\Response;
7.  use Illuminate\Support\Facades\DB;
8.  use GuzzleHttp\Client;
9.
10. /**
11.  * 微信相关
12.  * Class WeiXinController
13.  * @package App\Http\Controllers\Common
14.  */
15. class WeiXinController extends Controller
16. {
17.     //从微信开放平台申请
18.     const APPID = '移动应用 Appid';
19.
20.     //以下两个值从微信商户平台申请
21.     const MCHID = '微信支付分配的商户号';
```

```
22.     const KEY = '微信支付密钥';
23.
24.     //支付回调 URL
25.     const NOTIFYURL = 'http://app.myself.personsite/api/wx/pay/notify';
26.
27.     /**
28.      * 返回给 APP 端的统一数据格式
29.      * @param int $code
30.      * @param string $desc
31.      * @param string $url
32.      * @param string $data
33.      * @return array
34.      */
35.     public static function appAjaxData(
36.         int $code,
37.         string $desc,
38.         string  $url,
39.         $data = ''
40.     )
41.     {
42.         $retArr = [
43.             'code' => $code,
44.             'desc' => $desc,
45.             'url' => $url,
46.             'data' => $data
47.         ];
48.         return $retArr;
49.     }
50.
51.     /**
52.      * 封装发送给微信端服务程序的统一下单 XML 请求参数
53.      * @param int $money 支付金额, 以分为单位
54.      * @param string $ip 支付用户的 IP 地址
55.      * @param string $orderId 生成的订单号
56.      * @param string $goodName 商品名称
57.      * @return string
58.      */
59.     public static function computerWxPay(
60.         int $money,
61.         string $ip,
62.         string $orderId,
63.         $goodName = '商品名称'
64.     )
```

```
65.      {
66.          $retStr = '';
67.          $retArr['appid'] = self::APPID;
68.          $retArr['mch_id'] = self::MCHID;
69.          $retArr['nonce_str'] = uniqid();
70.          $retArr['body'] = $goodName;
71.          $retArr['out_trade_no'] = $orderId;
72.          $retArr['trade_type'] = 'APP';
73.          $retArr['total_fee'] = $money;
74.          $url = self::NOTIFYURL;
75.          $retArr['notify_url'] = $url;
76.          $retArr['spbill_create_ip'] = $ip;
77.          ksort($retArr);
78.          $sortStr = '';
79.          foreach ($retArr as $key => $val) {
80.              $sortStr .= "&{$key}=$val";
81.          }
82.          $sortStr = substr($sortStr, 1) . '&key=' . self::KEY;
83.          $signStr = strtoupper(md5($sortStr));
84.          $retArr['sign'] = $signStr;
85.          foreach ($retArr as $key => $val) {
86.              $retStr .= "<{$key}><![CDATA[{$val}]]></{$key}>";
87.          }
88.          return '<xml>' . $retStr . '</xml>';
89.      }
90.
91.      /**
92.       * 生成返回给 APP 端的数据，包括预支付交易单号和签名等
93.       * @param string $preOrderId
94.       * @return array
95.       */
96.      public static function computerAppRetData(
97.          string $preOrderId,
98.          $sign
99.      ):array
100.      {
101.          $retArr['appid'] = self::APPID;
102.          $retArr['partnerid'] = self::MCHID;
103.          $retArr['noncestr'] = uniqid();
104.          $retArr['prepayid'] = $preOrderId;
105.          $retArr['package'] = 'Sign=WXPay';
106.          $retArr['timestamp'] = time();
107.          $retArr['sign'] = $sign;
```

```
108.          return $retArr;
109.      }
110.
111.      /**
112.       * APP 请求微信支付接口
113.       */
114.      public function wxPay(Request $request)
115.      {
116.          //服务端生成的订单号
117.          $orderNo = uniqid();
118.          //需要支付 10 元人民币
119.          $allMoney = 1000;
120.          //调用 computerWxPay 方法获取统一下单需要提交的 XML 数据
121.          $retStr = self::computerWxPay(
122.              $allMoney * 100,
123.              $request->getClientIp(),
124.              $orderNo,
125.              '记账应用新功能'
126.          );
127.          /**
128.           * 利用 Guzzle 请求统一下单接口
129.           * 获取预支付交易单号和签名等信息
130.           */
131.          $client = new \GuzzleHttp\Client();
132.          $result = $client->post(
133.              'https://api.mch.weixin.qq.com/pay/unifiedorder',
134.              [
135.                  'body' => $retStr
136.              ]
137.          );
138.          /**
139.           * 微信端服务程序返回 XML 数据示例
140.           * <xml>
141.           * <return_code><![CDATA[SUCCESS]]></return_code>
142.           * <return_msg><![CDATA[OK]]></return_msg>
143.           * <appid><![CDATA[wx2421b1c4370ec43b]]></appid>
144.           * <mch_id><![CDATA[10000100]]></mch_id>
145.           * <nonce_str><![CDATA[IITRi8Iabbblz1Jc]]></nonce_str>
146.           * <sign><![CDATA[7921E432F65EB8ED0CE9755F0E86D72F]]></sign>
147.           * <result_code><![CDATA[SUCCESS]]></result_code>
148.           * <prepay_id><![CDATA[wx201411101639507]]></prepay_id>
149.           * <trade_type><![CDATA[APP]]></trade_type>
150.           * </xml>
```

```
151.        */
152.        if (intval($result->getStatusCode()) != 200) {
153.            return response()->json(
154.                self::appAjaxData(
155.                    500,
156.                    '支付遇到问题，请稍后重试',
157.                    ''
158.                )
159.            );
160.        };
161.        $resultArr = json_decode(
162.            $result->getBody()->getContents(),
163.            true,
164.            512,
165.            JSON_UNESCAPED_UNICODE
166.        );
167.        if (
168.            $resultArr['return_code'] == 'SUCCESS' &&
169.            $resultArr['result_code'] == 'SUCCESS'
170.        ) {
171.            //获取预支付交易单号和签名
172.            $preOrderId = $resultArr['prepay_id'];
173.            $sign = $resultArr['sign'];
174.            return response()->json(
175.                self::appAjaxData(
176.                    200,
177.                    '微信支付信息',
178.                    '',
179.                    self::computerAppRetData($preOrderId, $sign)
180.                )
181.            );
182.        } else {
183.            return response()->json(
184.                self::appAjaxData(
185.                    500,
186.                    '支付遇到问题，请稍后重试',
187.                    ''
188.                )
189.            );
190.        }
191.    }
192.
193.    /**
```

```
194.    * 其他方法
195.    */
196. }
```

如代码清单 10-7 所示，我们完成了 wxPay 方法的逻辑。本代码中请求和返回的参数很多，希望读者尽量打开官方文档对照着一起看，尤其是签名部分。在今后的项目中对接第三方接口的时候，经常需要进行签名。对于初学者来说，签名比较复杂，请多练习。

> **注意**
>
> 代码清单 10-7 仅完成了一个粗略的逻辑处理框架。在真实项目中，请将一系列的静态方法、常量等放入单独的类中，这样以后其他项目需要微信 APP 支付时，复制这个类就可以了，避免重复造轮子。

10.5.2 接收支付成功通知

在 10.5.1 节中，服务端程序已经获得了预支付交易单号和签名等信息，并将其返回给了 APP。APP 利用这些信息就可以通过微信 SDK 调用微信客户端进行微信支付了。当用户支付成功之后，微信端服务程序就会返回一系列的数据到支付回调 URL（即代码清单 10-7 中的常量 NOTIFYURL）中。在这个回调 URL 中我们就可以对订单进行各种逻辑处理，从而完成整个微信支付了。服务端程序处理微信端服务程序返回数据的一个简单流程如代码清单 10-8 所示。

请参考微信的官网支付文档，然后阅读代码清单 10-8。

代码清单 10-8 WeiXinController.php

```php
1.  <?php
2.  namespace App\Http\Controllers\Common;
3.
4.  use App\Http\Controllers\Controller;
5.  use Illuminate\Http\Request;
6.  use Illuminate\Http\Response;
7.  use Illuminate\Support\Facades\DB;
8.  use GuzzleHttp\Client;
9.
10. /**
11.  * 微信相关
12.  * Class WeiXinController
```

```
13.    * @package App\Http\Controllers\Common
14.    */
15.  class WeiXinController extends Controller
16.  {
17.        //从微信开放平台申请
18.        const APPID = '移动应用 Appid';
19.
20.        //以下两个值从微信商户平台申请
21.        const MCHID = '微信支付分配的商户号';
22.        const KEY = '微信支付密钥';
23.
24.        //支付回调 URL
25.        const NOTIFYURL = 'http://app.myself.personsite/wx/pay/notify';
26.
27.        /**
28.         * 提供给微信端服务程序的支付成功通知接口
29.         * @param Request $request
30.         */
31.        public function wxPayNotify(Request $request)
32.        {
33.            /**
34.             * 微信端服务程序返回数据示例
35.             * <xml>
36.             * <appid><![CDATA[wx2421b1c4370ec43b]]></appid>
37.             * <attach><![CDATA[支付测试]]></attach>
38.             * <bank_type><![CDATA[CFT]]></bank_type>
39.             * <fee_type><![CDATA[CNY]]></fee_type>
40.             * <is_subscribe><![CDATA[Y]]></is_subscribe>
41.             * <mch_id><![CDATA[10000100]]></mch_id>
42.             * <nonce_str><![CDATA[5d2b6c2a8db53831f7eda20]]></nonce_str>
43.             * <openid><![CDATA[oUpF8uMEb4qRXf22hE3X68TekukE]]></openid>
44.             * <out_trade_no><![CDATA[1409811653]]></out_trade_no>
45.             * <result_code><![CDATA[SUCCESS]]></result_code>
46.             * <return_code><![CDATA[SUCCESS]]></return_code>
47.             * <sign><![CDATA[B552ED6B279343CB493C5DD0D78AB241]]></sign>
48.             * <sub_mch_id><![CDATA[10000100]]></sub_mch_id>
49.             * <time_end><![CDATA[20140903131540]]></time_end>
50.             * <total_fee>1</total_fee><coupon_fee>
51.             *  <![CDATA[10]]></coupon_fee>
52.             * <coupon_count><![CDATA[1]]></coupon_count>
53.             * <coupon_type><![CDATA[CASH]]></coupon_type>
54.             * <coupon_id><![CDATA[10000]]></coupon_id>
55.             * <coupon_fee><![CDATA[100]]></coupon_fee>
```

```
56.          *   <trade_type><![CDATA[JSAPI]]></trade_type>
57.          *   <transaction_id><![CDATA[100440074020]]></transaction_id>
58.          *   </xml>
59.          */
60.         //获取返回的全部数据
61.         $wxRespose = file_get_contents("php://input");
62.         //解析返回的数据为 JSON
63.         $xmlObj = simplexml_load_string(
64.             $wxRespose,
65.             'SimpleXMLElement',
66.             LIBXML_NOCDATA
67.         );
68.         $jsonStr = json_encode($xmlObj);
69.         $jsonArray = json_decode($jsonStr,true);
70.         $returnJson = $jsonArray['sign'];
71.         unset($jsonArray['sign']);
72.         ksort($jsonArray);
73.         $sortStr = '';
74.         foreach ($jsonArray as $key => $val) {
75.             $sortStr .= "&{$key}=$val";
76.         }
77.         //获得排序的字符串
78.         $sortStr = substr($sortStr, 1) . '&key=' . self::KEY;
79.         $signStr = strtoupper(md5($sortStr));
80.         //验证签名是否一致
81.         if ($signStr != $returnJson) {
82.             //如果签名验证失败，就将这条失败数据记录到日志文件中，以便排查问题
83.             $data = '订单号为: ' .
84.                     $jsonArray['out_trade_no'] .
85.                     ',通知时间为: ' . time() .
86.                     ',当时的通知返回数据为: ' .
87.                     $wxRespose . PHP_EOL;
88.             file_put_contents('paynotify.txt', $data, FILE_APPEND);
89.             return '签名认证失败';
90.         }
91.         //获取订单号
92.         $orderNo = $jsonArray['out_trade_no'];
93.         //修改该订单的支付状态，即将未支付变为已支付
94.         //其他逻辑
95.         return '';
96.     }
97.
98.     /**
```

```
99.    * 其他方法
100.   */
101. }
```

提示

为什么需要验证签名是否一致?

签名就像服务端程序和微信端服务程序之间的暗号一样,首先检查暗号是否正确,然后才处理数据。这样能够最大程度地保证交易数据的准确性和安全性,以防攻击者模拟交易数据提交而导致财产丢失。

10.6 习题

虽然微信开发的大部分功能我们都无法去实践,但还是希望你可以去尝试做以下事情。

◆ 注册微信开放平台、微信商户平台、微信公众平台。

◆ 深入了解 PC 记账网站应用的微信扫码登录、APP 微信快捷登录、微信 APP 支付的原理。

◆ 在接口对接中,签名是一个很重要的部分,希望你仔细阅读微信的官方文档以理解相关的签名及算法。

◆ Guzzle 是一个很常用的 HTTP 请求客户端,利用它能够完成基于 GET、POST、PUT 等的请求,还可以用它来上传文件。希望你能熟练掌握 Guzzle。

第 11 章
图片上传那些事

突然有一天，你的老板跑到你的工位上对你说："我们的记账应用感觉比较单调，是否可以增加以下几个功能来丰富一下？"

◆ 用户记账的时候能够上传照片，比如和朋友吃饭时，可以上传一些吃饭的照片，以作为留念。

◆ 用户评论公开记账的时候，除了基础的文字内容外，也可以上传一些图片来丰富评论。

◆ 用户登录之后，能够上传图片设置头像。

以上几个功能，其实都在围绕着一个问题进行，即将用户计算机或者手机中的图片上传到我们的服务器。本章我们就来聊聊关于图片上传的那些事，学会了上传图片，上传其他文件自然而然就明白了。

11.1 form 标签的两个重要属性

学过 HTML 的读者应该都知道，form 标签有两个重要的属性：method 和 enctype。也应该知道，如果有文件上传，那么 method 必须设置为 post，而 enctype 必须设置为 multipart/form-data。但是，这一切现在只是理论知识。本节我们就来实践这个理论，看看为什么需要这样设置。

11.1.1 第一次实践

我们首先用 PhpStorm 打开 D 盘下面的 site 目录，然后新建两个文件：upload1.html 和

upload1.php。两个文件的内容如代码清单 11-1 和代码清单 11-2 所示。

代码清单 11-1 upload1.html

```
1.   <!DOCTYPE html>
2.   <html lang="zh-CN">
3.   <head>
4.       <meta charset="utf-8">
5.       <meta http-equiv="x-ua-compatible" content="ie=edge">
6.       <meta name="viewport" content="width=device-width, initial-scale=1">
7.       <title>文件上传</title>
8.   </head>
9.   <body>
10.      <form method="post" action="upload1.php">
11.          <input type="file" name="test">
12.          <input type="submit" value="上传">
13.      </form>
14.  </body>
15.  </html>
```

代码清单 11-2 upload1.php

```
1.   <?php
2.   var_dump($_POST);
```

打开浏览器开发者工具，然后访问 http://www.myself.personsite/upload1.html，选择一张图片并单击上传，看看请求头和服务端的输出情况，如图 11-1 所示。

如图 11-1 所示，我们能够得到以下信息。

◆ enctype 属性没有设置，即默认的情况下，上传的图片是放在 Form Data 中的。

◆ 从 Form Data 部分我们可以看到，浏览器仅上传了图片的文件名称，图片的内容并没有上传，这也可以从 upload1.php 的输出结果得到验证。

综上所述，在上传文件的时候，即使 form 标签的 method 属性值为 post，但 enctype 属性没有设置，浏览器都不会将图片进行上传，仅上传文件名称而已。

> **提示**
>
> enctype 属性的默认值为 application/x-www-form-urlencoded，所以在没有文件上传的时候，我们可以忽略掉这个属性。

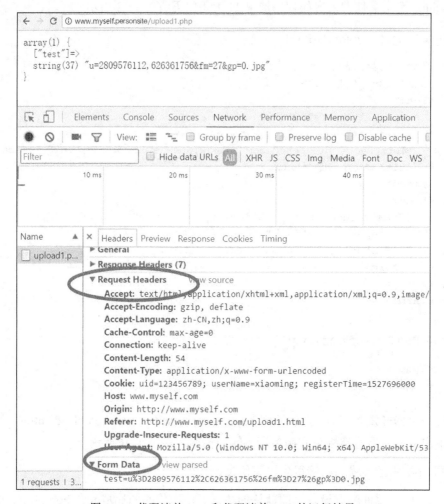

图 11-1 代码清单 11-1 和代码清单 11-2 的运行结果

11.1.2 第二次实践

在 11.1.1 节中，我们已经实践了 enctype 的属性值为 application/x-www-form-urlencoded 的情况，得到的结论是：浏览器根本就没有上传图片，服务端自然就无法获取图片内容。

现在继续用 PhpStorm 打开 D 盘下面的 site 目录，然后新建一个文件：upload2.html，如代码清单 11-3 所示。现在将 enctype 的取值设置为 multipart/form-data，进行第二次实践，看看情况有没有改变。

代码清单 11-3　upload2.html

```
1.  <!DOCTYPE html>
2.  <html lang="zh-CN">
3.  <head>
4.      <meta charset="utf-8">
5.      <meta http-equiv="x-ua-compatible" content="ie=edge">
6.      <meta name="viewport" content="width=device-width, initial-scale=1">
7.      <title>文件上传</title>
8.  </head>
9.  <body>
10.     <form method="post"
11.           action="upload1.php"
12.           enctype="multipart/form-data">
13.         <input type="file" name="test">
14.         <input type="submit" value="上传">
15.     </form>
16. </body>
17. </html>
```

打开浏览器开发者工具，访问 http://www.myself.personsite/upload2.html，选择同一张图片并单击上传，继续查看请求头和服务端的输出情况，如图 11-2 所示。

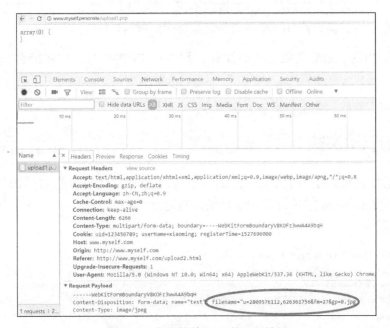

图 11-2　代码清单 11-3 的运行结果

如图 11-2 所示，我们能够得到以下信息。

◆ 当 enctype 属性被设置为 multipart/form-data 时，图片的内容是放在 Request Payload 中的。

◆ 从 Request Payload 部分我们可以得知，浏览器除了上传图片名称以外，还上传了图片内容，并且告知服务端图片的 MIME 类型为 image/jpeg。

◆ 虽然浏览器端将图片全部上传到服务端了，但是服务端的 PHP 代码用$_POST 仍然无法获取上传的图片。

综上所述，在上传文件的时候，form 标签的 method 属性必须设置为 post，enctype 的属性必须设置为 multipart/form-data，这样浏览器才会将图片上传到服务端。

11.2　$_FILES 诞生记及它的数据结构

在 11.1.2 节中，我们发现虽然浏览器将图片上传了，但是服务端的$_POST 却无法获取上传的图片内容，那$_POST 的作用到底是什么？

因为上传文件是 POST 请求，而上传文件的时候，由于涉及文件的尺寸、大小、文件名、类型等，这些数据与普通的 POST 数据不同，所以 PHP 底层单独用$_FILES 数组来封装文件的数据，所以讲解$_FILES 知识必须从讲解$_POST 开始，

既然用$_POST 无法获取上传的图片，那么在 PHP 端怎么样才能够获取上传的图片呢？

带着这两个问题，我们开始本节的学习。

11.2.1　第三次实践

为了研究$_POST 的作用到底是什么，现在我们继续在代码清单 11-3 的基础之上进行实践。同样用 PhpStorm 打开 D 盘 site 目录，新建一个文件：upload3.html，具体内容如代码清单 11-4 所示。

代码清单 11-4　upload3.html

```
1.  <!DOCTYPE html>
2.  <html lang="zh-CN">
3.  <head>
4.     <meta charset="utf-8">
```

```
5.        <meta http-equiv="x-ua-compatible" content="ie=edge">
6.        <meta name="viewport" content="width=device-width, initial-scale=1">
7.        <title>文件上传</title>
8.   </head>
9.   <body>
10.  <form method="post"
11.       action="upload1.php"
12.       enctype="multipart/form-data">
13.      <input type="file" name="test">
14.      <input type="text" name="onetest" title="">
15.      <input type="text" name="uploadtest" title="">
16.      <input type="submit" value="上传">
17.  </form>
18.  </body>
19.  </html>
```

打开浏览器开发者工具，访问 http://www.myself.personsite/upload3.html，填写数据并选择一张图片单击上传。继续查看请求头和服务端的输出情况，如图 11-3 和图 11-4 所示。

图 11-3　在页面中填写一些数据

从图 11-4 我们可以看到，除了上传的图片无法获取外，其他的表单数据都能够获取。这说明一点，即$_POST 是经过 PHP 二次封装的一个超级全局数组变量，它并不等价于全原生的 POST 请求数据。

图 11-4 代码清单 11-4 提交表单之后的运行结果

11.2.2 获取原生的 POST 请求内容

为了获取原生的 POST 数据，我们需要知道以下两个知识点。

◆ `php://input` 是一个只读流，允许你从请求体中读取原始数据。

◆ `enable_post_data_reading` 是个配置选项，当它被设置为 On 时，表示自动将 POST 数据填充到$_POST 中；设置为 Off 的时候，则只能够用 `php://input` 来获取 POST 数据。

围绕着以上两个知识点，我们先修改 PHP 配置文件。首先打开 XAMPP 的控制面板，然后单击 config 按钮，选择 PHP 目录并打开，如图 11-5 所示。

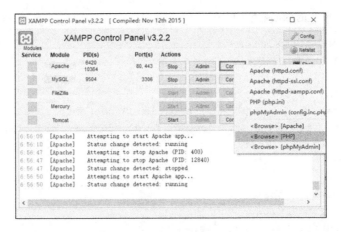

图 11-5 从 XAMPP 控制面板中打开 PHP 目录

进入 PHP 目录之后，找到 php.ini 文件，用 Notepad++打开进行编辑。然后找到 enable_post_data_reading 这个配置选项，将前面的注释分号去掉，如图 11-6 所示。保存并重启 Apache 服务器。

```
; Whether PHP will read the POST data.
; This option is enabled by default.
; Most likely, you won't want to disable this optic
; and $_FILES to always be empty; the only way you
; POST data will be through the php://input stream
; to proxy requests or to process the POST data in
; http://php.net/enable-post-data-reading
enable_post_data_reading = Off

; Maximum size of POST data that PHP will accept.
; Its value may be 0 to disable the limit. It is ic
; is disabled through enable_post_data_reading.
; http://php.net/post-max-size
post_max_size=8M
```

图 11-6 php.ini 配置文件中的配置选项

注意

切记，对 enable_post_data_reading 配置选项的修改是临时的。学完本小节知识后，请用同样的操作步骤修改回来，要不然之后用$_POST 就无法获取上传的数据了。

经过以上的操作，配置文件已经修改并生效了。现在完成 PHP 代码部分，继续用 PhpStorm 打开 D 盘下面的 site 目录，然后新建 2 个文件：upload4.html 和 upload2.php，其具体代码如代码清单 11-5 和代码清单 11-6 所示。

代码清单 11-5 upload4.html

```
1.  <!DOCTYPE html>
2.  <html lang="zh-CN">
3.  <head>
4.      <meta charset="utf-8">
5.      <meta http-equiv="x-ua-compatible" content="ie=edge">
6.      <meta name="viewport" content="width=device-width, initial-scale=1">
7.      <title>文件上传</title>
8.  </head>
9.  <body>
10. <form method="post"
11.     action="upload2.php"
12.     enctype="multipart/form-data">
13.     <input type="file" name="test">
14.     <input type="text" name="uploadtest" title="">
15.     <input type="text" name="uploadtesthaha" title="">
16.     <input type="submit" value="上传">
17. </form>
18. </body>
19. </html>
```

代码清单 11-6 upload2.php

```
1.  <?php
2.  var_dump(file_get_contents("php://input"));
```

用浏览器访问 http://www.myself.personsite/upload4.html，填写数据和图片并提交，运行结果如图 11-7 所示。

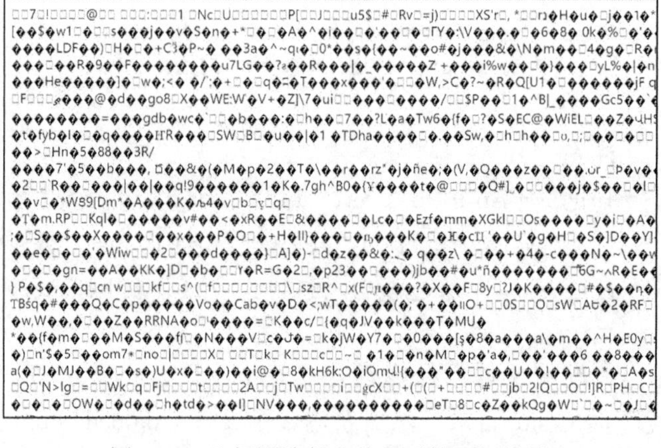

图 11-7　选择图片并上传之后的运行结果

如图 11-7 所示，我们发现 PHP 端可以获取图片内容了，只不过获取的是一系列的二进制内容，还需要自己通过各种算法去解析它，这对于初学者来说是不现实的。所以 PHP 将这一切的解析封装成$_FILES 全局变量数组，这就是$_FILES 的由来。

11.2.3 $_FILES 的外貌

从 11.2.2 一节我们已经知道 PHP 将文件上传的数据全部封装到了$_FILES 这个超级全局数组变量中了，那么它的数据结构怎么样？本节我们就来研究一下。

继续用 PhpStorm 在 D 盘下面的 site 目录下面新建两个文件：upload5.html 和 upload3.php，其具体内容如代码清单 11-7 和代码清单 11-8 所示。

代码清单 11-7 upload5.html

```
1.  <!DOCTYPE html>
2.  <html lang="zh-CN">
3.  <head>
4.      <meta charset="utf-8">
5.      <meta http-equiv="x-ua-compatible" content="ie=edge">
6.      <meta name="viewport" content="width=device-width, initial-scale=1">
7.      <title>文件上传</title>
8.  </head>
9.  <body>
10. <form method="post"
11.     action="upload3.php"
12.     enctype="multipart/form-data">
13.     <input type="file" name="one">
14.     <input type="file" name="two">
15.     <input type="file" name="three">
16.     <input type="text" name="multifile" value="多文件上传测试" title="">
17.     <input type="submit" value="上传">
18. </form>
19. </body>
20. </html>
```

代码清单 11-8 upload3.php

```
1.  <?php
2.  //输出所有的 post 数据
3.  print_r($_POST);
4.  //输出所有的文件上传数据
5.  print_r($_FILES);
```

打开浏览器访问 URL http://www.myself.personsite/upload5.html，然后选择 3 张图片上传，单击上传按钮，运行结果如图 11-8 所示。

```
← → C  ⓘ www.myself.personsite /upload3.php

Array
(
    [multifile] => 多文件上传测试
)
Array
(
    [one] => Array
        (
            [name] => u=2809576112,626361756&fm=27&gp=0.jpg
            [type] => image/jpeg
            [tmp_name] => D:\software\XAMPP\tmp\php6402.tmp
            [error] => 0
            [size] => 6055
        )

    [two] => Array
        (
            [name] => 869.png
            [type] => image/png
            [tmp_name] => D:\software\XAMPP\tmp\php6422.tmp
            [error] => 0
            [size] => 50744
        )

    [three] => Array
        (
            [name] => QQ图片20180622204526.png
            [type] => image/png
            [tmp_name] => D:\software\XAMPP\tmp\php6423.tmp
            [error] => 0
            [size] => 61901
        )

)
```

图 11-8 代码清单 11-7 提交表单之后的运行结果

如图 11-8 所示，我们上传的 3 张图片都成功被获取了，并且图片的信息都被保存在数组中，下面来总结一下这个数组。

◆ 每个上传文件的相关数据都被保存在$_FILES 数组中，并且以文件表单域的 name 属性值作为数组索引。

◆ name 表示用户选择的文件名，也就是用户计算机或者手机中的图片名称。

◆ type 表示上传文件的 MIME 类型，由于这个值来自于用户端，很容易被模拟，所以一般不使用。

◆ tmp_name 表示服务端将该图片保存的位置。tmp 表示是临时文件，所以我们需要将这个临时文件移动到永久文件的存储地方。

◆ error 表示上传文件是否出错，0 表示文件完整上传了，没有任何错误，其他的就
表示有错误。

◆ size 表示文件的大小。

11.3 一个完整的图片上传例子

经过前面两节的学习，我们已经具备了处理图片上传的能力，本节我们就来实现一个
完整的上传图片的例子。

继续用 PhpStorm 在 D 盘下面的 site 目录中新建两个文件：img_upload.html 和 img_
upload.php，其具体内容如代码清单 11-9 和代码清单 11-10 所示。

代码清单 11-9　img_upload.html

```
1.  <!DOCTYPE html>
2.  <html lang="zh-CN">
3.  <head>
4.      <meta charset="utf-8">
5.      <meta http-equiv="x-ua-compatible" content="ie=edge">
6.      <meta name="viewport" content="width=device-width, initial-scale=1">
7.      <title>图片上传例子</title>
8.  </head>
9.  <body>
10. <form method="post"
11.     action="img_upload.php"
12.     enctype="multipart/form-data">
13.     <input type="file" name="userheader">
14.     <input type="submit" value="上传">
15. </form>
16. </body>
17. </html>
```

代码清单 11-10　img_upload.php

```
1.  <?php
2.  //允许上传的文件类型
3.  $allowImgType = [
4.      'image/png' => 'png',
5.      'image/jpeg' => 'jpg'
6.  ];
7.
```

```
8.   //如果用户没有上传图片，就提示退出
9.   if (emptyempty($_FILES['userheader'])) {
10.     echo '请上传头像';
11.     exit;
12.   }
13.
14.  //检查服务端是否已经完整、正确地接收到上传文件
15.  if (intval($_FILES['userheader']['error']) > 0) {
16.     echo '上传图片错误';
17.     exit;
18.   }
19.
20.  //检查是否是上传文件
21.  if (!is_uploaded_file($_FILES['userheader']['tmp_name'])) {
22.     echo '不是上传文件';
23.     exit;
24.   }
25.
26.  /**
27.   * 获取上传文件的 MIME 类型
28.   *用$_FILES['userheader']['type']不安全
29.   */
30.  $finfo = new finfo(FILEINFO_MIME_TYPE);
31.  $mimeType = $finfo->file($_FILES['userheader']['tmp_name']);
32.
33.  //检查文件类型是否合法
34.  if (
35.     !in_array(
36.         strtolower($mimeType), array_keys($allowImgType)
37.     )
38.  ) {
39.     echo '非法上传图片类型';
40.     exit;
41.   }
42.
43.  //检查并生成保存文件的目录
44.  $dirName = 'uploadimg/'  . date('Y/m/d');
45.  if (!file_exists($dirName)) {
46.     mkdir($dirName, 0777, true);
47.   }
48.
49.  //生成保存的文件名
50.  $fileName = uniqid() . '.' . $allowImgType[$mimeType];
```

```
51. //将临时文件移动到新的存储目录中并永久地存储起来
52. move_uploaded_file(
53.     $_FILES['userheader']['tmp_name'],
54.     $dirName . '/' . $fileName
55. );
56. echo '上传成功,并且保存路径为: ' . $dirName . '/' . $fileName;
```

打开浏览器访问 http://www.myself.personsite/img_upload.html，然后上传一张图片并单击上传按钮。此时程序将在 site 目录下面新建一个 uploadimg 的多级目录，并且上传文件保存在该目录中，如图 11-9 所示。

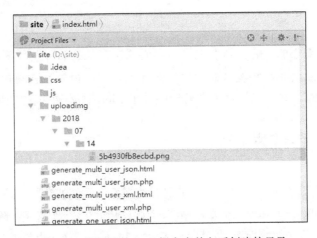

图 11-9　代码清单 11-9 提交表单之后创建的目录

11.4　习题

本章内容不多，但是告诉了你一种解决问题的办法，即在遇到问题的时候，应该一步步地来，不要急于求成。通往真理的路往往是一步一个脚印的，本章有 2 个知识点需要你自己在空余时间学习。

◆　PHP 关于文件上传配置的相关知识。

◆　Laravel 框架关于文件上传及文件存储的相关知识。

第 12 章
LNMP 开发环境搭建

到现在为止，细心的读者应该发现了，我们的所有代码的开发环境还是基于 Windows 系统的，但是在真正的生产环境（面向用户的环境）中，很多互联网企业的服务器首选都是基于 Linux 系统的。本章我们就来学习一些关于 Linux 操作系统的知识。

12.1 Linux 系统发行版

图 12-1 所示的是在阿里云购买云服务器时选择操作系统的截图。除了第二个 Windows Server 外，你可以搜索一下其他几个操作系统，可以得到这么一个答案：除了 FreeBSD 以外，其他几个都是 Linux 系统的发行版，并且 FreeBSD 和 Linux 一样，也是类 UNIX 操作系统。

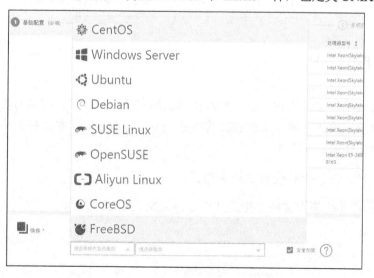

图 12-1　购买阿里云服务器时选择操作系统

Linux 系统和发行版有什么区别？

　　Linux 系统其实是核心，而发行版就是 Linux 系统核心与各种扩展软件的集合，怎么理解这句话呢？就拿我们熟悉的 Windows 系统来说，因为 Windows 系统提供了各种各样的可视化操作，我们才可以实现用鼠标右键就能够创建一个文件或者文件夹的操作。但是这些都是扩展软件，Windows 系统的核心是不具备这些功能的。相同道理，上面各种发行版的核心其实都是 Linux 系统，只不过各自集成的扩展软件不同而已。

12.2　在 Windows 下面安装 Ubuntu

　　从图 12-1 的阿里云操作系统列表我们可以看到，排在第三位的 Linux 发行版是 Ubuntu 操作系统，那么下面我们就在 Windows 系统的计算机上实现 Ubuntu 的安装，这里为什么不选择 CentOS 呢？因为在 12.2.1 节中介绍的虚拟机 VirtualBox 不支持这个操作系统，怕大家安装这个操作系统出错后不知道怎么办。

12.2.1　虚拟机软件 VirtualBox 的安装

　　为了实现在 Windows 系统的计算机中安装 Ubuntu 系统，我们首先需要安装 VirtualBox 软件，下面是安装步骤。

◆　在 D:\software 目录下面新建一个目录 VirtualBox。

◆　打开 VirtualBox 官网下载其安装包，如图 12-2 所示。

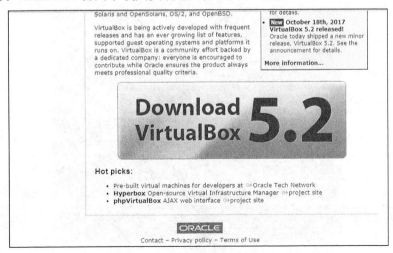

图 12-2　VirtualBox 官方网站

◆　单击下载的安装包进行 VirtualBox 安装。整个安装过程没有什么复杂的步骤，只需要不断地单击下一步就可以了，这里需要注意的是将软件安装到第一步建立的目录中。

◆　安装完成之后运行这个软件，并单击新建，结果如图 12-3 所示。

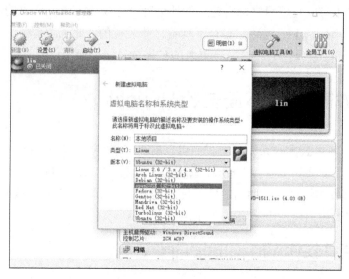

图 12-3　在 VirtualBox 新建一个虚拟机

如图 12-3 所示，我们发现只有 32 位的操作系统可以选择，而没有 64 位的，这个时候怎么办呢？首先重启你的计算机，然后按 F2 或 F8 或 Del（根据你自己的计算机决定）键进入到 BIOS，开启虚拟化，如图 12-4 所示。

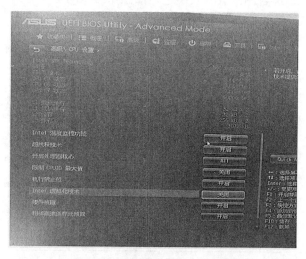

图 12-4　虚拟化技术 BIOS 设置

将虚拟化技术开启并保存之后重启计算机，继续打开 VirtualBox 软件并单击新建，现在发现可以选择 64 位的操作系统了，如图 12-5 所示。

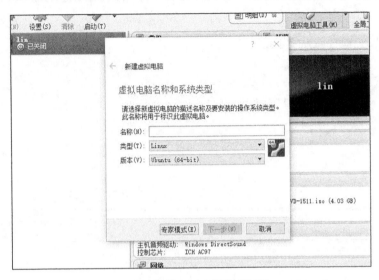

图 12-5 选择 64 位的操作系统

注意

为什么有的 BIOS 没有这个选项或者不支持开启虚拟化技术呢？

不是任何主板 BIOS 都支持开启虚拟化技术，只有计算机 CPU 支持才可以。如果不支持，那么在 BIOS 中的表现形式就是没有这个选项或者处于禁用状态。

12.2.2 Ubuntu 系统的安装

在 12.2.1 节中，我们已经将虚拟机安装好了。有了虚拟机，我们就能够实现对 CPU、硬盘、内存等的虚拟化，而这一切正好是安装操作系统必须具备的硬件资源。

有了硬件资源后，我们就可以安装 Ubuntu 操作系统了，具体的安装步骤如下。

◆ 打开 Ubuntu 官网，下载其安装包，如图 12-6 所示。

◆ 打开 VirtualBox 软件，并且单击新建按钮创建一个名为本地服务器的虚拟机，创建后的结果如图 12-7 所示。

图 12-6　Ubuntu 操作系统官方网站

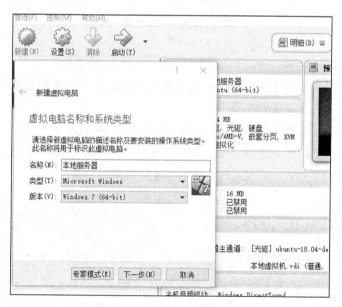

图 12-7　创建一个虚拟机

如图 12-7 所示，你只需要不断地单击下一步就能够创建虚拟机了。这里需要注意，在选择内存分配、硬盘大小的时候根据自己的计算机配置来进行，建议尽量将硬盘设置地稍微大一些（如 64GB），而内存则为 1.5GB 左右。

◆　将鼠标光标放在列表的本地服务器上并单击右键打开设置。打开设置之后，单击存储，选择第一步下载的 Ubuntu 操作系统，如图 12-8 所示。然后关闭这个窗口，并且单击启动按钮，开始安装操作系统的安装。

图 12-8　选择第一步下载的 Ubuntu 操作系统

◆　单击运行按钮之后，系统开始安装 Ubuntu 操作系统，如图 12-9 所示。因为从开始安装到安装完成有很多的步骤，每一步都有提示，所以可以选择中文或者熟悉的其他语言来显示相应的提示。

图 12-9　开始安装 Ubuntu

◆　整个安装过程大多数都是不停地单击下一步，其中有一步需要你输入用户名和密

码，如图 12-10 所示。一定要记住这个用户名和密码，后续登录的时候还需要
使用。

图 12-10 输入登录用户名和密码

◆ 经过漫长的等待，Ubuntu 操作系统终于安装好了，登录之后的显示效果如图 12-11
所示。

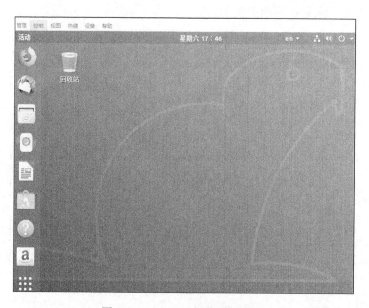

图 12-11 Ubuntu 操作系统桌面

12.3 一些常用的 Shell 命令

在搭建 PHP 的开发环境过程中需要使用一些 Shell 命令，本节将介绍一些常用的 Shell 命令。为了练习，我们需要从 Ubuntu 操作系统打开终端应用，如图 12-12 所示。

图 12-12 打开终端应用

12.3.1 纯命令行模式和远程登录服务器

由于我所用的计算机的配置较低，所以打开 Ubuntu 桌面后计算机的运行很卡，于是我将桌面模式切换到非常省硬件资源的纯命令行模式。

单击终端应用之后执行命令：sudo systemctl set-default multi-user.target，然后关闭系统。接着修改虚拟机的各种硬件配置，并将网络连接方式设置为桥接网卡，如图 12-13 所示。最后启动系统，进入到纯命令行模式，如图 12-14 所示。

图 12-13 设置网络连接方式为桥接网卡

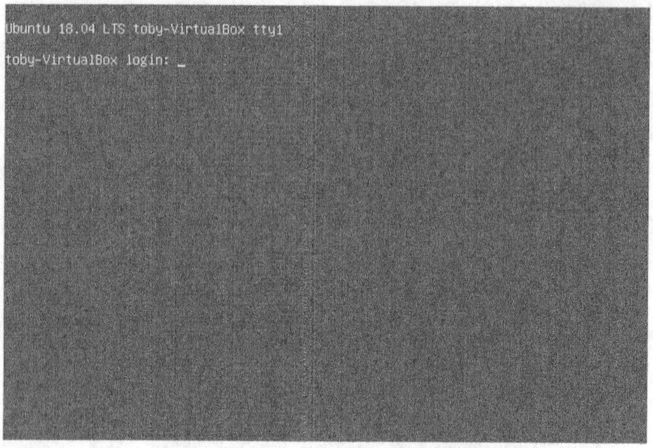

图 12-14   纯命令行模式

如图 12-14 所示，输入登录的用户名和密码就能够登录操作系统了。原本以为采用纯命令行模式能够讲清楚 Shell 命令，但是当执行命令的时候，我发现了会有中文乱码的问题，如图 12-15 所示。

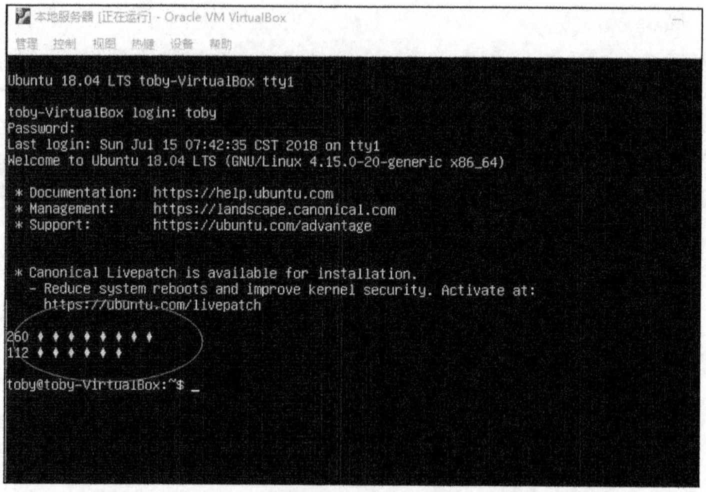

图 12-15   纯命令行模式下中文有乱码

如图 12-15 所示，中文被显示成了菱角符号，这样在终端下面执行各种命令的体验肯定非常糟糕。为了解决这个问题，我们需要做以下几件事情。

◆   执行命令 sudo apt install net-tools 安装网络相关的工具，如图 12-16 所示。

◆   执行命令 ifconfig 查看 IP 地址，如图 12-16 所示。

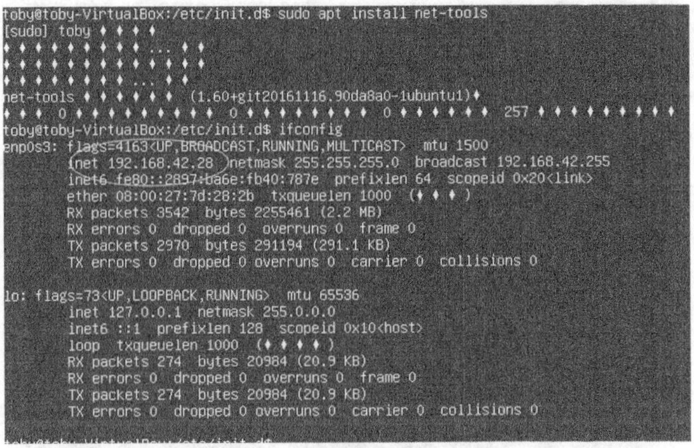

图 12-16 安装工具查看服务器 IP 地址

◆ 执行命令 sudo apt install openssh-server 安装 SSH 服务端，目的是外部能够利用 SSH 客户端连接到这个服务端，从而达到远程登录以操作服务器的目的。

◆ 执行命令 sudo apt install vim 安装 Vim 编辑器，为编辑文件做准备。

◆ 执行命令打开 sudo vim /etc/ssh/ssh_config 文件，然后将鼠标光标移动到 Port 22 这个部分，按键盘上的 I 键进入编辑，将其注释去掉，然后按键盘上的 Esc 键退出编辑状态，最后输入 :wq 保存修改并退出。修改前和修改后的端口如图 12-17 和图 12-18 所示。

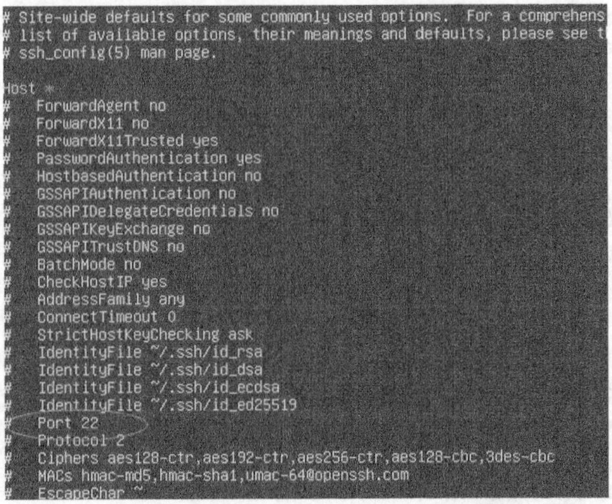

图 12-17 ssh_config 编辑前的端口部分

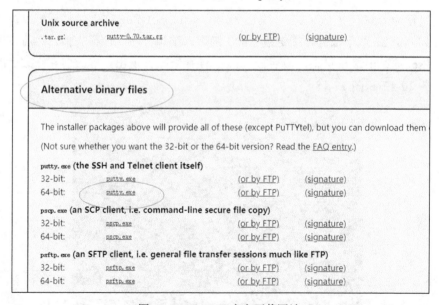

```
Host *
#   ForwardAgent no
#   ForwardX11 no
#   ForwardX11Trusted yes
#   PasswordAuthentication yes
#   HostbasedAuthentication no
#   GSSAPIAuthentication no
#   GSSAPIDelegateCredentials no
#   GSSAPIKeyExchange no
#   GSSAPITrustDNS no
#   BatchMode no
#   CheckHostIP yes
#   AddressFamily any
#   ConnectTimeout 0
#   StrictHostKeyChecking ask
#   IdentityFile ~/.ssh/id_rsa
#   IdentityFile ~/.ssh/id_dsa
#   IdentityFile ~/.ssh/id_ecdsa
#   IdentityFile ~/.ssh/id_ed25519
Port 22
#   Protocol 2
#   Ciphers aes128-ctr,aes192-ctr,aes256-ctr,aes128-cbc,3des-cbc
#   MACs hmac-md5,hmac-sha1,umac-64@openssh.com
#   EscapeChar ~
#   Tunnel no
#   TunnelDevice any:any
#   PermitLocalCommand no
#   VisualHostKey no
#   ProxyCommand ssh -q -W %h:%p gateway.example.com
#   RekeyLimit 1G 1h
```

图 12-18　ssh_config 编辑后的端口部分

◆　执行命令 sudo/etc/ini.t/ssh start 开启服务端。

◆　在 PuTTY 官方网站下载一个名为 PuTTY 的 SSH 客户端软件，如图 12-19 所示。下载之后直接将它放在 D 盘 site 目录下的 putty 目录中。

图 12-19　PuTTY 官方下载网站

◆　打开 PuTTY 软件，输入在第二步获取的 IP 地址，然后单击 Open 按钮，连接服务器，如图 12-20 所示。

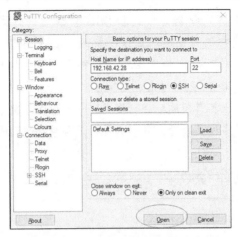

图 12-20　用 PuTTY 连接本地服务器

◆　输入登录用户名和登录密码，然后登录服务器，如图 12-21 所示。

图 12-21　登录本地服务器之后的显示

　　如图 12-21 所示，我们用 PuTTY 工具成功登录进服务器了。不要轻视本节内容，因为在生产环境中，我们也是这样做的，毕竟服务器不在本地，只能通过 SSH 客户端远程登录服务器来进行一系列的操作。

> **提示**
>
> 当在纯命令行模式下时，如果你想进入桌面模式，可以执行命令 sudo systemctl start gdm；如果想让系统启动的时候就是桌面模式，可以执行命令 sudo systemctl set-default graphical.target。

> 不要将纯命令行模式和 SSH 登录两种方式混淆了，虽然它们的表现形式是一样的，但是前者是在服务器上操作，而后者是在外部操作服务器上操作。SSH 登录是今后项目常用的方式。
> 为什么推荐用纯命令行模式？一个原因是桌面模式会浪费很多硬件资源，另一个原因是命令操作的速度更快。

12.3.2 关于目录的命令

下面是一些常用的关于目录的 Shell 命令。

- pwd：显示目前工作目录，运行结果如图 12-22 所示。
- cd /：切换到根目录，运行结果如图 12-22 所示。
- ls：显示目前工作目录下面的目录和文件，仅显示一级目录，运行结果如图 12-22 所示。
- ll：和 ls 一样，只不过除了文件名外，还显示权限、创建时间等，运行结果如图 12-22 所示。

```
toby@toby-VirtualBox:~$ pwd
/home/toby
toby@toby-VirtualBox:~$ cd /
toby@toby-VirtualBox:/$ ls
bin    dev   initrd.img      lib64       mnt   root  snap      sys  var
boot   etc   initrd.img.old  lost+found  opt   run   srv       tmp  vmlinuz
cdrom  home  lib             media       proc  sbin  swapfile  usr
toby@toby-VirtualBox:/$ ll
总用量 2097264
drwxr-xr-x  24 root root       4096 5月  27 10:17 ./
drwxr-xr-x  24 root root       4096 5月  27 10:17 ../
drwxr-xr-x   2 root root       4096 7月  15 08:53 bin/
drwxr-xr-x   3 root root       4096 5月  27 10:23 boot/
drwxrwxr-x   2 root root       4096 5月  27 09:48 cdrom/
drwxr-xr-x  18 root root       3860 7月  15 08:32 dev/
drwxr-xr-x 122 root root      12288 7月  15 09:49 etc/
drwxr-xr-x   3 root root       4096 5月  27 10:03 home/
lrwxrwxrwx   1 root root         33 5月  27 10:17 initrd.img -> boot/initrd.img-
4.15.0-20-generic
lrwxrwxrwx   1 root root         33 5月  27 09:38 initrd.img.old -> boot/initrd.
img-4.15.0-20-generic
drwxr-xr-x  21 root root       4096 5月  27 10:21 lib/
drwxr-xr-x   2 root root       4096 4月  27 02:18 lib64/
drwx------   2 root root      16384 5月  27 09:38 lost+found/
drwxr-xr-x   2 root root       4096 4月  27 02:18 media/
drwxr-xr-x   2 root root       4096 4月  27 02:18 mnt/
drwxr-xr-x   2 root root       4096 4月  27 02:18 opt/
dr-xr-xr-x 108 root root          0 7月  15 08:31 proc/
drwx------   3 root root       4096 4月  27 02:28 root/
drwxr-xr-x  25 root root        780 7月  15 10:08 run/
drwxr-xr-x   2 root root      12288 7月  15 08:53 sbin/
drwxr-xr-x   9 root root       4096 5月  27 11:13 snap/
drwxr-xr-x   2 root root       4096 4月  27 02:18 srv/
-rw-------   1 root root 2147483648 5月  27 09:38 swapfile
dr-xr-xr-x  13 root root          0 7月  15 08:31 sys/
drwxrwxrwt   9 root root       4096 7月  15 09:49 tmp/
drwxr-xr-x  10 root root       4096 4月  27 02:18 usr/
drwxr-xr-x  14 root root       4096 4月  27 02:30 var/
lrwxrwxrwx   1 root root         30 5月  27 10:17 vmlinuz -> boot/vmlinuz-4.15.0
-20-generic
```

图 12-22 pwd 等 Shell 命令的运行结果

◆ cd~：切换到用户的主目录，也就是用户首次登录系统时的目录，运行结果如图 12-23 所示。

◆ .（一个点）表示目前工作目录，..（两个点）表示目前工作目录的父亲目录，cd .. 用于切换到父目录。

◆ mkdir php：在目前工作目录下面创建一个名为 php 的目录，运行结果如图 12-23 所示。

◆ rmdir php：删除目前工作目录下面的 php 目录，但是这种方式只能够删除为空内容的目录，即该目录下面什么文件都没有。

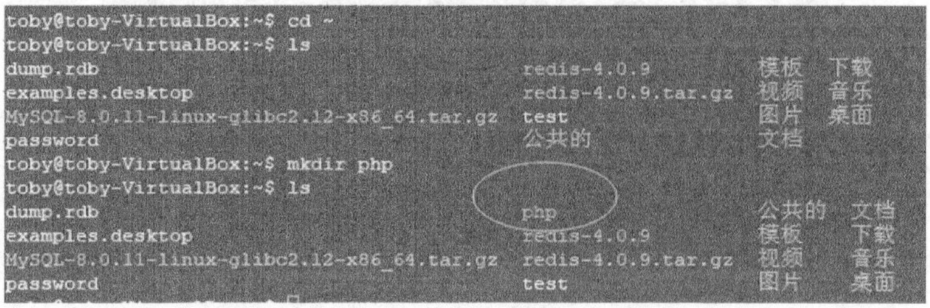

图 12-23　mkdir 等 Shell 命令的运行结果

12.3.3　Vim 编辑器命令

在 12.3.1 节中我们学习了几个 Vim 编辑器的命令，本节将我们继续深入学习更多的编辑命令。

◆ vim index.php 将在当前目录下打开（如果已经存在）或者新建 index.php 文件。如果是新建的话，必须执行保存命令后才会真正地在当前目录下面生成文件。

◆ 按键盘上的 I 键，将进入编辑文件状态。

◆ 如果编辑完成，可以按键盘上的 Esc 键退出编辑状态。

◆ 在非编辑状态，连续按两次 D 键将删除该行。

◆ 在非编辑状态下，输入/php 并按下回车键，这样就能够找到文件中第一处 php 字符串，然后按 n 可以找下一处，按 N 找上一处。

◆ 如果发现文件编辑错了，又不想改，可以退出编辑状态。执行:q!可强制退出。

◆ 如果文件修改好了，可以退出编辑状态并执行命令:wq 保存并退出；:w 表示仅保存，但是不退出；:q 表示退出。

Vim 提供了很多编辑命令，你可以多搜索相关的文章看看，多熟悉这个编辑器。图 12-24 所示的是一个简单的编辑命令演示例子。

图 12-24　Vim 编辑器的几个命令综合演示

12.3.4　用户与权限相关命令

用户和权限相关命令是非常重要的命令，它们涉及安全。下面是一些常用的 Shell 命令。

◆　`sudo addgroup www-data` 创建一个 www-data 的用户组。

◆　`sudo adduser www-data www-data` 创建一个 www-data 用户并将其添加到 www-data 用户组。

◆　`chmod 777 index.php` 将 index.php 文件的权限设置为全部用户都能够执行读写操作。

◆　`chmod 700 index.php` 将 index.php 文件的权限设置为仅拥有者能执行读写操作，拥有者所在组及其他组的用户都无法对文件进行任何操作，包括读取文件内容。

◆　`chmod 770 index.php` 将 index.php 文件的权限设置为仅拥有者、拥有者所在的用户组的用户能执行读写操作，其他用户组的用户都无法对文件进行任何操作。

◆　`chown -R www-data:www-data index.php` 将 index.php 文件的用户和用户组修改为 www-data 用户和 www-data 用户组。如果要修改的是一个目录，那么需要加上`-R`。

修改 index.php 文件用户和用户组之后的效果如图 12-25 所示。

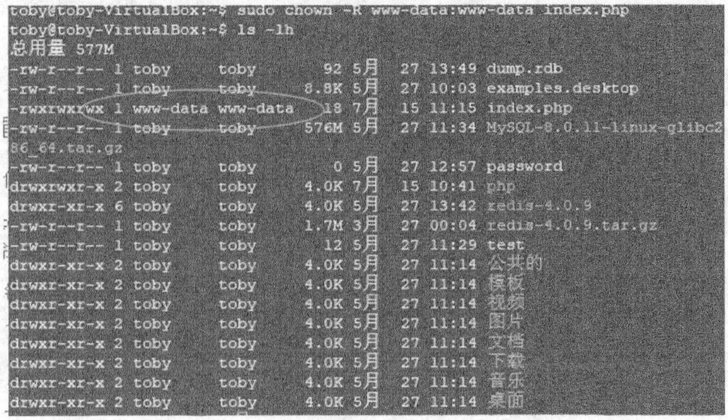

图 12-25　修改 index.php 文件的用户和用户组

12.3.5　其他命令

除了前面 3 节介绍的 Shell 命令外，还有一些常用的 Shell 命令。

◆ `reboot`：重启系统。

◆ `uname -a`：查看系统内核信息。

◆ `cat /etc/issue`：查看 Ubuntu 系统版本信息。

◆ `history`：显示之前执行过的 Shell 命令。

◆ `history | more`：如果命令很多，可以加上 More 来逐渐显示，然后按回车键（键盘上的 Enter 键）就能够看更多的命令。

◆ `ps -ef | grep nginx`：看看是否目前有 Nginx 运行，最后返回进程号。

◆ `kill PID`：终止对应的进程，如 kill 3268 表示终止进程号为 3268 的进程。

◆ `killall nginx`：杀死所有的 Nginx 进程。

◆ `df -h`：查看磁盘空间使用情况。

◆ `free -m`：以 MB 为单位显示系统内存情况。

◆ `wget ×××`（×××代表网址）：下载某网址首页的内容到当前目录中。

部分命令的运行结果如图 12-26 所示。

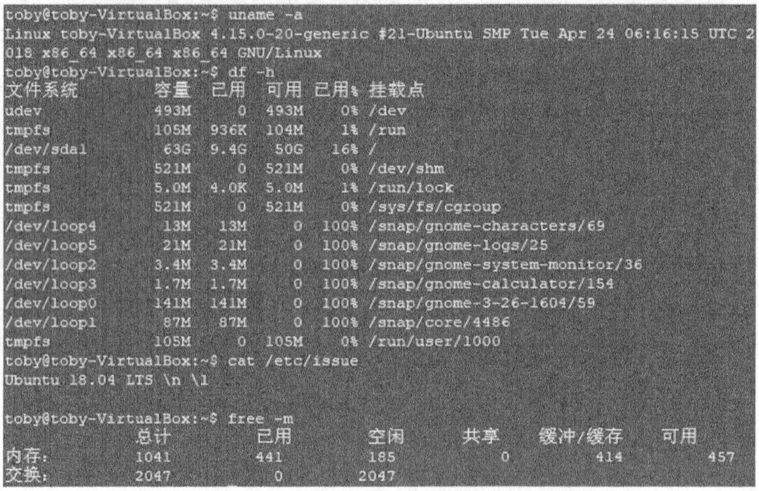

图 12-26　几个命令的运行结果

12.4　安装 Nginx

为了安装 Nginx，我们需要在 PuTTY 或者终端应用中依次执行代码清单 12-1 中的
Shell 命令。

代码清单 12-1　Nginx.sh

1. #切换到主目录
2. **cd** ~
3. #下载 Nginx 的安装包到该目录中
4. **wget** http://nginx.org/download/nginx-1.14.0.**tar**.gz
5. #解压这个文件
6. **tar** -xzvf nginx-1.14.0.**tar**.gz
7. #进入到解压目录中
8. **cd** nginx-1.14.0
9. #查看 configure 提供了哪些选项
10. ./**configure** --help
11. #将 Nginx 安装到/usr/local/nginx 目录下面
12. ./**configure** --prefix=/usr/local/nginx
13. #安装报错，错误没有 C 编译器，后面安装 PHP 也需要 C 编译器，所以这里先安装 C 编译器
14. **sudo** apt **install** gcc
15. #执行安装，继续报错，先安装 pcre

16. ./**configure** --prefix=/usr/local/nginx
17. **sudo** apt **install** libpcre++-dev
18. #继续执行安装，发现继续报错，提示安装 zlib
19. ./**configure** --prefix=/usr/local/nginx
20. **sudo** apt **install** zlib1g-dev
21. #继续执行安装
22. ./**configure** --prefix=/usr/local/nginx
23. #安装 make 工具
24. **sudo** apt **install make**
25. #执行 make 进行编译
26. **make**
27. #执行 make install
28. **sudo make install**
29. #进入 nginx 安装目录，看看是否安装成功了
30. **cd** /usr/local/nginx
31. #为了能够在任何位置运行 Nginx，复制以下内容
32. **sudo cp** /usr/local/nginx/sbin/nginx /usr/local/sbin

执行完代码清单 12-1 的所有 Shell 命令之后，我们进入到/usr/local/nginx 目录，如果出现图 12-27 所示的结构，那么说明 Nginx 已经安装好了。

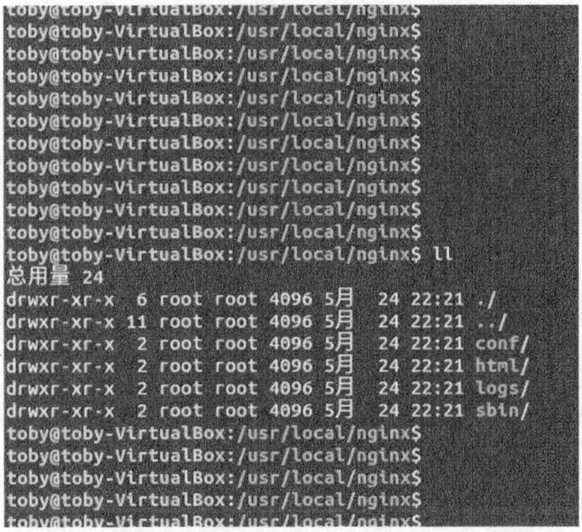

图 12-27　Nginx 的安装目录结构

然后执行命令 sudo nginx 启动 Nginx Web 服务器，启动之后打开浏览器访问 localhost 或者 127.0.0.1，若显示图 12-28 所示的结果，说明启动成功。sudo nginx -s stop 用于关闭服务器。

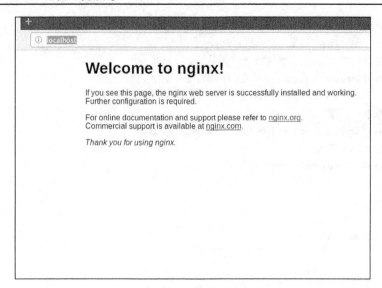

图 12-28 Nginx 的默认页面

12.5 安装 PHP

为了安装 PHP，我们需要在 PuTTY 或者终端应用中依次执行代码清单 12-2 中的 Shell 命令。

代码清单 12-2 PHP.sh

```
 1.  #切换到用户主目录
 2.  cd ~
 3.  #下载 PHP 源码到主目录中
 4.  wget http://cn.php.net/distributions/php-7.2.7.tar.gz
 5.  #解压文件
 6.  tar -xzvf php-7.2.7.tar.gz
 7.  #进入到解压目录中
 8.  cd php-7.2.7
 9.  #查看 configure 提供了哪些选项
10.  ./configure --help
11.  #安装 libxml2 开发包
12.  sudo apt install libxml2-dev
13.  #将 PHP 安装到/usr/local/php 目录下
14.  #同时启用 FPM 和 MySQLi 扩展,这里要执行很长时间
15.  ./configure --prefix=/usr/local/php --enable-fpm --with-mysqli
16.  #开始编译，这里要执行很长时间
```

```
17.  make
18.  #开始安装
19.  sudo make install
20.  #进入到 php 安装目录看看都安装了些什么
21.  cd /usr/local/php
```

执行完代码清单 12-2 中的所有命令之后，我们进入到了/usr/local/php 目录，如果出现图 12-29 所示的目录结构，说明 PHP 已经基本安装好了。

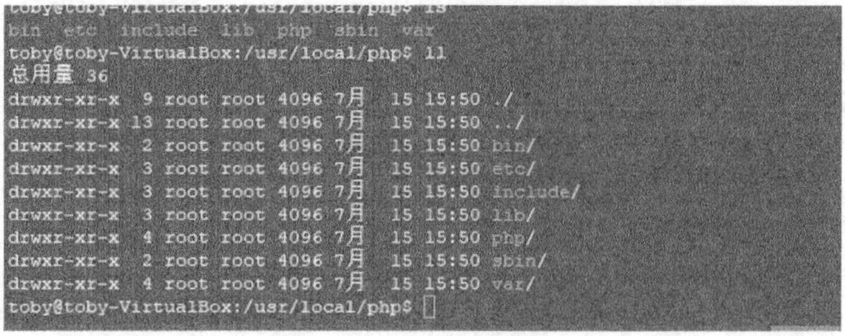

图 12-29　PHP 的安装目录结构

虽然现在已经安装好了 PHP，但是还有很多配置没有完成，所以还得依次执行代码清单 12-3 中的 Shell 命令，完成其相关的配置。

代码清单 12-3　PHP_conf.sh

```
1.  #切换到用户主目录
2.  cd ~
3.  #进入到解压目录中
4.  cd php-7.2.7
5.  #将解压目录的 php.ini 文件复制到安装目录的 etc 下面
6.  sudo cp php.ini-development /usr/local/php/etc/php.ini
7.  #为了避免任意脚本注入，我们需要将 cgi.fix_pathinfo 设置为 0
8.  #用 Vim 编辑器打开该文件，找到该配置修改
9.  sudo vim /usr/local/php/etc/php.ini
10. #为了能够在任何地方运行 PHP-FPM，将其复制到/usr/local/sbin 下面
11. sudo cp /usr/local/php/sbin/php-fpm /usr/local/sbin
12. #为了能够在任何地方运行 php、phpize、php-config
13. #将其全部复制到/usr/local/bin 下面
14. sudo cp /usr/local/php/bin/php /usr/local/bin/
15. sudo cp /usr/local/php/bin/phpize /usr/local/bin/
16. sudo cp /usr/local/php/bin/php-config /usr/local/bin/
17. #由于 PHP 此时是以 fastcgi 的模式运行，所以还需要复制相应的配置文件
18. cd /usr/local/php/etc
19. sudo cp php-fpm.conf.default php-fpm.conf
```

```
20. #进入到 php-fpm.d 目录下面，复制文件
21. cd /usr/local/php/etc/php-fpm.d
22. sudo cp www.conf.default www.conf
23. #创建一个 www-data 的用户和用户组
24. sudo addgroup www-data
25. sudo adduser www-data www-data
26. #将 www.conf 配置文件中的用户名和用户组修改 www-data
27. #默认是 user=nobody group=nobody
28. sudo vim /usr/local/php/etc/php-fpm.d/www.conf
29. #检查 PHP 运行环境是否好了,可以用 sudo php-fpm -help 查看帮助选项
30. sudo php-fpm -t
31. #开始运行 PHP
32. sudo php-fpm -c /usr/local/php/etc/php.ini
33. #查看 PHP 是否启动成功
34. ps -ef | grep php-fpm
```

依次执行代码清单 12-3 中的命令后，我们将看到图 12-30 所示的运行结果。从图中我们能够看到有 3 个 PHP-FPM 的进程，其中第一个进程的拥有者是超级用户 root，而另两个进程的拥有者是 www-data 用户。并且，root 用户建立的是 master 主进程，而 www-data 用户建立的是子进程。

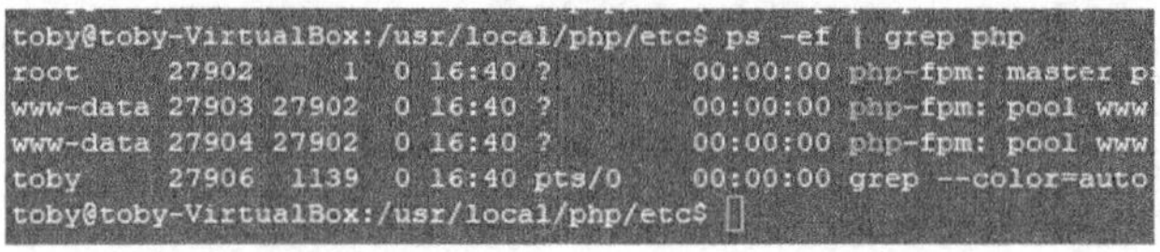

图 12-30　查看 PHP-FPM 的进程情况

12.6　Nginx 与 PHP 的合作

到现在为止，我们已经安装了 Nginx 和 PHP，但是两者还是独立存在的，所以必须让其二者合作才能够完成对用户请求的响应，依次执行代码清单 12-4 中的步骤完成其合作。

代码清单 12-4　PHP_Nginx.txt

```
1. #修改 Nginx 的配置文件，让其将 PHP 文件的处理请求转发给 PHP-FPM 进行处理
2. sudo vim /usr/local/nginx/conf/nginx.conf
3. #参考下面的配置，修改 nginx.conf 中的 PHP 配置部分
4. location ~* \.php$ {
5.     root html;
6.     fastcgi_index index.php;
```

```
7.      fastcgi_pass 127.0.0.1:9000;
8.      include fastcgi_params;
9.      fastcgi_param SCRIPT_FILENAME $document_root$fastcgi_script_name;
10.     fastcgi_param SCRIPT_NAME $fastcgi_script_name;
11. }
12. #关闭 Nginx 并重启 Nginx
13. sudo nginx -s stop
14. sudo nginx
15. #进入 HTML 目录中
16. cd /usr/local/nginx/html
17. #创建一个 PHP 文件
18. vim index.php
19. #PHP 的文件内容如下
20. <?php
21. phpinfo();
22. #保存并退出 Vim
```

依次执行代码清单 12-4 中的命令之后，打开 Ubuntu 系统里面的浏览器访问 http://127.0.0.1/index.php 将会看到图 12-31 所示的界面。

PHP Version 7.2.7		php
System	Linux toby-VirtualBox 4.15.0-20-generic #21-Ubuntu SMP Tue Apr 24 06:16:15 UTC 2018 x86_64	
Build Date	Jul 15 2018 15:45:09	
Configure Command	'./configure' '--prefix=/usr/local/php' '--enable-fpm' '--with-mysqli'	
Server API	FPM/FastCGI	
Virtual Directory Support	disabled	
Configuration File (php.ini) Path	/usr/local/php/lib	
Loaded Configuration File	/usr/local/php/etc/php.ini	
Scan this dir for additional .ini files	(none)	
Additional .ini files parsed	(none)	
PHP API	20170718	
PHP Extension	20170718	
Zend Extension	320170718	
Zend Extension Build	API320170718,NTS	
PHP Extension Build	API20170718,NTS	
Debug Build	no	
Thread Safety	disabled	
Zend Signal Handling	enabled	
Zend Memory Manager	enabled	
Zend Multibyte Support	disabled	
IPv6 Support	enabled	
DTrace Support	disabled	
Registered PHP Streams	php, file, glob, data, http, ftp, phar	
Registered Stream Socket Transports	tcp, udp, unix, udg	

图 12-31 phpinfo 页面

从图 12-31 能够看到，虽然画面熟悉，但是发现没有 curl 和 pdo_mysql 这两个常用的扩展。

12.7　安装 PHP 扩展

12.6 节留下了一个问题，即没有 pdo_mysql 和 curl 扩展。本节就来安装 pdo_mysql 和 curl 扩展。curl 扩展安装原理和 pdo_mysql 的是一样的，为了安装 pdo_mysql 扩展，需要依次执行代码清单 12-5 中的一系列 Shell 命令。

代码清单 12-5　pdo_mysql.sh

```
1.  #切换到用户主目录
2.  cd ~
3.  #进入解压目录
4.  cd php-7.2.7
5.  #进入 pdo_mysql 扩展目录
6.  cd ext/pdo_mysql
7.  #安装 autoconf
8.  sudo apt install autoconf
9.  #生成 configure 文件
10. phpize
11. #生成编译文件
12. ./configure
13. make
14. sudo make install
15. #进入默认的扩展安装目录
16. cd /usr/local/php/lib/php/extensions/no-debug-non-zts-20170718/
17. #查看该目录下面的扩展
18. ls
19. #编辑 php.ini 配置文件，增加 pdo_mysql.so 扩展支持
20. #即 extentsion=默认扩展安装目录/pdo_mysql.so
21. sudo vim /usr/local/php/etc/php.ini
22. #查看 PHP-FPM 的进程号
23. ps -ef | grep php-fpm
24. #杀死主进程
25. sudo kill 进程号
26. #关闭 PHP-FPM 并重启，重新访问 phpinfo 页面
27. sudo php-fpm -c /usr/local/php/etc/php.ini
```

依次执行代码清单 12-5 中的命令后，打开浏览器访问 http://127.0.0.1/index.php，运行

结果如图 12-32 所示。现在发现有 pdo_mysql 扩展了，curl 扩展和 PHP 的官方 PECL 扩展的安装方法和 pdo_mysql 扩展的一样。

PDO	
PDO support	enabled
PDO drivers	sqlite, mysql

pdo_mysql	
PDO Driver for MySQL	enabled
Client API version	mysqlnd 5.0.12-dev - 20150407 - $Id: 38fea24f2847fa7519001be390c98ae0acafe387 $

Directive	Local Value	Master Value
pdo_mysql.default_socket	no value	no value

pdo_sqlite	
PDO Driver for SQLite 3.x	enabled
SQLite Library	3.20.1

Phar	
Phar: PHP Archive support	enabled
Phar EXT version	2.0.2
Phar API version	1.1.1
SVN revision	$Id: 961be29fd3e2f5fe1458eb9c98adde5d37660d26 $
Phar-based phar archives	enabled
Tar-based phar archives	enabled
ZIP-based phar archives	enabled

图 12-32　phpinfo 页面

> **提示**
>
> 为了能够实现基于类似于 http://www.myself.personsite 域名的访问，我们可以用命令 `sudo vim /etc/hosts` 编辑 Ubuntu 系统的 hosts 文件。

12.8　安装 MySQL 8.0

经过前面几节的学习，我们已经完成了 PHP 和 Nginx 的安装。本节我们将学习如何安装 MySQL 数据库。为了安装 MySQL，我们需要依次执行代码清单 12-6 中的 Shell 命令。

代码清单 12-6　MySQL.sh

```
1.  #首先注册一个甲骨文账号,方便以后使用
2.  #下载通用版的 MySQL 文件,因为我的计算机是 64 位的,所以下载的是 64 位的
3.  #如果你是其他平台,自己选择下载
```

```
 4.  #切换到用户主目录
 5.  cd ~
 6.  wget https://dev.mysql.com/get/Downloads/MySQL-8.0/mysql-8.0.11-linu
x-glibc2.12-x86_64.tar.gz
 7.  #重命名文件
 8.  sudo mv mysql-8.0.11-linux-glibc2.12-x86_64.tar.gz mysql.tar.gz
 9.  #解压该文件
10.  sudo tar -xzvf mysql.tar.gz
11.  #将解压目录移动到/usr/local/mysql 下面
12.  sudo mv mysql-8.0.11-linux-glibc2.12-x86_64 /usr/local/mysql
13.  #创建一个 MySQL 用户组和不可以登录的 MySQL 系统用户
14.  sudo groupadd mysql
15.  sudo useradd -r -g mysql -s /bin/false mysql
16.  #切换工作目录
17.  cd /usr/local/mysql
18.  #创建 mysql-files 目录，用于下面 3 种情况
19.  #LOAD DATA INFILE 从该目录加载数据文件
20.  #SELECT ... INTO OUTFILE 将查询结果保存到该目录下的某个文件
21.  #LOAD_FILE 从该目录加载指定文件
22.  sudo mkdir mysql-files
23.  sudo chown mysql:mysql mysql-files
24.  sudo chmod 750 mysql-files
25.  #初始化数据需要 libaio1.so 文件
26.  sudo apt install libaio1
27.  #初始化数据库数据，这一步很重要，它会生成一个随机密码
28.  sudo bin/mysqld --initialize --user=mysql
29.  #复制用于启动 MySQL 的程序
30.  sudo cp support-files/mysql.server /etc/init.d/mysql.server
31.  #更新服务列表
32.  sudo update-rc.d mysql.server defaults
33.  #启动、停止、重启 MySQL 数据库
34.  #start 表示启动，stop 表示关闭，restart 表示重启
35.  sudo service mysql.server start
36.  #查看 MySQL 数据库是否成功启动
37.  ps -ef | grep mysql
38.  #将 MySQL 的 bin 目录加入到系统环境变量中，方便在其他地方调用
39.  export PATH=$PATH:/usr/local/mysql/bin
40.  #输入上面生成的随机密码
41.  #将密码修改为 123456，要不然运行不了 SQL 命令
42.  mysqladmin -u root -p password 123456
43.  #用 MySQL 来访问数据库
44.  mysql -u root -p
45.  #执行几条命令
```

```
46. show database;
47. use mysql
48. #执行下面命令，看看 my.cnf 配置文件可以放在哪些地方
49. mysql --help | grep my.cnf
50. #在上面命令支持的任何位置新建 my.cnf 文件
```

执行上面一系列的命令后，MySQL 就安装成功并启动了，图 12-33 所示的是生成的随机密码。

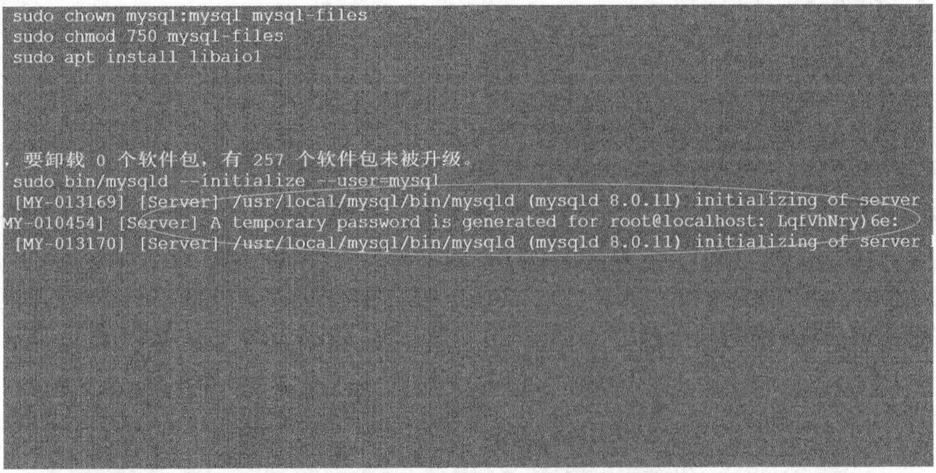

图 12-33　初始化数据库后生成的临时随机密码

12.9　安装 Redis

本节我们将在 Ubuntu 操作系统中安装 Redis。为了安装 Redis，需要依次执行代码清单 12-7 中的 Shell 命令。

代码清单 12-7　Redis.sh

```
1. #切换到用户主目录
2. cd ~
3. #下载
4. wget http://download.redis.io/releases/redis-4.0.10.tar.gz
5. #解压
6. tar -xzvf redis-4.0.10.tar.gz
7. #进入目录并执行安装
8. cd redis-4.0.10
```

9. #执行安装,用 vim README.md 文件查看安装方法
10. **sudo make** MALLOC=libc PREFIX=/usr/local/redis **install**
11. #将 Redis 的 bin 目录加入到系统环境变量中,方便在其他地方调用
12. export PATH=**$PATH**:/usr/local/redis/bin
13. #进入到解压目录
14. **cd** ~
15. **cd** redis-4.0.10
16. #修改配置文件
17. #将 bind 127.0.0.1 这行注释掉,要不然只有在服务器中才能连接
18. **sudo** vim redis.conf
19. #复制配置文件到/etc 中
20. **sudo cp** redis /etc/
21. #启动 Redis 服务,&表示后台运行
22. **sudo** redis-server /etc/redis.conf &
23. #查看是否启动成功
24. ps -ef | grep redis
25. #用命令行工具连接 Redis 服务器
26. **sudo** redis-cli

依次执行代码清单 12-7 中的命令后,我们成功地启动了 Redis 服务程序,如图 12-34 所示。

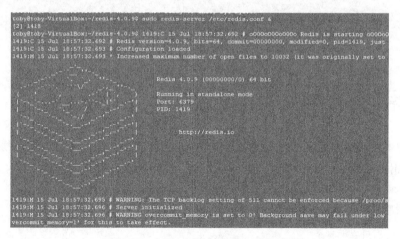

图 12-34　Redis 服务程序启动效果

12.10　习题

现在的项目的生产环境基本上使用的都是 Linux 系统,希望你能反复练习各种 shell 命

令。利用源代码安装 PHP 环境是一个复杂且麻烦的事情，但这是一个 PHP 程序员应该具备的能力，所以希望你多练习几次。

学完本书后，接下来你需要进行以下知识的学习。

◆ 了解什么是 FTP，可以在 Ubuntu 系统中搭建 FTP 服务器，从而实现本地文件上传到服务器的功能。

◆ 了解什么是 SVN，可以在 Ubuntu 系统中搭建 SVN 服务器，从而实现代码的版本控制。

◆ 了解 PHP 的异常处理和错误处理机制，同时学会用 Xdebug 来调试代码。

◆ 学习一下设计模式，看看前辈们是怎么解决和思考问题的。